全国高等院校土建类应用型规划教材
住房和城乡建设领域关键岗位技术人员培训教材

建筑装饰装修工程施工技术

《住房和城乡建设领域关键岗位技术人员培训教材》编写委员会 编

主　　编：李　峰　吴闻超
副 主 编：周振辉　饶　鑫
组编单位：住房和城乡建设部干部学院
北京土木建筑学会

中国林业出版社

图书在版编目（CIP）数据

建筑装饰装修工程施工技术 /《住房和城乡建设领域关键岗位技术人员培训教材》编写委员会编. —北京：中国林业出版社，2018.12

住房和城乡建设领域关键岗位技术人员培训教材

ISBN 978-7-5038-9189-2

Ⅰ. ①建… Ⅱ. ①住… Ⅲ. ①建筑装饰－工程施工－技术培训－教材 Ⅳ. ①TU767

中国版本图书馆 CIP 数据核字（2017）第 172505 号

本书编写委员会

主　编：李　峰　吴闻超

副主编：周振辉　饶　鑫

组编单位：住房和城乡建设部干部学院　北京土木建筑学会

国家林业和草原局生态文明教材及林业高校教材建设项目

策　　划：杨长峰　纪　亮

责任编辑：陈　惠　王思源　吴　卉　樊　菲

出版：中国林业出版社

（100009 北京西城区德内大街刘海胡同 7 号）

网站：http：//lycb. forestry. gov. cn/

印刷：固安县京平诚乾印刷有限公司

发行：中国林业出版社

电话：(010)83143610

版次：2018 年 12 月第 1 版

印次：2018 年 12 月第 1 次

开本：1/16

印张：13

字数：200 千字

定价 50.00 元

编写指导委员会

前　言

“全国高等院校土建类应用型规划教材”是依据我国现行的规程规范，结合院校学生实际能力和就业特点，根据教学大纲及培养技术应用型人才的总目标来编写。本教材充分总结教学与实践经验，对基本理论的讲授以应用为目的，教学内容以必需、够用为度，突出实训、实例教学，紧跟时代和行业发展步伐，力求体现高职高专、应用型本科教育注重职业能力培养的特点。同时，本套书是结合最新颁布实施的《建筑工程施工质量验收统一标准》（GB50300—2013）对于建筑工程分部分项划分要求，以及国家、行业现行有效的专业技术标准规定，针对各专业应知识、应会和必须掌握的技术知识内容，按照“技术先进、经济适用、结合实际、系统全面、内容简洁、易学易懂”的原则，组织编制而成。

考虑到工程建设技术人员的分散性、流动性以及施工任务繁忙、学习时间少等实际情况，为适应新形势下工程建设领域的技术发展和教育培训的工作特点，一批长期从事建筑专业教育培训的教授、学者和有着丰富的一线施工经验的专业技术人员、专家，根据建筑施工企业最新的技术发展，结合国家及地方对于建筑施工企业和教学需要编制了这套可读性强，技术内容最新，知识系统、全面，适合不同层次、不同岗位技术人员学习，并与其工作需要相结合的教材。

本教材根据国家、行业及地方最新的标准、规范要求，结合了建筑工程技术人员和高校教学的实际，紧扣建筑施工新技术、新材料、新工艺、新产品、新标准的发展步伐，对涉及建筑施工的专业知识，进行了科学、合理的划分，由浅入深，重点突出。

本教材图文并茂，深入浅出，简繁得当，可作为应用型本科院校、高职高专院校土建类建筑工程、工程造价、建设监理、建筑设计技术等专业教材；也可作为面向建筑与市政工程施工现场关键岗位专业技术人员职业技能培训的教材。

前　言

目　录

第一章　楼地面工程施工

第一节　楼地面工程概述

一、楼地面的构造与分类

1. 楼地面的组成

楼地面工程主要由基层和面层两大基本构造层组成。基层部分包括结构层和垫层，底层地面的结构层是基土，楼层地面的结构层则是楼板；结构层和垫层起着承受和传递来自面层的荷载作用，因此基层应具有一定的强度和刚度。有时为了满足找平、结合、防水、防潮、弹性、保温隔热及管线敷设等功能上的要求，在基层和面层之间还要增加相应的结合层、找平层、填充层、隔离层等附加的构造层，又称为中间层。图 1-1 所示为楼地面的主要构造层示意。

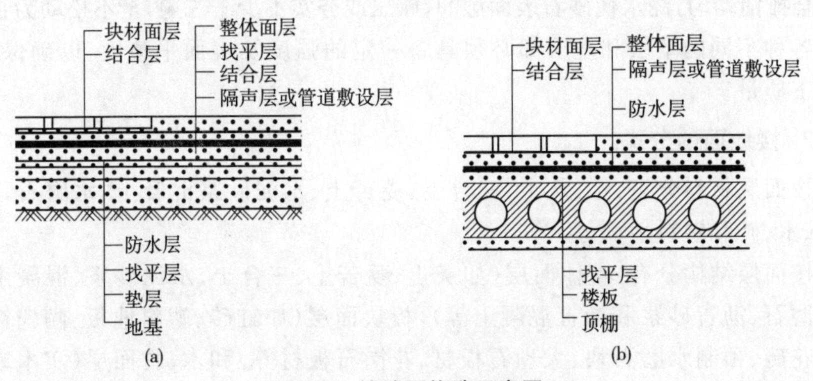

图 1-1　楼地面构造示意图

(a)楼地面各构造层；(b)楼面各构造层

地面的基层多为土。地面下的填土应采用合格的填料分层填筑与夯实，土块的粒径不宜大于 50mm。每层虚铺厚度也有不同，机械压实厚度不大于 300mm，人工夯实厚度不大于 200mm。回填土的含水量应按最佳含水量控制，太干的土要洒水湿润，太湿的土应晾干后使用，每层夯实后的干密度应符合设计要求。

楼面的基层为楼板，垫层施工前应做好板缝的灌浆、堵塞工作和板面的清理工作。

基层施工应抄平弹线，统一标高。一般在室内四壁上弹离地面高500mm的标高线作为统一控制线。

垫层有刚性垫层、半刚性垫层及柔性垫层。

刚性垫层是指水泥混凝土、碎砖混凝土、水泥矿渣混凝土和水泥灰炉渣混凝土等各种低强度等级混凝土。刚性垫层厚度一般为70～100mm，混凝土强度等级不宜低于C10，粗骨料的粒径不应超过50mm。施工方法与一般混凝土施工方法相近。工艺过程为：清理基层→检测弹线→基层洒水湿润→浇筑混凝土垫层→养护。

半刚性垫层一般有灰土垫层、碎砖三合土垫层和石灰炉渣垫层等。灰土垫层由熟石灰、黏土拌制而成，比例为3∶7，铺设时应分层铺设、分层夯实拍紧，并应在其晾干后再进行面层施工。碎砖三合土垫层采用石灰、碎砖和砂（可掺少量黏土）按比例配制而成，铺设时应拍平夯实，硬化期间应避免受水浸湿。石灰炉渣层是用石灰、炉渣拌和而成，炉渣粒径不应大于40mm，且不超过垫层厚的1/2；粒径在5mm以下者，不得超过总体积的40%。炉渣施工前应用水闷透，拌和时严格控制加水量，分层铺筑，夯实平整。

柔性垫层包括用土、砂石、炉渣等散状材料经压实的垫层。砂垫层厚度不小于60mm，适当浇水后用平板振动器振实。砂石垫层厚度不小于100mm，要求粗细颗粒混合摊铺均匀，浇水使砂石表面湿润，碾压或夯实不少于三遍，至不松动为止。

各种不同的基层和垫层都必须具备一定的强度及表面平整度，以确保面层的施工质量。

2. 楼地面的分类

按面层材料分有：土、灰土、三合土、菱苦土、水泥砂浆混凝土、水磨石、陶瓷锦砖、木、砖和塑料地面等。

按面层结构分有：整体面层（如灰土、菱苦土、三合土、水泥砂浆、混凝土、现浇水磨石、沥青砂浆和沥青混凝土等），板块面层（如缸砖、塑料地板、陶瓷锦砖、水泥花砖、预制水磨石块、大理石板材、花岗石板材等）和木、竹面层（实木地板，复合木地板、竹地板等）。

二、楼地面工程施工的一般要求

（1）楼面与地面各层所用的材料和制品，其种类、规格、配合比、强度等级、各层厚度、连接方式等，均应根据设计要求选用，并符合国家和行业的有关现行标准及地面、楼面施工验收规范的规定。

（2）位于沟槽、暗管上面的地面与楼面工程的装饰，应当在以上工程完工并经检查合格后方可进行。

(3)铺设各层地面与楼面工程时，应在其下面一层经检查符合规范的有关规定后，方可继续施工，并做好隐蔽工程验收记录。

(4)铺设的楼地面的各类面层，一般宜在其他室内装饰工程基本完工后进行。当铺设菱苦土、木地板、拼花木地板和涂料类面层时，必须待基层干燥后再进行，尽量避免在气候潮湿的情况下施工。

(5)踢脚板宜在楼地面的面层基本完工、墙面最后一遍抹灰前完成。木质踢脚板应在木地面与楼面刨(磨)光后进行安装。

(6)当采用混凝土、水泥砂浆和水磨石面层时，同一房间要均匀分格或按设计要求分缝。

(7)在钢筋混凝土板上铺设有坡度的地面与楼面时，应用垫层或找平层找坡。

(8)铺设沥青混凝土面层及用沥青玛蹄脂做结合层铺设块料面层时，应将下一层表面清扫干净，并涂刷同类冷底子油。结合层、块料面层填缝和防水层，应采用同类沥青、纤维和填充材料配制。纤维、填充料一般采用6级石棉和锯木屑。

(9)凡用水泥砂浆作为结合层铺砌的地面，均应在常温下养护一般不得少于10天。菱苦土面层的抗压强度达到不小于设计强度的70%、水泥砂浆和混凝土面层强度达到不低于5.0MPa。当板块面层的水泥砂浆结合层的强度达到1.2MPa时，方可在其上面行走或进行其他轻微动作的作业。达到设计强度后，才可投入使用。

(10)用胶黏剂粘贴各种地板时，室内的施工温度不得低于10℃。

第二节　整体面层施工

整体面层是指一次性连续铺筑而成的面层。如:水泥砂浆面层、细石混凝土面层、水磨石面层细石混凝土地面等。

一、水泥砂浆地面

水泥砂浆地面的面层以水泥做胶凝材料，以砂做骨料，按配合比配制抹压而成。其构造及做法如图1-2。水泥砂浆地面的优点是造价较低、施工简便、使用耐久，但容易出现起灰、起砂、裂缝、空鼓等质量问题。

1. 材料要求

(1)胶凝材料

水泥砂浆(楼)地面所用的胶凝材料为水泥，应优先选择硅酸盐水泥、普通硅

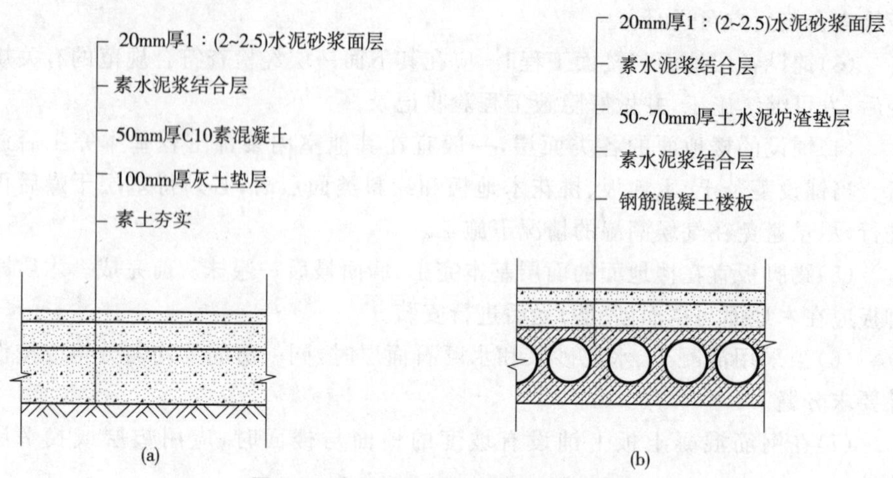

图 1-2　水泥砂浆(楼)地面组成示意图

(a)水泥砂浆地面；(b)水泥砂浆楼面

酸盐水泥，其强度等级一般不得低于 32.5MPa。以上品种的水泥与其他品种水泥相比，具有早期强度高、水化热较高、干缩性较小等优点。如果采用矿渣硅酸盐水泥，其强度等级应大于 32.5MPa，在施工中要严格按施工工艺操作，并且要加强养护，这样才能保证工程质量。

(2)细骨料

水泥砂浆面层所用的细骨料为砂，一般多采用中砂和粗砂，含泥量不得大于 3%(质量分数)。因为细砂的级配不好，拌制的砂浆强度比中砂、粗砂拌制的强度约低 25%～35%，不仅耐磨性较差，而且干缩性较大，容易产生收缩、裂缝等质量问题。

2. 施工工艺

水泥砂浆地面施工工艺流程为：处理、润湿基层→弹线、找规矩→基层刷素水泥浆结合层→铺面层水泥砂浆→第一遍压光→第二遍压光→第三遍压光→养护。

(1)基层处理

水泥砂浆楼地面面层施工前必须强调清理基层，且对基层的垃圾、积灰或污染物必须清理干净，基层表面过于光滑的应凿毛处理，对门口、门洞处过高的砖层要进行凿平处理，尽量使面层砂浆铺设薄厚一致。

面层施工前一天，应对基层进行浇水湿润，使基层表面清洁干净，充分湿润且不积水，面干饱和，平整又粗糙，确保面层与基层牢固。

(2)弹线、找规矩

1)弹基准线

地面抹灰前，应先在四周墙上弹出一道水平基准线，作为确定水泥砂浆面层标高的依据。

做法是以地面±0.00为依据，根据实际情况在四周墙上弹出0.5m或1.0m作为水平基准线。据水平基准线量出地面标高并弹于墙上(水平辅助基准线)，作为地面面层上皮的水平基准，如图1-3。注意，应按设计要求的水泥砂浆面层厚度弹线。

2)做标筋

根据水平辅助基准线，从墙角处开始，沿墙每隔1.5～2.0m用1∶2水泥砂浆抹标志块；标志块大小一般是8～10cm²。待标志块结硬后，再以标志块的高度作出纵、横方向通长的标筋以控制面层的标高，如图1-4。地面标筋用1∶2水泥砂浆，宽度一般为8～10cm。做标筋时，注意控制面层标高与门框的锯口线要吻合。

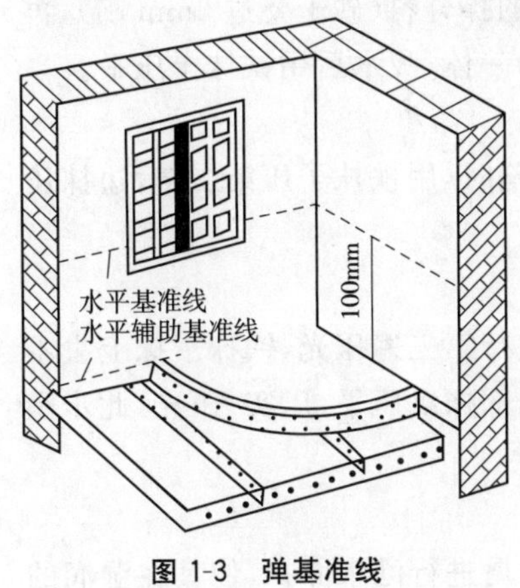

图1-3 弹基准线

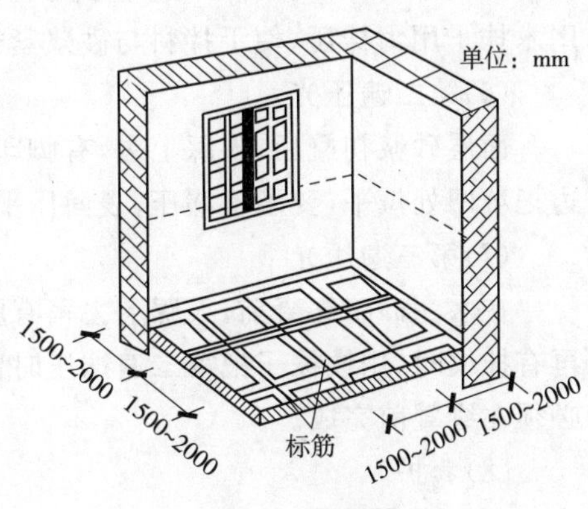

图1-4 做标筋

3)找坡度

对于厨房、浴室、厕所等房间的地面，要找好排水坡度。有地漏的房间，要在地漏四周做出不小于5%的泛水，以避免地面“倒流水”或产生积水。找平时，要注意各室内地面与走廊高度的关系。

4)校核找正

地面铺设前，还要将门框再一次校核找正。其方法是先将门框锯口线找平找正，并注意当地面面层铺设后，门扇与地面的间隙应符合规定要求，然后将门框固定，防止松动、位移。

(3)基层刷素水泥浆结合层

宜刷水灰比为0.4～0.5的素水泥浆，也可在基层上均匀洒水湿润后，再撒水泥粉，用竹扫帚均匀涂刷，随刷随做面层，但一次涂刷面积不宜过大，严格做到随刷随铺设面层水泥砂浆。如果水泥浆风干硬化，则应铲去后重新涂刷。

(4)铺面层水泥砂浆

水泥砂浆应采用机械搅拌，拌和要均匀，颜色一致，搅拌时间不应小于2min。水泥砂浆的稠度，当铺设在炉渣垫层上时宜为25～35mm；当在水泥混凝土垫层上铺设时，应采用干硬性水泥砂浆，以手捏成团稍出浆为准。

涂刷水泥浆之后紧跟着铺水泥砂浆，在灰饼之间(或标筋之间)将砂浆铺均匀，然后用木刮杠按灰饼(或标筋)高度刮平。铺砂浆时如果灰饼(或标筋)已硬化，木刮杠刮平后，同时将利用过的灰饼(或标筋)敲掉，并用砂浆填平。

木刮杠刮平后，立即用木抹子搓平，从内向外退着操作，并随时用2m靠尺检查其平整度。

(5)第一遍压光

木抹子搓平后，立即用铁抹子压第一遍，直到出浆为止，如果砂浆过稀表面有泌水现象时，可均匀撒一遍干水泥和砂(1∶1)的拌合料(砂子要过3mm筛)，再用木抹子用力抹压，使干拌料与砂浆紧密结合为一体，吸水后用铁抹子压平。

(6)第二遍压光

面层砂浆初凝后，人踩上去，有脚印但不下陷时，用铁抹子压第二遍，边抹压边把坑凹处填平，要求不漏压，表面压平、压光。

(7)第三遍压光

在水泥砂浆终凝前，人踩上去稍有脚印时进行第三遍压光，铁抹子抹上去不再有抹纹时，用铁抹子把第二遍抹压时留下的全部抹纹压平、压实、压光，此步骤必须在终凝前完成。

(8)养护

面层抹压完毕后，在常温下铺盖草垫或锯木屑进行洒水养护，使其在湿润的状态下进行硬化。养护洒水要适时，洒水过早则容易起皮，过晚则易产生裂纹或起砂。一般夏天在24小时后进行养护，春秋季节应在48小时后进行养护。当采用硅酸盐水泥和普通硅酸盐水泥时，养护时间不得少于1天；当采用矿渣硅酸盐水泥时，养护时间不得少于14天。面层强度达到5MPa以上后，才允许人在地面上行走或进行其他作业。

3. 施工质量通病防治

(1)倒泛水、积水

其原因是：放线冲筋未按设计要求找坡度；在做垫层时未做出规定坡度，在做面层时现找，无法满足要求；砂浆表面起砂、起皮。起砂、起皮的原因是：①水泥强度等级不够或水灰比过大抹压遍数不够、养护期间过早进行其他工序，使用过早等原因造成起砂；②砂浆铺设后，在抹压过程中撒干水泥面(而不是标准要求的水泥砂拌和料)，未与砂浆很好地结合，造成起皮现象。

(2)面层空鼓、有裂缝

底层未清理干净,未能洒水湿润透,影响面层与下一层的黏结力,造成空鼓;刷素水泥浆不到位或未能随刷随抹灰,造成砂浆与素水泥浆结合层之间的黏结力不够,形成空鼓。面积较大的房间为防止变形裂缝,应设置分格条,特别是在门口的部位设计要求分格时,可加镶玻璃条,以防止该处地面的不规则裂缝;埋设的管线应固定,管顶距水泥砂浆面层不应小于15mm,否则铺钢板网加固。

二、现浇水磨石地面施工

现浇水磨石地面具有饰面美观大方、平整光滑、整体性好、坚固耐久、易于保洁等优点,主要适用于清洁度要求较高的场所,如商店营业厅、医院病房、宾馆门厅、走道楼梯和其他公共场所。现浇水磨石现场湿作业工序多、施工周期长,采用的手推式磨石机机身重量较轻,能磨去的表面厚度很少,因此只能采用粒径小、轻软的石粒,其装饰效果不如预制水磨石。

现浇水磨石地面的构造如图 1-5 所示。

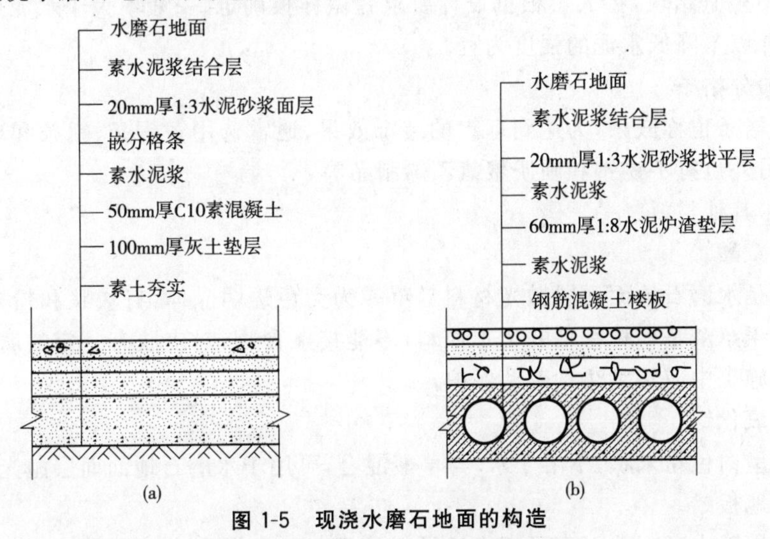

图 1-5 现浇水磨石地面的构造

(a)现浇水磨石地面;(b)现浇水磨石楼面

1. 材料要求

(1)胶凝材料

现浇水磨石地面所用的水泥与水泥砂浆地面不同,白色或浅色的水磨石面层,应采用白色硅酸盐水泥;深色的水磨石地面,应采用硅酸盐水泥和普通硅酸盐水泥。无论白色水泥还是深色水泥,其强度均不得低于32.5MPa。对于未超期而受潮的水泥,当用手捏无硬粒、色泽比较新鲜时,可考虑降低强度5%使用;肉眼观察存有小球粒,但仍可散成粉末者,则可考虑降低强度的15%左右使用;

对于已有部分结成硬块者，则不能再使用。

(2)石粒材料

水磨石石粒应采用质地坚硬、比较耐磨、洁净的大理石、白云石、方解石、花岗石、玄武岩、辉绿岩等，要求石粒中不得含有风化颗粒和草屑、泥块、砂粒等杂质。石粒的最大粒径以比水磨石面层厚度小1～2mm为宜，见表1-1。

表1-1　石粒粒径要求

水磨石面层厚度(mm)	10	15	20	25
石子最大粒径(mm)	9	14	18	23

(3)颜料材料

颜料在水磨石面层中虽然用量很少，但对于面层质量和装饰效果起着非常重要的作用。

用于水磨石的颜料，一般应采用耐碱、耐光、耐潮湿的矿物颜料。要求呈粉末状，不得有结块，掺入量根据设计要求并做样板确定，一般不大于水泥质量的12%，并以不降低水泥的强度为宜。

(4)分格条

分格条也称嵌条，为达到理想的装饰效果，通常选用黄铜条、铝条和玻璃条三种，另外也有不锈钢和硬质聚氯乙烯制品等。

(5)其他材料

1)草酸

它是水磨石地面面层抛光材料。草酸为无色透明晶体，有块状和粉末状两种。由于草酸是一种有毒的化工原料，不能接触食物，对皮肤有一定的腐蚀性，因此在施工中应特别注意劳动保护。

2)氧化铝

它呈白色粉末状，不溶于水，与草酸混合，可用于水磨石地面面层抛光。

3)地板蜡

它用于水磨石地面面层磨光后做保护层。地板蜡有成品出售，也可根据需要自配蜡液，但应注意防火工作。

2. 施工工艺

现浇水磨石地面施工工艺流程为：镶嵌分格条→清理、润湿基层→涂刷结合层→铺抹石粒浆→滚压密实→铁抹压平→粗磨→擦浆→细磨→精磨→酸洗上蜡。

(1)镶嵌分格条

按设计分格和图案规定，用色线包在基层上弹出清晰的线条，然后用稠水泥浆把嵌条粘立固定，嵌条应先粘一侧，再粘一侧。粘贴时粘嵌高度略大于分格条高度的 1/2,水泥浆斜面与地面夹角以 30°为准,如图 1-6。分格条交接处粘嵌水泥浆时,应各留出 2～3cm 的空隙,如图 1-7。铜条应用长 60mm 的 22# 铁丝从嵌条孔中穿过,并埋固在水泥浆中,水泥浆粘贴高度应比嵌条顶面低 3～4mm,嵌条固定 24h 后,应浇水养护 2～3d。

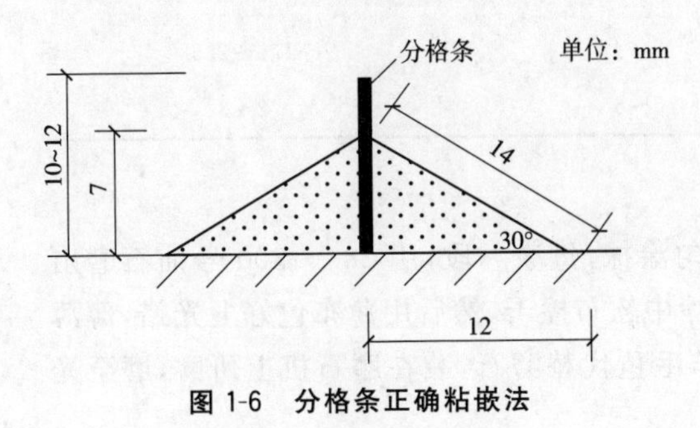

图 1-6　分格条正确粘嵌法

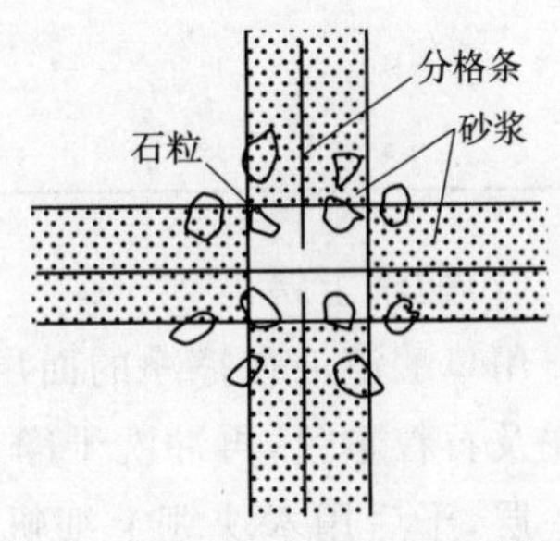

图 1-7　分格条交叉处正确粘嵌法

(2)清理湿润基层

将基层浮浆、浮泥、油污、起砂、玻璃等认真清理干净,必要时可适当凿毛或用钢丝刷刷干净,铺石粒浆前一天,应喷水使基层充分润湿,但涂刷结石层时不得有明水。

(3)涂刷结合层

在某层表面上刷一道与面层水泥相同的水灰比为 0.4～0.5 的水泥素浆结合层,随刷随铺石粒浆,两者紧密配合。

(4)在结合层上铺抹按配合比拌好的石粒浆,石粒浆中水泥与石柱的体积比一般为 1∶1.5～2,厚度除特殊要求外,一般为 10～15mm,稠度不得大于 60mm,石粒浆铺抹顺序为先铺深色,待凝固后再辅浅色,石粒浆倒入分格杠中,要用铁抹子向四面平铺到尺刮平,抹平压实,分格条两边及交角处应特别注意抹平压实。分格条两边及交角处应特别注意拍平压实,铺抹厚度以拍实压平后高出嵌条 1～2mm 为宜,在石粒过衡处,可在其表面上再适当撒一层石粒,过密处适当剔除一些石料,接着用滚子进行滚压。

(5)铁抹压平

待石粒浆稍收水后,用铁抹子将滚压波纹压实,如发现石粒过衡处,仍要嵌补,24h 后进行浇水养护。

(6)磨石

开磨前应试磨,以石粒不脱落为准,开磨时间可参考表 1-2。粗磨为 60～80 号砂轮,至表面磨平,磨匀,全部显露出嵌条与石粒止,清理干净,擦第一番浆,擦浆养护一定时间(1～2d)后,用 80～120 号砂轮细磨,磨光滑后清洗干净,擦浆。擦浆养护一定时间(1～2d)后,用 180～200 号砂轮磨光,至表面平整光滑,石子显露均匀,无细孔磨痕止,边角等磨石机磨不到处,用人工手磨。

表 1-2 现浇水磨石地面的开磨时间

平均温度(℃)	开磨时间(d)	
	机磨	人工磨
20～30	2～3	1～2
10～20	3～4	1.5～2.5
5～10	5～6	2～3

(7)酸洗上蜡

用草酸溶液在擦净的面层上均匀涂抹,每涂一段,用 280～300 号油石磨出水泥及石粒本色,再冲洗干净,用棉纱中软布擦干,然后用薄布包好上光蜡,薄薄涂一层,干后用木块绷上细帆布或羊毛毡代替磨石,装在磨石机上研磨,磨至光滑洁亮为止。

第三节 板块面层施工

板块面层包括砖面层、大理石面层和花岗石面层、预制板块面层、料石面层、塑料板面层、活动地板面层和地毯面层等。

一、大理石、花岗石板及预制水磨石面层

大理石、花岗石板材及预制水磨石楼地面的铺贴,其构造做法基本相同, 如图 1-8。

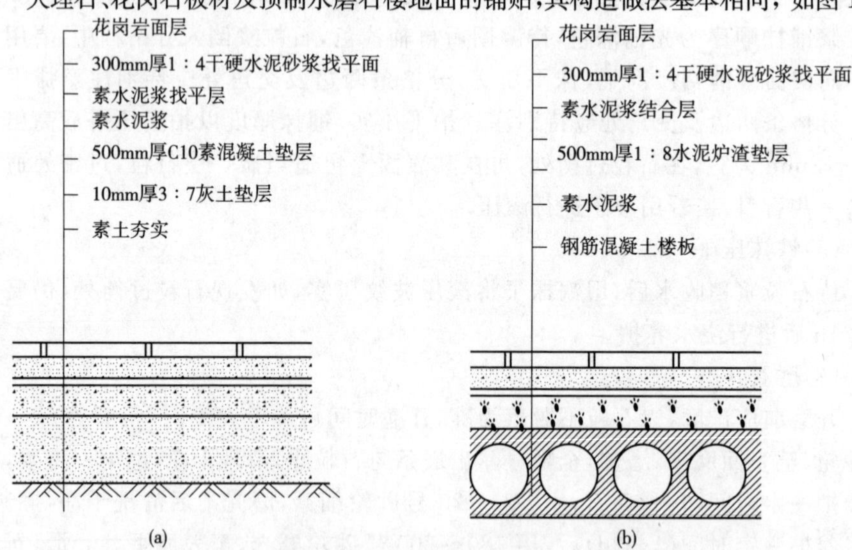

图 1-8 大理石、花岗石板及预制水磨石面层构造做法

(a)地面构造做法;(b)楼面结构做法

大理石、花岗石板材楼地面施工，为避免产生二次污染，一般是在顶棚、墙面饰面完成后进行，先铺设楼地面，后安装踢脚板。施工前要清理现场，检查施工部位有没有水、电、暖等工种的预埋件，是否会影响板块的铺贴；要检查板块材料的规格、尺寸和外观要求，凡有翘曲、歪斜、厚薄偏差过大以及裂缝、掉角等缺陷的应予剔除；同一楼地面工程应采用同一厂家、同一批号的产品，不同品种的板块材料不得混杂使用。

施工工艺流程为：

基层处理→试拼→弹线→试排→铺抹结合层砂浆→铺大理石、花岗岩→勾缝→打蜡。

(1)基层处理

在板块地面铺贴前，应先挂线检查楼地面垫层的平整度，清扫基层并用水冲刷干净。如果是光滑的钢筋混凝土楼面，应先凿毛，凿毛深度一般为5～10mm，间距为30mm左右。基层表面应提前1天浇水湿润。

(2)试拼

在正式铺设前，对每一房间的大理石或花岗石板块，应按图案、颜色、纹理试拼，试拼后按两个方向编号排列，然后按照编号码放整齐。

(3)弹线

根据设计要求，确定平面标高位置。平面标高确定之后，在相应的立面上弹线，再根据板块分块情况挂线找中，即在房间地面取中点，拉十字线。与走廊直接相通的门口外，要与走道地面拉通线，板块分块布置要以十字线对称。如若室内地面与走廊地面颜色不同，其分界应安排在门口门扇中间处。

(4)试排

在房间内的两个互相垂直的方向，铺设两条干砂，其宽度大于板块，厚度不小于3cm。根据试拼石板编号及施工大样图，结合房间实际尺寸，把大理石或花岗石板块排好，以便检查板块之间的缝隙，核对板块与墙面、柱、洞口等部位的相对位置。

(5)铺抹结合层砂浆

刷水泥浆及铺砂浆结合层：试铺后将干砂和板块移开，清扫干净，用喷壶洒水湿润，刷一层素水泥浆(水灰比为0.4～0.5，不要刷得面积过大，随铺砂浆随刷)。根据板面水平线确定结合层砂浆厚度，拉十字控制线，开始铺结合层干硬性水泥砂浆(一般采用1∶2～1∶3的干硬性水泥砂浆，干硬程度以手捏成团、落地即散为宜)，厚度控制在放上大理石(或花岗石)板块时宜高出面层水平线3～4mm。铺好后，用大杠刮平，再用抹子拍实找平(铺摊面积不得过大)。

(6)铺大理石、花岗岩

对于铺设于水泥砂浆结合层上的板块面层，施工前应将板块料浸水湿润，这是保证面层与结合层牢固，防止空鼓、起壳等质量通病的重要措施。所以在施工前应浸水湿润板块，并阴干码好备用，铺砌时，板块的底面以内潮外干为宜。

根据房间拉的十字控制线，纵、横各铺一行，作为大面积铺砌标筋用。依据试拼时的编号、图案及试排时的缝隙（板块之间的缝隙宽度，当设计无规定时，不应大于 mm），在十字控制线交点开始铺砌。先试铺，即搬起板块对好纵、横控制线铺落在已铺好的干硬性砂浆结合层上，用橡皮锤敲击木垫扳（不得用橡皮锤或木锤直接敲击板块），振实砂浆至铺设高度后，将板块掀起移至一旁，检查砂浆表面与板块之间是否相吻合，如发现有空虚之处，应用砂浆填补，然后正式镶铺，先在水泥砂浆结合层上满浇一层水灰比为 0.5 的素水泥浆（用浆壶浇匀），再铺板块，安放时，四角同时往下落，用橡皮锤或木锤轻击木垫板，根据水平线用铁水平尺找平，铺完第一块，向两侧和后退方向顺序铺砌。铺完纵、横行之后有了标准，可分段分区依次铺砌，一般房间宜先里后外进行，逐步退至门口，便于成品保护，但必须注意与楼道相呼应。也可从门口处往里铺砌，板块与墙角、镶边和靠墙处应紧密砌合，不得有空隙。

对于要求镶嵌铜条的地面板块铺贴，板块的规格尺寸更要求准确。铜条镶嵌之前，先将相邻的两块板铺贴平整，其拼接间隙略小于镶条宽度，然后向缝隙内灌抹水泥砂浆，灌满后抹平；而后将铜镶条敲入缝隙内，使之外露部略高于板块平面（以手摸稍有凸感为准），然后擦净挤出的砂浆。

(7)勾缝

对于不设镶条的板块地面，应在铺贴完毕 24 小时以后再洒水养护。一般在 2 天之后，经检查板块无断裂及空鼓现象，方可进行灌缝。用浆壶将稀水泥浆或 1∶1稀水泥砂浆（水泥∶细砂）灌入缝内 2/3 高低，并用小木条把流出的水泥浆向缝内刮抹。灌缝面层上溢出的水泥浆或水泥砂浆须在凝结之前予以消除，再用与板面相同颜色的水泥色浆将缝灌满。待缝内的水泥凝结后，再将面层清洗干净，3 天内禁止上人走动。

(8)打蜡

当水泥砂浆结合层达到强度后（抗压强度达到 1.2MPa 时），方可进行打蜡；对于碎拼大理石面层间隙灌水泥石渣浆时，养护后需进行磨光和打蜡，其操作工艺同现制水磨石地面施工工艺标准。

二、碎拼大理石面层

碎拼大理石地面也称冰裂纹地面，它是采用不规则的、经挑选的碎块大理石铺贴在水泥砂浆结合层上，并用水泥砂浆或水泥石粒浆填补块料间隙，最后进行磨平抛光而成为碎拼大理石地面面层。

碎拼大理石地面在高级装饰工程中,利用色泽鲜艳、品种繁多的大理石碎块,无规则地拼镶在一起,由于花色不同、形状各异、造型多变,给人一种乱中有序、清新自然的感受。碎拼大理石的构造做法和平面示意图,如图 1-9 和图 1-10。

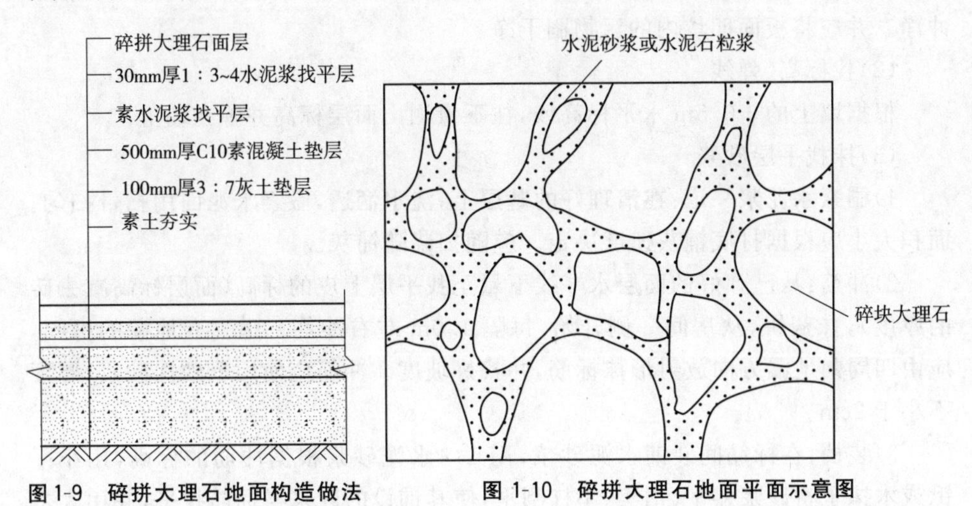

图 1-9　碎拼大理石地面构造做法　　图 1-10　碎拼大理石地面平面示意图

1. 施工工艺

(1)在找平层上刷素水泥浆一遍,用 1∶2的水泥砂浆(体积比)镶贴大理石块标筋,间距一般为 1.5m,然后铺贴碎大理石块;用橡皮锤轻轻敲击大理石面,使其与水泥砂浆黏结牢固,并与标筋面平齐,随时用靠尺检查表面平整度。

(2)在铺贴施工中要留足碎块大理石间的缝隙,并将缝内挤出的水泥砂浆及时剔除。

(3)碎块大理石之间的缝隙,如无设计要求,又为碎块状材料时,一般控制不太严格,可大可小,互相搭配成各种图案。

(4)如果缝隙间灌注石渣浆时,应先将大理石缝间的积水、浮灰消除,刷素水泥浆一遍,缝隙可用同色水泥浆嵌抹做成平缝,也可嵌入彩色水泥石渣浆,嵌抹应凸出大理石面 2mm。抹平后撒一层石渣,用钢抹子拍平、压实,次日养护。

(5)碎拼大理石面层的磨光一般分四遍完成,即分别采用 80～100 号金刚砂、100～160 号金刚砂、240～280 号金刚砂和 750 号以上金刚砂进行研磨。

(6)待研磨完毕后,将其表面清理干净,便可进行上蜡抛光工作。

2. 砖面层

施工工艺流程为:

基层清理→找标高、弹线→抹找平层砂浆→弹铺砖控制线→铺砖→勾缝、擦缝→养护→踢脚板安装。

(1)基层清理

将混凝土基层上的杂物清理掉,并用錾子剔掉砂浆落地灰,用钢丝刷刷净浮浆层。如基层有油污时,应用10%火碱水刷净,并用清水及时将其水上的碱液冲净。并应将板面凹坑内的污物刷干净。

(2)找标高、弹线

根据墙上的+0.5m水平标高线,往下量测出面层标高并弹在墙上。

(3)抹找平层砂浆

1)刷素水泥浆一道:在清理好的基层上,浇水洇透,撒素水泥面用扫帚扫匀。面积大小应根据打底铺灰速度决定。应随扫浆随铺灰。

2)冲筋:从已弹好的面层水平线下量至找平层上皮的标高(面层标高减去砖的厚度),抹灰饼,从房间一侧开始,每隔1.0m左右冲筋一道。有地漏的房间,应由四周向地漏方向放射形抹标筋,并找好坡度。冲筋应使用干硬性砂浆,厚度不小于2cm。

3)装档:在标筋间装铺水泥砂浆,用1∶4水泥砂浆根据冲筋的标高,用小平锹或木抹子将砂浆摊平、拍实,小杠刮平,使其铺设的砂浆与标筋找平,并用大木杠横竖检查其平整度,同时检查其标高和泛水坡度是否正确,用木抹子搓平,24h后浇水养护。

(4)弹铺砖控制线

当找平砂浆抗压强度达到1.2MPa时开始上人弹砖的控制线。在房间正中,从纵、横两个方向排好尺寸,缝宽以不大于10mm为宜,当尺寸不足整砖模数时可裁割用于边角地面上弹纵横控制线(每隔4块砖弹一根控制线),并严格控制好方正。

(5)铺砖

为了找好位置和标高,应从门口开始,纵向先铺2～3行砖,以此为标筋拉纵横水平标高线,铺时应从里向外退着操作,人不得踏在刚铺好的砖面上,每块砖应跟线,操作程序是:

1)铺砌前将砖板块放入半截水桶中浸水湿润,晾干后表面无明水时,方可使用。

2)找平层上洒水湿润,均匀涂刷素水泥浆(水灰比为1∶0.4～0.5)刷涂面积不要过大,铺多少刷多少。

3)砖的背面朝上,抹粘接砂浆,其配合比不小于1∶2.5,厚度不小于10mm,因砂浆强度高,硬结快,应随伴随用,防止砂浆存放时间长,影响砂浆的粘接。

4)将抹好灰的砖,铺贴到刷好水泥浆的底灰上,砖上楞应跟线找正找直。

5)用木板垫在锦砖上,橡皮锤拍实。

6)拨缝、整修。将已铺好的砖块,拉线修整拨缝,将缝找直,并将缝内多余的砂浆扫出,将砖拍实,如有坏砖应及时更换。

7)勾缝、擦缝。用1∶1水泥细砂浆勾缝,缝内深度宜为砖厚的1/3,要求缝内砂浆密实、平整、光滑。随勾随将剩余水泥砂浆清走、擦净。如设计要求不留缝隙,则要求接缝平直,在铺实平整好的砖面层上撒水泥干面,用水壶喷水。用扫帚将水泥浆扫入缝内将其灌满浆,并随之用拍板拍振,使浆铺满振实,最后用干锯末扫净。

8)养护。地砖铺完48h、陶瓷锦砖铺完24h后,放锯末浇水养护,时间应不少于7d。铺地砖时,最好一次铺设一间或一部位,接槎应放在门口的裁口处。

3. 塑料板面层

(1)材料要求

塑料板面层所用的板应平整、光滑、无裂纹、色泽均匀、厚薄一致、边缘平直,板内不允许有杂物和气泡,并须符合相应产品和各项技术指标。

塑料板运输时应避免日晒雨淋和撞击,应贮存在干燥洁净的仓库内,并防止变形,距热源3米以外,温度一般不超过32℃。

胶黏剂的选用应根据基层所铺材料和面层使用要求,通过试验后确定。胶黏剂应存放在阴凉通风、干燥的室内。出厂三个月后应取样试验,合格后方可使用。

(2)施工要点

1)在水泥地坪的基层上铺贴塑料板面层,其表面必须平整、坚硬、干燥、无油脂及其他杂质(包括砂粒),含水率不应大于8%。如有麻面,宜采用乳液腻子等修补平整,再用水稀释的乳液涂刷一遍,以增加基层的整体性和。

2)塑料板面层应根据设计要求,在基层表面上进行弹线、分格、定位,并距墙面留出200～300mm以作镶边。

3)塑料板在试铺前,应进行处理。软质聚氯乙烯板应作预热处理,宜放入75℃左右的热水浸泡10～20min,至板面全部松软伸平后取出晾干待用,但不得用炉火或电热炉预热;半硬质聚氯乙烯一般用丙酮∶汽油(1∶8)混合溶液进行脱脂除蜡。

4)塑料板面层铺贴前应先试铺编号。铺贴时,应将基层表面清扫洁净,涂刷一层薄而匀的底子胶,待其干燥后即按弹线位置沿轴线由中央向四面铺贴。

5)基层表面涂刷的胶黏剂必须均匀,并超出分格线约10mm,涂刷厚度应控制在1mm以内;塑料板背面亦应均匀涂刮胶黏剂,待胶层干燥至不粘手(约10～20min)即可铺贴,应一次就位准确,粘贴密实。

三、木、竹面层施工

普通木(竹)地板和拼花木地板按构造方法不同,有实铺和空铺两种。

空铺是由木搁栅、企口板、剪刀撑等组成,一般均设在首层房间。当搁栅跨度较大时,应在房中间加设地垄墙,地垄墙顶上要铺油毡或抹防水砂浆及放置沿缘木。实铺木地板,是木搁栅铺在钢筋混凝土板或垫层上,它是由木搁栅及企口板等组成。

工艺流程为:基层清理测量弹线→安装木龙骨→铺钉毛地板→铺地板面层→刨平、磨光→安装木踢脚板→油漆、打蜡→清理地板面。

木地板面层构造如图 1-11 所示。

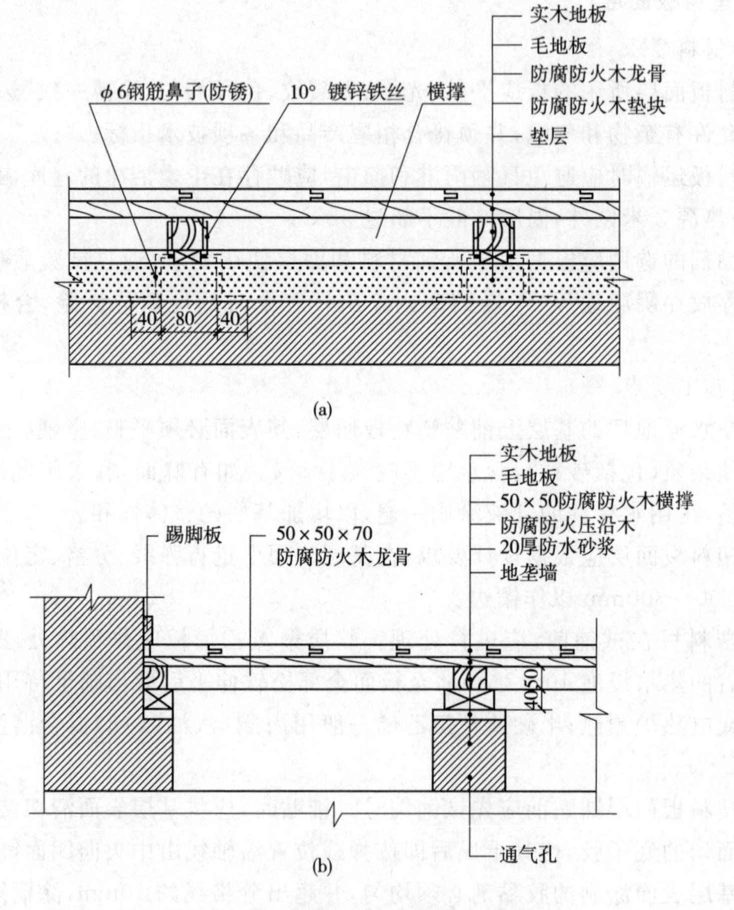

图 1-11 木板面层构造做法示意图

(a)实铺法;(b)空铺法

1. 基层清理、弹线找平

对基层空鼓、麻点、掉皮、起砂、高低偏差等部位先进行返修，并把沾在基层上的浮浆、落地灰等用錾子或钢丝刷清理掉，再用扫帚将浮土清扫干净。待所有清理工作完成后进行验收，合格后方可弹线。

2. 安装龙骨

(1)实铺法

1)先在基层上弹出木龙骨的安装位置线(间距不大于400mm或按设计要求)及标高，将龙骨(断面呈梯形，宽面在下)放平、放稳，并找好标高，再用电锤钻孔，用膨胀螺栓、角码固定木龙骨或采用预埋在楼板内的钢筋(铁丝)绑牢，木龙骨与墙间留出不小于30mm的缝隙，以利于通风防潮。木龙骨的表面应平直。若表面不平可用垫板垫平，也可刨平，或者在底部砍削找平，但砍削深度不宜超过10mm，砍削处要刷防火涂料和防腐剂处理。采用垫板找平时垫板要与龙骨钉牢。

2)木龙骨的断面选择应根据设计要求。实铺法木龙骨常加工成梯形(俗称燕尾龙骨)，这样不仅可以节省木材，同时也有利于稳固。也可采用30mm×40mm木龙骨，木龙骨的接头应采用平接头，每个接头用双面木夹板，每面钉牢，亦可以用扁铁双面夹住钉牢。

3)木龙骨之间还要设置横撑，横撑的含水率不得大于18%，横撑间距800mm左右，与龙骨垂直相交，用铁钉固定，其目的是为了加强龙骨的整体性。龙骨与龙骨之间的空隙内，按设计要求填充轻质材料，填充材料不得高出木龙骨上表皮。

(2)空铺法

1)空铺法的地垄墙高度应根据架空的高度及使用的条件计算后确定，地垄墙的质量应符合有关验收规范的技术要求，并留出通风孔洞。

2)在地垄墙上垫放通长的压沿木或垫木。压沿木或垫木应进行防腐、防蛀处理，并用预埋在地垄墙里的铁丝将其绑扎拧紧，绑扎固定的间距不超过300mm，接头采用平接，在两根接头处，绑扎的铅丝应分别在接头处的两端150mm以内进行绑扎，以防接头处松动。

3)在压沿木表面划出各龙骨的中线，然后将龙骨对准中线摆好，端头离开墙面的缝隙约30mm，木龙骨一般与地垄墙成垂直，摆放间距一般为400mm，并应根据设计要求，结合房间的具体尺寸均匀布置。当木龙骨顶面不平时，可用垫木或木楔在龙骨底下垫平，并将其钉牢在压沿木上，为防止龙骨活动，应在固定好的木龙骨表面临时钉设木拉条，使之互相牵拉。

4)龙骨摆正后，在龙骨上按剪刀撑的间距弹线，然后按线将剪刀撑钉于龙骨侧面，同一行剪刀撑要对齐顺线，上口齐平。

3. **铺钉毛地板**

实木地板有单层和双层两种。单层实木地板是将条形实木地板直接钉牢在木龙骨上，条形板与木龙骨垂直铺设。双层是在木龙骨上先钉一层毛地板，再钉实木条板。

毛地板可采用较窄的松、杉木板条，其宽度不宜大于120mm，或按设计要求选用，毛地板的表面应刨平。毛地板与木龙骨成30°或45°角斜向铺钉。毛地板铺设时，木材髓心应向上，其板间缝隙不大于3mm，与墙之间应留10～20mm的缝隙。毛地板用铁钉与龙骨钉紧，宜选用长度为板厚2～2.5倍的铁钉，每块毛地板应在每根龙骨上各钉两个钉子固定，钉帽应砸扁并冲进毛地板表面2mm，毛地板的接头必须设在龙骨中线上，表面要调平，板长不应小于两档木龙骨，相邻板条的接缝要错开。毛地板使用前必须做防腐与防潮处理，并将其上所有垃圾、杂物清理干净，方可执行下一步铺设工作。

4. **铺钉实木地板面层**

(1)条板铺钉

单层实木地板，在木龙骨完成后即进行条板铺钉。双层实木地板在毛地板完成后，为防止使用中发生响声和潮气侵蚀，在毛地板上干铺一层防水卷材。铺设时应从距门较近的墙一边开始铺钉企口条板，靠墙的一块板应离墙面留10～20mm缝隙，用木楔背紧。以后逐块排紧，用地板钉从板侧企口处斜向钉入，钉长为板厚2～2.5倍，钉帽要砸扁冲入地板表面2mm，企口条板要钉牢、排紧。板端接缝应错开，其端头接缝一般是有规律的在一条直线上。每铺设600～800mm宽应拉线找直修整，板缝宽度不大于0.5mm。

板的排紧方法一般可在木龙骨上钉扒钉，在扒钉与板之间加一对硬木楔，打紧硬木楔就可以使板排紧。钉到最后一块企口板时，因无法斜着钉，可用明钉钉牢，钉帽要砸扁，冲入板内。企口板的接口要在龙骨中间，接头要互相错开，龙骨上临时固定的木拉条，应随企口板的安装随时拆去，铺钉完之后及时清理干净，对表面不平处，应进行刨光，先垂直木纹方向粗刨一遍，再顺木纹方向细刨一遍。实铺条板铺钉方法同上。

(2)拼花木地板铺钉

拼花实木地板是在毛地板上进行拼花铺钉。铺钉前，应根据设计要求的地板图案进行弹线，一般有正方格形、斜方格形、人字形等。

在毛地板上弹出图案墨线，分格定位，有镶边的，距墙边留出200～300mm做镶边。按墨线从中央向四边铺钉，各块木板应互相排紧，对于企口拼装的硬木地板，应从板的侧边斜向钉入毛地板中，钉帽不外露，钉长为板厚2～2.5倍。当木板长度小于300mm时，侧边应钉两个钉子，长度大于300mm时，应钉入3个钉子，板的两端应各钉1个钉固定，宜钉在距板端20mm处。板块缝隙不应大于0.3mm，毛地板与墙之间应留10～20mm的缝隙。面层与墙之间缝隙，应加木踢脚板封盖。有镶边时，在大面积铺贴完后，再铺镶边部分。铺钉拼花地板前，宜先铺设一层沥青纸（或油毡），以隔声和防潮用。钉完后，清扫干净刨光，刨刀吃口不应过深，防止板面出现刀痕。

(3)胶黏剂铺贴拼花木地板

铺贴时，先处理好基层，表面应平整、洁净、干燥。在基层表面和拼花木地板背面分别涂刷胶黏剂（胶黏剂应通过试验确定，胶黏剂应放置在阴凉通风、干燥的室内，超过生产期3个月的产品，应取样检验，合格后方可使用，超过保质期的产品，不得使用），其厚度：基层表面控制在1mm左右，地板背面控制在0.5mm左右，待胶表面稍干后（不粘手时）即可铺贴就位，并用小锤轻敲，使地板与基层粘牢，对溢出的胶黏剂应随时擦净。刚铺贴好的木板面应用重物加压，使之牢固，防止翘曲、空鼓。

5. 刨平、磨光

地板刨光宜采用地板刨光机（或六面刨），转速在5000r/min以上。长条地板应顺木纹刨，拼花地板应与地板木纹成45°斜刨。刨时不宜走得太快，刨刀吃口不应过深，要多走几遍，地板刨光机不用时应先将机器提起关闭，防止啃伤地面。所刨厚度应小于1.5mm，要求无刨痕。机器刨不到的地方要用手刨，并用细刨净面。地板刨平后，用砂布磨光，所用砂布应先粗后细，砂布应绷紧绷平，磨光方向及角度与刨光方向相同。

6. 安装木踢脚板

实木地板安装完毕后，静放2h后方可拆除木楔子，并安装踢脚板。踢脚板的厚度应以能压住实木地板与墙面的缝隙为准，通常厚度为15mm，以钉固定。木踢脚板应提前刨光，背面开成凹槽，以防翘曲，并每隔1m钻直径6mm的通风孔，在墙上每隔750mm设防腐木砖或在墙上钻孔打入防腐木砖，在防腐木砖外面钉防腐木块，再把踢脚板用钉子钉牢在防腐木块上，钉帽砸扁冲入木板内，踢脚板板面应垂直，上口水平。木踢脚板阴阳角交接处，钉三角木条，以盖住缝隙，木踢脚板阴阳角交角处应切割成45°角拼装，踢脚板的接头也应固定在防腐木块上。安装时注意不要把有明显色差的踢脚板连在一起。

7. 油漆、打蜡

应在房间内所有装饰工程完工后进行。硬木拼花地板花纹明显，所以，多采用透明的清漆刷涂，这样可透出木纹，增强装饰效果。打蜡可用地板蜡，以增加地板的光洁度，打蜡时均匀喷涂 1～2 遍，稍干后用净布擦拭，直至表面光滑、光亮。面积较大时用机械打蜡，可增加地板的光洁度，使木材固有的花纹和色泽最大限度地显示出来。

四、地毯面层施工

1. 地毯的分类

按地毯的材质分类有：

(1)纯毛地毯：纯毛地毯分为手工编织、机织和无纺羊毛地毯，是我国传统的手工艺品之一，历史悠久、图案优美、色彩鲜艳、质地厚实、经久耐用、驰名中外。

(2)混纤地毯：在羊毛中加入化学纤维织成的地毯，其品种较多。

(3)化纤地毯：即合成纤维地毯，以化学纤维为原料，经簇绒法和机织法制作面层，再以麻布背衬加工而成，其外表和触感与羊毛地毯相似，耐磨而富有弹性，让人有舒适感。主要有锦纶、腈纶地毯等。

(4)塑料地毯：采用聚氯乙烯树脂增塑剂等多种辅助材料，经均匀混炼，塑制而成的一种新型软质地毯。具有质地柔软、色彩鲜艳、舒适耐用、不会燃烧、污染后易清洗等特点。

2. 工艺流程

地毯面层施工的工艺流程为：检验地毯质量→技术交底→准备机具设备→基底处理→弹线→套方、分格定位→地毯剪裁→钉倒刺板条→铺衬垫→铺地毯→细部处理收口→检查验收。

3. 握作工艺

(1)基层处理。把粘在基层上的浮浆、落地灰等用塞子或钢丝刷清理掉，再用扫帚将浮土清扫干净。如条件允许，用自流平水泥将地面找平为佳。

(2)弹线套方、分格定位。严格依照设计图纸对各个房间的铺设尺寸进行度量，检查房间的方正情况，并在地面弹出地毯的铺设基准线和分格定位线。活动地毯应根据地毯的尺寸，在房间内弹出定位网格线。

(3)地毯剪裁。根据放线定位的数据，剪裁出地毯，长度应比房间长度大 20mm。

(4)钉倒刺板条。沿房间四周踢脚边缘，将倒刺板条牢固钉在地面基层上，倒刺板条应距踢脚板 8～10mm。

(5)铺衬垫。将衬垫采用点黏法粘在地面基层上，要离开倒刺板 10mm 左右。

(6)铺设地毯。先将地毯的一条长边固定在倒刺板上，毛边掩到踢脚板下，用地毯撑子拉伸地毯，直到拉平为止，然后将另一端固定在另一条边的倒刺板上，掩好毛边到踢脚板下。一个方向拉伸完，再进行另一个方向的拉伸，直到四条边都固定在倒刺板上为止。在边长较长的时候，应多人同时操作，拉伸完毕时应确保地毯的图案无扭曲变形。

(7)铺活动地毯时应先在房间中间按照十字线铺设十字控制块，之后按照十字控制块向四周铺设。大面积铺贴时应分段、分部位铺贴，如设计有图案要求时，应按照设计图案弹出准确分格线，并做好标记，防止差错。

(8)当地毯需要接长时，应采用缝合或烫带黏结（无衬垫时）的方式，缝合应在铺设前完成，烫带黏结应在铺设的过程中进行，接缝处应与周边无明显差异。

(9)细部收口。地毯与其他地面材料交接处和门口等部位，应用收口条做收口处理。

第二章　抹 灰 工 程

抹灰是将各种沙浆、装饰性石屑浆、石子浆涂抹在建筑物的表面上，除保护建筑物外，还可作为饰面层起到装饰作用。

抹灰工程按材料和装饰效果分为一般抹灰和装饰抹灰两大类。一般抹灰有水泥石灰砂浆、水泥砂浆、聚合物水泥砂浆以及麻刀灰、纸筋灰、石膏灰等；装饰抹灰有水刷石、水磨石、斩假石（剁斧石）、干粘石、拉毛灰、洒毛灰以及喷砂、喷涂、滚涂、弹涂等。

第一节　抹 灰 砂 浆

一、一般要求

1. 预拌抹灰砂浆

(1)一般抹灰工程用砂浆宜选用预拌抹灰砂浆。抹灰砂浆应采用机械搅拌。

(2)预拌抹灰砂浆性能应符合现行行业标准《预拌砂浆》(JG/T 230—2007)的规定，预拌抹灰砂浆的施工与质量验收应符合现行行业标准《预拌砂浆应用技术规程》(JGJ/T 223—2010)的规定。

2. 抹灰砂浆的品种及强度等级

(1)抹灰砂浆的品种宜根据使用部位或基体种类按表 2-1 选用。

表 2-1　抹灰砂浆的品种选用

使用部位或基体种类	抹灰砂浆品种
内墙	水泥抹灰砂浆、水泥石灰抹灰砂浆、水泥粉煤灰抹灰砂浆、掺塑化剂水泥抹灰砂浆、聚合物水泥抹灰砂浆、石膏抹灰砂浆
外墙、门窗洞口外侧壁	水泥抹灰砂浆、水泥粉煤灰抹灰砂浆
温(湿)度较高的车间和房屋、地下室、屋檐、勒脚等	水泥抹灰砂浆、水泥粉煤灰抹灰砂浆
混凝土板和墙	水泥抹灰砂浆、水泥石灰抹灰砂浆、聚合物水泥抹灰砂浆、石膏抹灰砂浆

（续）

使用部位或基体种类	抹灰砂浆品种
混凝土顶棚、条	聚合物水泥抹灰砂浆、石膏抹灰砂浆
加气混凝土砌块（板）	水泥石灰抹灰砂浆、水泥粉煤灰抹灰砂浆、掺塑化剂水泥抹灰砂浆、聚合物水泥抹灰砂浆、石膏抹灰砂浆

(2)抹灰砂浆的品种及强度等级应满足设计要求。除特别说明外，抹灰砂浆性能的试验方法应按现行行业标准《建筑砂浆基本性能试验方法标准》(JGJ/T 70—2009)执行。

(3)抹灰砂浆强度不宜比基体材料强度高出两个及以上强度等级，并应符合下列规定：

1)对于无粘贴饰面砖的外墙，底层抹灰砂浆宜比基体材料高一个强度等级或等于基体材料强度。

2)对于无粘贴饰面砖的内墙，底层抹灰砂浆宜比基体材料低一个强度等级。

3)对于有粘贴饰面砖的内墙和外墙，中层抹灰砂浆宜比基体材料高一个强度等级且不宜低于 M15，并宜选用水泥抹灰砂浆。

4)孔洞填补和窗台、阳台抹面等宜采用 M15 或 M20 水泥抹灰砂浆。

3. 抹灰砂浆组成材料

(1)配制强度等级不大于 M20 的抹灰砂浆，宜用 32.5 级通用硅酸盐水泥或砌筑水泥；配制强度等级大于 M20 的抹灰砂浆，宜用强度等级不低于 42.5 级的通用硅酸盐水泥。通用硅酸盐水泥宜采用散装的。

(2)用通用硅酸盐水泥拌制抹灰砂浆时，可掺入适量的石灰膏、粉煤灰、粒化高炉矿渣粉、沸石粉等，不应掺入消石灰粉。用砌筑水泥拌制抹灰砂浆时，不得再掺加粉煤灰等矿物掺合料。

(3)拌制抹灰砂浆，可根据需要掺入改善砂浆性能的添加剂。目前抹灰砂浆中常用的外加剂包括：减水剂、防水剂、缓凝剂、塑化剂、砂浆防冻剂等。

4. 抹灰砂浆的施工稠度

抹灰砂浆的施工稠度宜按表 2-2 选取。聚合物水泥抹灰砂浆的施工稠度宜为 50～60mm，石膏抹灰砂浆的施工稠度宜为 50～70mm。

表 2-2　抹灰砂浆的施工稠度

抹灰层	施工稠度(mm)
底层	90～110
中层	70～90
面层	70～80

5. 抹灰砂浆的搅拌时间

抹灰砂浆的搅拌时间应自加水开始计算，并应符合下列规定：

(1)水泥抹灰砂浆和混合砂浆，搅拌时间不得小于120s。

(2)预拌砂浆和掺有粉煤灰、添加剂等的抹灰砂浆，搅拌时间不得小于180s。

二、砂浆的配合比设计

抹灰砂浆在施工前应进行配合比设计，砂浆的试配抗压强度应按下式计算：

$$f_{m,0}=kf_2 \tag{1-1}$$

式中：$f_{m,0}$——砂浆的试配抗压强度(MPa)，精确至0.1MPa；

f_2——砂浆抗压强度等级值(MPa)，精确至0.1MPa；

k——砂浆生产(拌制)质量水平系数，取1.15～1.25。

注：砂浆生产(拌制)质量水平为优良、一般、较差时，k值分别取为1.15、1.20、1.25。

抹灰砂浆配合比应采取质量计量，砂浆分层度宜为10～20mm。抹灰砂浆中可加入纤维，掺量应经试验确定。用于外墙的抹灰砂浆的抗冻性应满足设计要求。

配合比试配、调整与确定的技术要求详见《抹灰砂浆技术规程》(JGJ/T 220—2010)第5.8节相关规定。

三、砂浆的配制方法

砂浆配制方法有人工搅拌和机械搅拌两种。

1. 机械搅拌

先将水和砂子搅拌，然后加水泥再拌匀，直至颜色一致，稠度符合要求。

搅拌水泥混合砂浆，应先加入少量水、砂子、石灰膏，拌匀后，再加余量的水、砂、水泥，拌至颜色一致，稠度符合要求。搅拌时间不少于2分钟。

膨胀珍珠岩水泥砂浆拌制时，一次不应太多，随拌随用。搅拌时间不少于2分钟。

聚合物水泥砂浆拌制时，先将水泥砂浆拌好，再将聚乙烯醇缩甲醛胶用2倍的水稀释后加入搅拌筒，一齐拌匀。

2. 人工搅拌

拌制水泥砂浆时，需要两人配合，采用“三干三湿”法。一人先将砂子铲到铁板上，另一人铲水泥(水泥∶砂＝1∶3)，干拌至少三次，直到均匀；再将干灰堆成中间有凹坑的圆堆，把水加入坑内再湿拌至少三次，直到砂浆颜色一致、稠度适当为止。

拌制纸筋石灰浆时，先把石灰膏化成石灰浆，再把磨细的纸筋投入化灰池或铁桶中，用耙子拉散、拌匀，陈伏 20 天后待用。

拌制麻刀石灰浆时，将麻刀丝加入石灰膏中拌均匀，陈伏不少于 3 天后再用。

第二节 一般抹灰

抹灰一般分三层，即底层、中层和面层（或罩面），如图 2-1 所示。底层主要起与基层黏结的作用，厚度一般为 5～9mm，要求砂浆有较好的保水性，其稠度较中层和面层大，砂浆的组成材料要根据基层的种类不同而选用相应的配合比。底层砂浆的强度不能高于基层强度，以免抹灰砂浆在凝结过程中产生较强的收缩应力，破坏强度较低的基层，从而产生空鼓、裂缝、脱落等质量问题；中间起找平的作用，砂浆的种类基本与底层相同，只是稠底稍小，中层抹灰较厚时应分层，每层厚度应控制在 5～9mm；面层起装饰作用，要求涂抹光滑、洁净，因此要求用细砂，或用麻刀、纸筋灰浆。各层砂浆的强度要求应为：底层＞中层＞面层，并不得将水泥砂浆抹在石灰砂浆或混合浆上，也不得把罩面石膏灰抹在水泥砂浆层上。

抹灰层的平均总厚度，不得大于下列规定：

(1)顶棚：板条、空心砖、现浇混凝土（15mm），预制混凝土（18mm），金属网（20mm）；

(2)内墙：普通抹灰（18mm～20mm），高级抹灰（25mm）；

(3)外墙（20mm），勒脚及突出墙面部分（25mm）；

(4)石墙（35mm）；

(5)当抹灰厚度不小于 35mm 时，应采取加强措施。

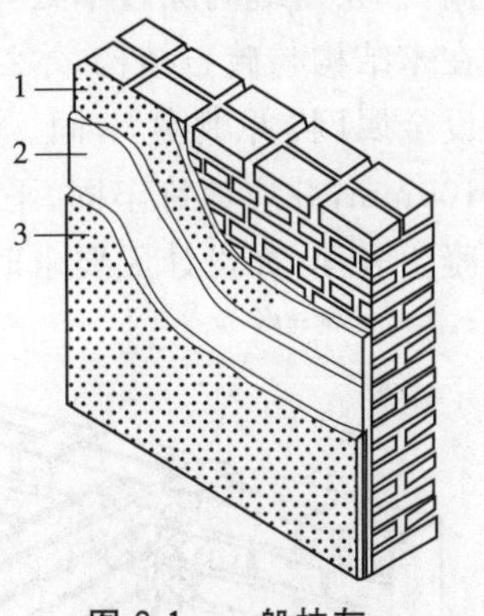

图 2-1 一般抹灰

1-底层；2-中层；3-面层

涂抹水泥砂浆每遍厚度宜为 5～7mm；涂抹石灰砂浆和水泥混合砂浆每遍厚度宜为 7～9mm。

面层抹灰经干平压实后的厚度，麻刀石灰不得大于 3mm；纸筋石灰、石膏灰不得大于 2mm。

一、一般要求

一般抹灰按质量要求分为普通抹灰和高级抹灰两个等级。

普通抹灰为一道底层和一道面层或一道底层、一道中层和一道面层,要求表面光滑、洁净、接槎平整、分格缝应清晰。

高级抹灰为一道底层、数层中层和一道面层组成。要求表面光滑、洁净、颜色均匀无抹纹、分格缝和灰线应清晰美观。

抹灰层与基层之间及各抹灰层之间必须黏结牢固,抹灰层应无脱层、空鼓,面层应无爆灰和裂缝。

二、内墙抹灰施工

内墙抹灰施工的工艺流程为:基层处理→找规矩→做标志块→做标筋→做门窗护角→底、中层抹灰→面层抹灰。

1. 基层处理

墙上的脚手眼、各种管道穿越过的墙洞和楼板洞、剔槽等应用1∶3水泥砂浆填嵌密实或堵砌好。散热器和密集管道等背后的墙面抹灰,应在散热器和管道安装前进行,抹灰面接槎应顺平。门窗框与立墙交接处应用水泥砂浆或水泥混合砂浆(加少量麻刀)分层嵌塞密实。基体表面的灰尘、污垢、油渍、碱膜、沥青渍、,并用水喷洒湿润。混凝土墙、混凝土梁头、砖墙或加气混凝土墙等基体表面的凸凹处,要剔平或用1∶3水泥砂浆分层补齐;模板钢丝应剪除。板条墙或顶棚,板条留缝间隙过窄处,应进行处理,一般要求达到7~10mm(单层板条)。应在木结构与砖石结构、木结构与钢筋混凝土结构相接处的基体表面抹灰,应先铺设金属网,并绷紧牢固。金属网与各基体的搭接宽度从缝边起每边不小于100mm,并应铺钉牢固、平整,不得有翘曲、松动现象,见图2-2。平整光滑的混凝土表面,如设计无要求时可不抹灰,用刮腻子处理。如设计有要求或混凝土表面不平,应进行凿毛后方可抹灰。预制钢筋混凝土楼板顶棚,在抹灰前须用1∶0.3∶3水泥石灰砂浆将板缝勾实。

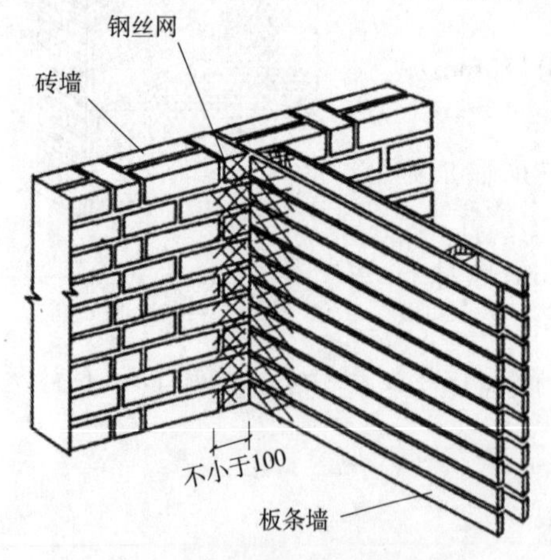

图2-2 基层交接处金属网铺设

2. 找规矩

托线板全面检查墙体表面的垂直平整程度,根据检查的实际情况并兼顾抹灰总的平均厚度规定,决定墙面抹灰厚度。

3. 做标志块

在2m左右高度,距墙两边阴角10~20cm处,用底层抹灰砂浆(也可用

1∶3水泥砂浆或1∶3∶9混合砂浆)各做一个标准标志块(灰饼),厚度为抹灰层厚度(一般为1～1.5cm),大小为5cm×5cm。以这两个标准标志块为依据,再用托线板靠、吊垂直确定墙下部对应的两个标志块厚度,其位置在踢脚板上口,使上下两个标志块在一条垂直线上。标准标志块做好后,再在标志块附近墙面钉上钉子,拴上小线拉水平通线,然后按间距1.2～1.5m左右加做若干标志块,见图2-3。凡窗口、垛角处必须做标志块。

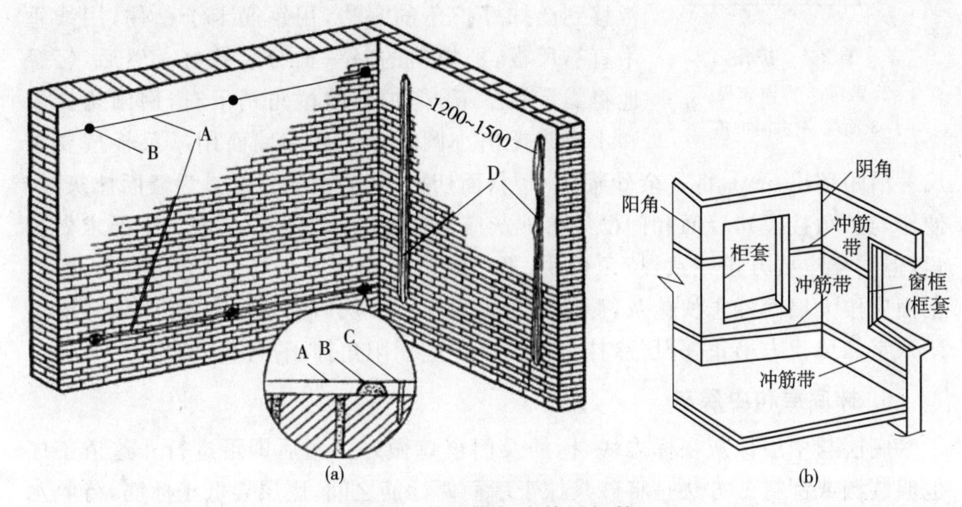

图2-3 挂线做标志块及标筋

(a)灰饼和标筋的位置示意图;(b)水平横向标筋示意图

A-引线;B-灰饼(标志块);C-钉子;D-冲筋

4. 标筋

标筋也叫冲筋、出柱头,就是在上下两个标志块之间先抹出一条长梯形灰埂,其宽度为10cm左右,厚度与标志块相平,作为墙面抹底子灰填平的标准。做法是在两个标志块中间先抹一层,再抹第二遍凸出成八字形,要比灰饼凸出1cm左右,然后用木杠紧贴灰饼左上右下来回搓,直至把标筋搓得与标志块一样平为止。同时要将标筋的两边用刮尺修成斜面,使其与抹灰层接槎顺平。标筋用砂浆,应与抹灰底层砂浆相同,标筋做法见图2-3。操作时应先检查木杠是否受潮变形,如果有变形应及时修理,以防止标筋不平。

5. 做护角

室内墙面、柱面的阳角和门窗洞口的阳角抹灰要求线条清晰、挺直,并防止碰坏。因此,不论设计有无规定,都需要做护角。护角做好后,也起到标筋作用。护角应抹1∶2水泥砂浆,一般高度不应低于2m,护角每侧宽度不小于50mm,见图2-4。

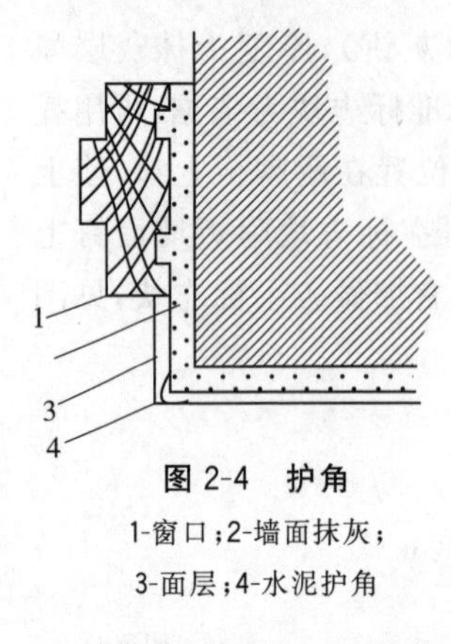

图 2-4　护角

1-窗口;2-墙面抹灰;
3-面层;4-水泥护角

抹护角时,以墙面标志块为依据,首先要将阳角用方尺规方,靠门框一边,以门框离墙面的空隙为准,另一边以标志块厚度为据。最好在地面上画好准线,按准线粘好靠尺板,并用托线吊直,方尺找方。然后,在靠尺板的另一边墙角面分层抹 1∶2水泥砂浆,护角线的外角与靠尺板外口平齐;一边抹好后,再把靠尺板移到已抹好护角的一边,用钢筋卡子稳住,用线垂吊直靠尺板,把护角的另一面分层抹好。然后,轻轻地将靠尺板拿下,待护角的棱角稍干时,用阳角抹子和水泥浆捋出小圆角。最后在墙面用靠尺板按要求尺寸沿角留出 5cm,将多余砂浆以 40°斜面切掉(切斜面的目的是为墙面抹灰时,便于与护角接槎),墙面和门框等落地灰应清理干净。窗洞口一般虽不要求做护角,但同样也要方正一致,棱角分明,平整光滑。操作方法与做护角相同。窗口正面应按大墙面标志块抹灰,侧面应根据窗框所留灰口确定抹灰厚度,同样应使用八字靠尺找方吊正,分层涂抹。阳角处也应用阳角抹子捋出小圆角。

6. 抹底层和中层灰

底层与中层抹灰在标志块、标筋及门窗口做好护角后即可进行。这道工序也叫装档或刮糙。方法是将砂浆抹于墙面两标筋之间,底层要低于标筋,待收水后再进行中层抹灰,其厚度以垫平标筋为准,并使其略高于标筋。中层砂浆抹后,即用中、短木杠按标筋刮平。使用木杠时,人站成骑马式,双手紧握木杠,均匀用力,由下往上移动,并使木杠前进方向的一边略微翘起,手腕要活。局部凹陷处应补抹砂浆,然后再刮,直至普遍平直为止。紧接着用木抹子搓磨一遍,使表面平整密实。刮平与抹灰操作如图 1-5 所示。

抹底子灰的时间应掌握好,不要过早也不要过迟。一般情况下,标筋抹完就可以装档刮平。但要注意如果筋软,则容易将标筋刮坏产生凸凹现象;也不宜在标筋有强度时再装档刮平,因为待墙面砂浆收缩后,会出现标筋高于墙面的现象,由此产生抹灰面不平等质量通病。

图 2-5　刮平与抹灰的操作

为确保抹灰砂浆与基体表面牢固地黏结,防止抹灰层空鼓、裂缝及脱落等质量通病,在抹灰前,除必须对基层进行处理外,还应对墙体浇水湿润。如在刮风季节施工,为防止抹灰面层干裂,在内墙抹灰前,应首先把外门窗封闭(安装一层玻璃或满钉一层塑料薄膜)，对 12cm 厚以上的砖墙，应在抹灰前一天浇水，12cm 厚砖墙浇水一遍，24cm 厚砖墙浇水 2 遍。浇水方法是将水管对着砖墙上部缓缓左右移动，使水缓慢从上部沿墙面流下，使墙面全部湿润为一遍。渗水深度可达 8～10mm 为宜。若为 6cm 厚砖墙，使用喷壶喷水一次即可，但切勿使砖墙处于饱和状态。在常温下进行外墙抹灰，墙体也要浇 2 遍水。加气混凝土表面孔隙率大，其毛细管为封闭性和半封闭性，阻碍水分渗透速度，它同砖墙相比，吸水速率约慢 3～4 倍。因此，应提前两天进行浇水，每天 2 遍以上，使渗水深度达到 8～10mm。混凝土墙体吸水率低，抹灰前浇水可以少一些。

7. **面层抹灰**

室内常用的面层材料有麻刀石灰、纸筋石灰、石膏灰等。应分层涂抹，每遍厚度为 1～2mm，经赶平压实后，面层总厚度对于麻刀石灰不得大于 3mm；对于纸筋石灰、石膏灰不得大于 2mm。罩面时应待底子灰五至六成干后进行。如底子灰过干应先浇水湿润。分纵、横两遍涂抹，最后用钢抹子压光，不得留抹纹。

(1)纸筋石灰或麻刀石灰抹面层。纸筋石灰面层，一般应在中层砂浆六至七成干后进行(手按不软，但有指印)。如底层砂浆过于干燥，应先洒水湿润，再抹面层。

(2)石灰砂浆面层。石灰砂浆面层，应在中层砂浆五至六成干时进行。如中层较干时，需洒水湿润后再进行。操作时，先用钢抹子抹灰，再用刮尺由下向上刮平，然后用木抹子搓平，最后用钢抹子压光成活。

(3)刮大白腻子。内墙面面层可不抹罩面灰，而采用刮大白腻子。其优点是操作简单，节约技工。面层刮大白腻子，一般应在中层砂浆干透，表面坚硬呈灰白色，且没有水迹及潮湿痕迹，用铲刀刻划显白印时进行。

三、顶棚抹灰施工

顶棚抹灰施工工艺流程为：交验→基层处理→找规矩→底、中层抹灰→面层抹灰。如图 2-6 所示。

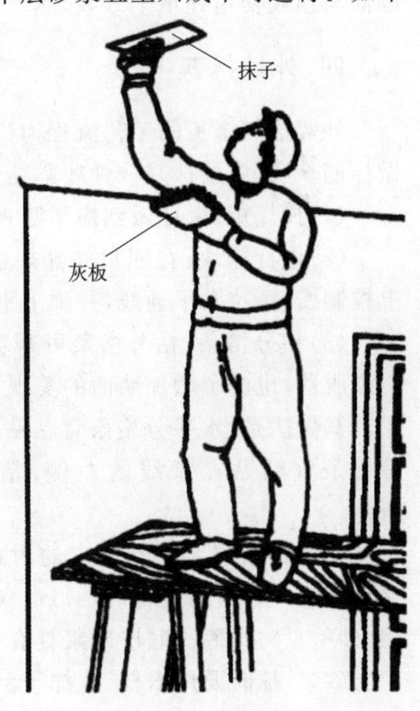

图 2-6　顶棚抹灰

1. **基层处理**

目前，现浇或预制的钢筋混凝土楼板多

采用钢模板或胶合板浇筑,因此表面比较光滑,并常黏附一层隔离剂。当隔离剂为滑石粉或其他粉状物时,应先用钢丝刷刷除,再用清水冲干净。

当隔离剂为油脂类时,先用浓度为10%的碱溶液洗刷干净,再用清水冲洗干净。凹凸处应填平或凿去,再用茅草帚刷水后刮一遍水灰比为0.40～0.50的水泥浆进行处理。

2. **找规矩**

通常不做标志块和标筋,采用目测法,在顶棚和墙的交接处弹出水平线,作为抹灰的水平标准。

3. **抹底、中层灰**

为了使抹灰层与基体黏结牢固,底层抹灰是关键。一般用配合比为水泥∶石灰膏∶砂＝1∶0.5∶1的水泥混合砂浆,抹灰厚度为2mm;然后抹中层砂浆,一般采用水泥∶石灰膏∶砂＝1∶3∶9的水泥混合砂浆,抹灰厚度为6mm左右。抹后用软刮尺刮平赶匀,随刮随用长毛刷子将抹痕顺平,再用木抹子搓平。抹灰的顺序一般是由前往后退,注意其方向必须同混凝土板缝成垂直方向。这样,容易使砂浆挤入缝隙与基底牢固结合。顶棚与墙面的交接处,一般在墙面抹灰层完成后再补做,也可在抹顶棚时,先将距顶棚200～300mm的墙面抹灰,同时用铁抹子在墙面与顶棚交角处填上砂浆,然后用木阴角器扯平压直即可。

四、外墙抹灰

外墙抹灰施工的工艺流程为:交验→基层处理→找规矩→挂线、做标志块→做标筋→底、中层抹灰→弹线黏结分格条→面层抹灰→勾缝。

(1)找规矩:保证做到横平竖直。

(2)做标志块:在四角先挂好自上而下的垂直通线,然后根据抹灰的厚度弹上控制线,再拉水平通线,并弹上水平线做标志块,然后做标筋。

(3)粘分格条:粘分格条可避免罩面砂浆收缩而产生裂缝,或大面积膨胀而空鼓脱落,也为了增加墙面的美观。

其做法是:水平分格条宜粘贴在平线下口,垂直分格条宜粘贴在垂线的左侧,粘分格条如图2-7所示。

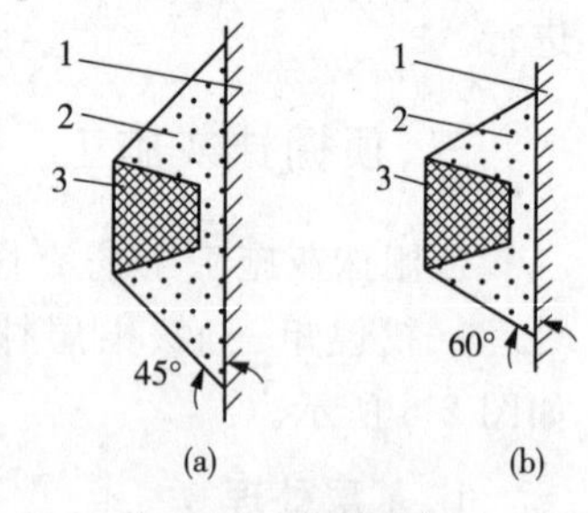

图2-7 贴分隔条

1-基层;2-水泥浆;3-分格条

外墙抹灰层要求有一定的耐久性,可采用水泥混合砂浆(水泥∶石灰膏∶砂＝1∶1∶6)或水泥砂浆(水泥∶砂＝1∶3)抹墙。底层砂浆具有一定强度后,再抹中层砂浆,抹时要用木杠、木抹子刮平压实,并扫毛、浇水养护。在抹面层时,先用1∶2.5的水泥砂浆薄薄刮一遍；第二遍再与分格条抹齐平，然后按分格条厚度刮平、搓实、压光，再用刷子蘸水按同一方向轻刷一遍，以达到颜色一致，并清刷分格条上的砂浆，以免起条时损坏抹面。

起出分格条后，随即用水泥砂浆把缝勾齐，常温情况下，抹灰完成24h后，开始淋水养护7d为宜。

第三节　装饰抹灰

装饰抹灰是采用装饰性强的材料，或用不同的处理方法以及加入各种颜料，使建筑物具备某种特定的色调和光泽。装饰抹灰底层和中层的做法与一般抹灰要求相同，面层根据材料及施工方法的不同而具有不同的形式。

一、水刷石施工

水刷石饰面，是将水泥石子浆罩面中尚未干硬的水泥用水冲刷掉，使各色石子外露，形成具有“绒面感”的表面。水刷石是石粒类材料饰面的传统做法，这种饰面耐久性强，具有良好的的装饰效果，造价较低，是传统的外墙装饰做法之一。

水刷石面层施工的操作方法及施工要点如下：

(1)水泥石子浆大面积施工前，为防止面层开裂，须在中层砂浆六、七成干时，按设计要求弹线、分格，钉分格条时木分格条事先应在水中浸透。用以固定分格条的两侧人字形纯水泥浆，应抹成45°角。

水刷石面层施工前，应根据中层抹灰的干燥程度浇水湿润。紧接着用铁抹子满刮水灰比为0.37～0.4的水泥浆(内掺3%～5%水重的108胶)一道，随即抹水泥石子浆面层。面层厚度视石子粒径而定，通常为石子粒径的2.5倍。水泥石子浆的稠度以5～7cm为宜，用铁抹子一次抹平、压实。

每一块分格内抹灰顺序应自下而上，同一平面的面层要求一次完成，不宜留施工缝。如必须留施工缝时，应留在分格条位置上。

(2)修整。罩面灰收水后，用铁抹子溜一遍，将遗留的孔隙抹平。然后用软毛刷蘸水刷去表面灰浆，再拍平；阳角部位要往外刷，水刷石罩面应分遍拍平压实，石子应分布均匀、紧密。

(3)喷刷、冲洗。喷刷、冲洗是水刷石施工的重要工序，喷刷、冲洗不净会使水刷石表面色泽灰暗或明暗不一致。

罩面灰浆初凝后，达到刷不掉石子程度时，即可开始喷刷，喷刷时可以两人配合操作：一人用毛刷蘸水轻轻刷掉罩面灰浆，另一人用喷雾器，或用手压喷浆机紧跟着喷刷,先浆分格四周喷湿,然后由上向下喷水,喷射要均匀,喷头至罩面距离10~20cm。不仅要将表面的水泥浆冲掉,还要将石碴间的水泥冲出来,使得石碴露出灰浆表面1~2mm,甚至露出粒径的1/2,使之清晰可见,均匀密布。然后用清水从上往下全部冲洗干净。

(4)起分格条。喷刷后,即可用抹子柄敲击分格来,用抹尖扎入木条上下活动,轻轻取出分格条。然后修饰分格缝并描好颜色。

水刷石是一项传统工艺,由于其操作技术要求较高,洗刷浪费水泥,墙面污染后不易清洗,故现今较少采用。

二、干粘石施工

干粘石面层粉刷,也称干撒石或干喷石。它是在水泥纸筋灰或纯水泥浆或水泥内灰砂浆层的表面,用人工或机械喷枪均匀地撒喷一层石子,用铁板拍平板实。此种面层适用于建筑物外部装饰。

干粘石面层操作方法和施工要点如下:

(1)抹黏结层。待中层水泥砂浆干至七成左右,洒水湿润后,粘分格条,待分格条粘牢后,在墙面刷水泥浆一遍,随后按格抹砂浆黏结层(1∶3水泥砂浆,厚度4~6mm,砂浆稠度不高于8cm),黏结层砂浆一定要抹平,不显抹纹,按分格大小,一次抹一块或数块,应避免在块中甩槎。

(2)甩石子。干粘石所选石子的粒径比水刷石要小些,一般为4~6mm。黏结砂浆抹平后,应立即甩石子,先甩四周易干部位,然后甩中间,要做到大面均匀,边角和分格条两侧不漏粘,由上而下快速进行。石子使用前应用水冲洗干净晾干,甩时用托盘盛装,托盘底部用窗纱钉成,以便筛净石子中的残留粉末。如发现饰面上石子有不均或过稀现象,应用抹子或手直接补贴,否则会使墙面出现死坑或裂缝。

(3)压石子。当黏结砂浆表面均匀地粘上一层石子后,用抹子或辊子轻轻压一下,使石子嵌入砂浆的深度不小于1/2的石子粒径。拍压后石子表面应平整坚实,拍压时用力不宜过大,否则容易翻浆糊面,出现抹或滚子轴的印迹。阳角应在角的两侧同时操作,否则当一侧石子粘上后再粘另一侧时不易粘上,出现明显的接槎黑边。

干粘石也可用机械喷石代替手工甩石,施工时利用压缩空气和喷枪将石子均匀有力地喷射到黏结层上。喷头对准墙面距墙约300~400mm,气压以0.6~0.8MPa为宜。在黏结层硬化期间,应洒水养护,保持湿润。

(4)修理、处理黑边。粘完石粒后,应及时检查有无石粒未黏结上的现象及是否有黏结不严实的部位,如有应用水刷蘸水甩黏结层上并及时补贴石粒,使石粒分布均匀牢固,灰层如有坠裂现象时应在灰层终凝前拍实。对阳角处出现的黑边,应起尺后及时补粘石粒并拍实。

(5)起分格条。起分格条时,用抹子柄敲击木条,用小鸭嘴抹子扎入木条,上下活动,轻轻起出、找平,用刷子刷光理直缝角,用灰浆浆格缝修补平直,颜色要一致,起分格条后应用抹子将面层粘石轻轻按下,防止起条时将面层灰与底灰拉开,造成部分空鼓现象。起条后再勾缝。

干粘石操作简便,但日久经风吹雨打易产生脱粒现象,现在已不多采用。

(6)养护。干粘石成活 24 小时后,应喷洒水养护。

(7)几个特殊部位的处理。阴阳角:阳角应与大面积的干粘石一起操作,先以一面有坡角的木条粘贴于未撒石子的一面,吊直;施工完一面后,再立木直条,使其略低于已做的干粘石面,吊直后施工另一面干粘石,成活后,以木直条压紧作一些必要的修整。阴角的做法与大面积相同,但应注意使灰浆刮平、刮直,压平石子,以免两面相交时出现阴角不直和相互污染等现象。阴阳角石子稀少,操作时应注意把石子撒密并分布均匀。

顶棚:顶棚也可做成干粘石,石子通过撒板向上抛,均匀后应作必要修整。

三、斩假石施工

斩假石又称剁斧石。一种人造石料。将掺入石屑及石粉的水泥砂浆,涂抹在建筑物表面,在硬化后,用斩凿方法使成为有纹路的石面样式。

斩假石面层施工要点如下:

1. 面层抹灰

在基层处理之后,即涂抹底、中层砂浆。砖墙基体底、中层砂浆用 1∶2水泥砂浆。底层和中层表面均应划毛。涂抹面层砂浆前,要认真浇水湿润中层抹灰,并满刮水灰比为 0.37~0.40 的素水泥浆一道,按设计要求弹线分格,粘分格条。

面层砂浆一般用 2mm 的白色米粒石内掺 30%粒径为 0.15~1mm 的石屑。材料应统一备料干拌均匀后备用。

2. 面层斩剁

应先进行试斩,以石粒不脱落为准。斩剁前,应先弹顺线,相距约 10cm,按线操作,以免剁纹跑斜。斩剁时必须保持墙面湿润。如墙面过于干燥,应予蘸水,但已斩剁完的部分不得蘸水,以免影响外观。

斩假石的质感效果分立纹剁斧和花锤剁斧,可以根据设计选用。为便于操作及增强其装饰性,棱角与分格缝周边宜留 15~20mm 镜边。镜边也可以同天然石材处理方式一样,改为横方向剁纹。

斩假石操作应自上而下进行，先斩转角和四周边缘，后斩中间墙面。转角和四周边缘的剁纹应与其边棱呈垂直方向，中间墙面斩成垂直纹。斩斧要保持锋利，斩剁时动作要快并轻重均匀，剁纹深浅要一致。每斩一行随时将分格条取出，同时检查分格缝内灰浆是否饱满、严密，如有缝隙和小孔，应及时用素水泥浆修补平整。一般台口、方圆柱和简单的门头线脚，操作时大多是先用斩斧将块体四周斩成约15～30mm的平行纹圈，再将中间部分斩成棱点或垂直纹。

四、聚合物水泥砂浆的喷涂、滚涂和弹涂

聚合物水泥砂浆装饰抹灰，又称“特殊抹灰”，即在普通砂浆中掺入适量的有机聚合物，以改善原来材料方面的某些不足所进行的装饰抹灰。目前，我国能用于聚合物水泥砂浆的有机聚合物，主要有聚乙烯醇缩甲醛胶(即107胶)、聚甲基硅醇钠、木质素磺酸钙等。其中，以掺107胶的聚合物水泥砂浆的价格最低、性能较好、应用广泛。

在砂浆中掺入107胶的作用主要有：①提高饰面层与基层的程度。②减少或防止饰面层开裂、粉化、脱落等现象。③改善砂浆的和易性，减轻砂浆的沉淀、离析等现象。④砂浆早期受冻时不开裂，而且后期强度仍能增长。⑤降低砂浆容重，减慢吸水速度。

掺入107胶的缺点有：①会使砂浆强度降低。②由于其缓凝作用析出氢氧化钙，容易引起颜色不匀，特别是低温施工更容易产生析白现象。

根据施工工艺的不同，聚合物水泥砂浆装饰抹灰可分为喷涂、滚涂和弹涂三种。

1. 喷涂

喷涂是用挤压式砂浆泵或空气压缩机通过喷枪将砂浆喷涂于抹灰中层而形成的饰面面层。其工艺流程如下：基层处理→抹底层、中层砂浆→粘贴胶布分格条→喷涂→喷憎水剂罩面。

喷涂施工的基层处理、底层抹灰和中层抹灰的操作方法与一般抹灰相同。

(1)粘贴分格条。喷涂前，应按设计要求将门窗和不喷涂的部位采取遮挡措施，以防污染，分格缝宽度如无特殊要求，以20mm左右为宜。分格缝做法有两种：一种在分格缝位置上用107胶粘贴胶布条，待喷涂结束后，撕去胶布条即可。另一种不粘贴胶布条，待喷涂结束后，在分格缝位置压紧靠尺，用铁皮刮子沿着靠尺刮去喷上去的砂浆，露出基层即可。分格缝要求位置准确，横平竖直，宽窄一致，无明显接槎痕迹。

(2)喷涂。喷涂分波面喷涂、粒状喷涂和花点喷涂三种。其材料品种、颜色

和配合比应符合设计要求。如无特殊要求，一般采用两种配比，一种是：白水泥∶砂∶107胶＝1∶2∶0.1，再掺入适量的木质素磺酸钙；另一种是：普通水泥∶石灰膏∶砂∶107胶＝1∶1∶4∶0.2，再掺入适量的木质素磺酸钙。要求配比正确，颜色均匀，稠度符合要求。

1)波面喷涂。波面喷涂使用喷枪，如图2-8所示。波面喷涂一般分三遍成活，厚度3～4mm。第一遍使基层变色；第二遍喷至墙面出浆不流为宜；第三遍喷至全部出浆，表面呈均匀波纹状，不挂坠，并且颜色一致。波面喷涂一般采用稠度为13～14cm的砂浆。喷涂时，喷枪应垂直墙面，距离墙面约50cm，挤压式砂浆泵的工作压力为0.1～0.15MPa，空气压缩机的工作压力为0.3～0.5MPa。

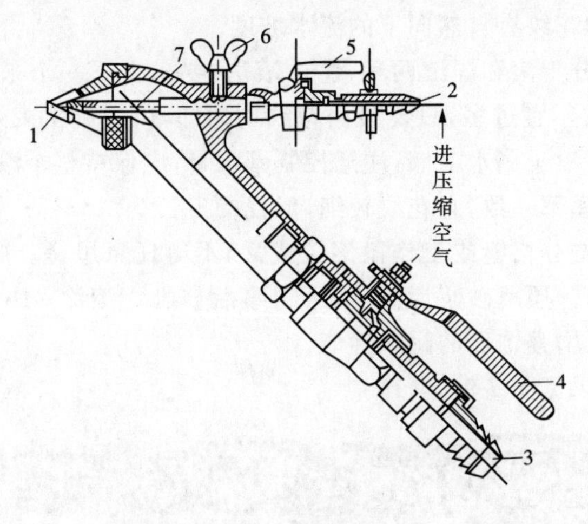

图2-8　喷枪

2)粒状喷涂。粒状喷涂采用喷斗分两遍成活，厚度为3～4mm。第一遍满喷，要求满布基层表面并有足够的压力；第二遍喷涂要求第一遍收水后进行，操作时要开足气门，并快速移动喷斗喷布碎点，以表面布满细碎颗粒、颜色均匀不出浆为准。

粒状喷涂有喷粗点和喷细点两种情况。在喷粗点时，砂浆稠度要稠，气压要小；喷细点时，砂浆要稀，气压要大。操作时，喷斗应与墙面垂直，距离墙面约40cm。

3)花点喷涂。花点喷涂是在波面喷涂的基础上再喷花点，工艺同粒状喷涂第二遍做法。施工前应根据设计要求先做样板，当花点的粗细、疏密和颜色满足要求后，方可大面积施工。施工时，应随时对照样板调整花点，以保证整个装饰面的花点均匀一致。

2. 滚涂

滚涂是将砂浆抹在墙体表面后，用滚子滚出花纹而成。其工艺流程除滚涂外，均与喷涂相同。

滚涂的面层厚度一般为 2～3mm，砂浆配合比为水泥∶砂∶107 胶＝1∶0.5～1∶0.2，再掺入适量的木质素磺酸钙。砂浆稠度为 10～12cm，要求配比正确，搅拌均匀，并要求在使用前必须过筛，以除去砂浆中的粗粒，保证滚涂饰面的质量。

施工前应按设计要求准备不同花纹的辊子若干，常用的有胶辊、多孔聚氨脂辊和多孔泡沫辊等。辊子长一般 15～25cm。

滚涂操作时需两人合作，一个人在前面用色浆罩面；另一个人紧跟滚涂，滚子运行要轻缓平稳，直上直下，以保持花纹的均匀一致。滚涂的最后一道应自上而下拉，使滚出的花纹有自然向下的流水坡度。

滚涂的方法分干滚和湿滚两种：①干滚法：要求上下一个来回，再自上而下走一遍，滚的遍数不宜过多，只要表面花纹均匀即可，它施工工效高，花纹较粗。②湿滚法：滚涂时滚子蘸水上墙，注意控制蘸水量，应保持整个滚涂面水量一致，以免造成表面色泽不一致，它花纹较细，但较费工。

滚涂施工应按分格缝或工作段滚拉成活，不得任意甩槎。施工中如出现翻砂现象，应重新抹一层薄砂浆后滚涂，不得事后修补。滚涂 24h 后，应喷一遍防水剂（憎水剂），以增强饰面的耐久性能。

滚涂饰面效果见图 2-9。

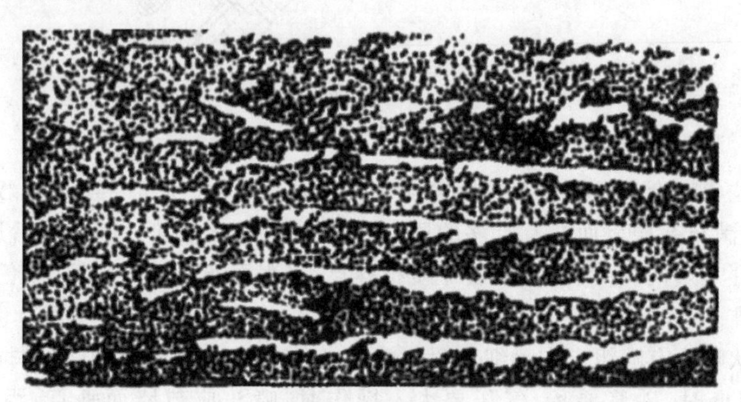

图 2-9　滚涂饰面

滚涂法施工质量通病及防范措施

(1)翻砂现象。当采用干滚法施工，滚涂遍数过多时，就会引起翻砂现象，即浆少而砂多。常采用湿滚法加以避免。同时，一旦出现翻砂现象，应重新抹一层薄砂浆后再滚涂，不得事后修补。

(2)“花脸现象”。当砂浆过干,直接向滚面上洒水时,就会产生“花脸”,即颜色不一致。防治措施是应在灰桶内加水将灰浆拌和后再滚涂;当发现桶内灰浆沉淀时,要拌匀后再用。

(3)花纹紊乱。这是由于施工时辊子无规律滚动造成的。防治措施是使辊子直上直下且轻缓平稳地滚动。

3. 弹涂

弹涂是在墙面涂刷一遍砂浆后,用弹涂器分多遍将不同色泽的砂浆弹涂在已涂刷的基层上,结成大小不同的色点,再喷一遍防水层,形成相互交错、相互衬托的一种彩色饰面。

弹涂的工艺流程为:基层处理(抹灰底层或中层)→刷底色浆→弹分格线、粘贴分格条→弹浆两道、修弹一道→罩面。

弹涂操作除刷底色浆和弹浆外,其余均同前。

(1)刷底色浆。底色浆刷在抹灰的底层或中层上,待基层干燥后先洒水湿润,无明水后,即可刷底色浆。色浆用白色或彩色石英砂、普通水泥或白水泥(有条件时,用彩色水泥),其配比一般为水泥∶砂∶107 胶＝1∶0.15～0.20∶0.13,并根据设计要求掺入适量的颜料。色浆一般按自上而下、由左到右的顺序施工,要求刷浆均匀,表面不流淌、不挂坠、不漏刷。

(2)弹浆。待色浆较干后,将调制好的色浆按色彩分别装入弹涂器内,先弹比例多的色浆,后弹另一种色浆。色浆应按设计要求配制,做出样板后方可大面积弹浆。弹涂时应垂直于墙面,与墙面距离保持一致,使弹点大小均匀,颗粒丰满。弹浆分多遍成活而成:第一道弹浆应分多次弹匀,并避免重叠;第二道弹浆在第一道弹浆收水后进行,把第一道弹点不匀及露底处覆盖;最后进行局部修弹。

(3)喷刷罩面层。待色点干燥后,取下分格条,并用水泥浆勾缝,在面层上喷或刷聚乙烯醇缩丁醛溶液罩面。喷射时,宜用电动喷枪或喷雾器顺序移动,使喷层均匀,不要漏喷。顺序喷射方法如图 2-10。罩面层也可以用甲基硅树脂(加入 1 倍工业酒精稀释即可),或甲基硅醇钠溶液。最后,所用工具应用酒精冲洗干净。

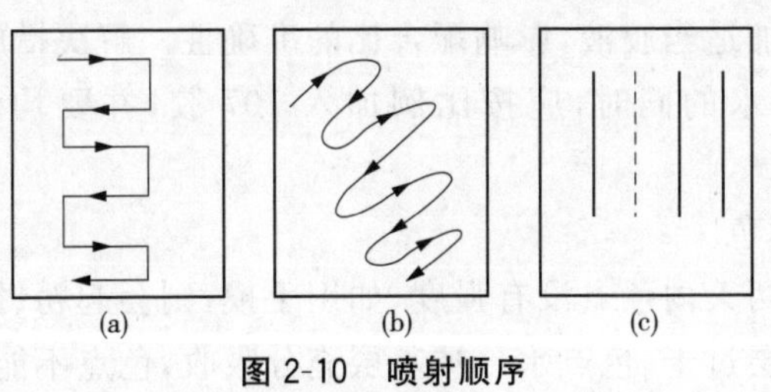

图 2-10 喷射顺序

弹涂层干燥后，再喷刷一遍防水剂，以提高饰面的耐久性能。

(4)弹涂法施工质量通病及防范措施

1)色点不均匀、不清晰

这是由于弹力器筒内盛料过多、稠度不一致、弹力器与墙面距离忽远忽近等原因造成的。

防范措施是：筒内浆料要适量；稠度变化要加水或加干料；弹力器与墙面距离应控制在 400mm 左右。

2)出现“拉丝”或“流坠”现象

“拉丝”是由于加入的胶液过多而引起的，应加水稀释。“流坠”是由于浆料过稀所致，应加适量水泥，以增加稠度。一旦出现上述现象，应再弹色点予以遮盖。

3)异形色点

弹涂产生的异形色点，一般有长条形和尖形等。长条形色点呈细长条形状，浆点偏平，不突起(如图 2-11)；尖形点凸出墙面，或色点重叠成尖状，容易折断掉尖，影响质感(如图 2-12)。

图 2-11　细长条形点

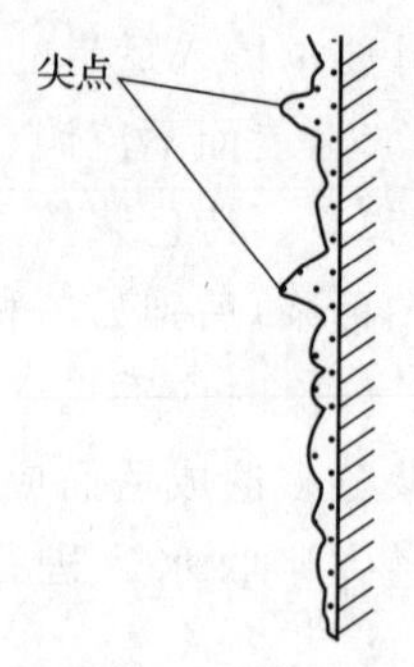

图 2-12　尖点

产生长条形色点的主要原因是操作时弹力器距墙面较远，色点弹出后成弧线形，色浆挂在墙面上形成长条。解决办法是随时控制弹力器与墙面的距离保持在 400mm 左右。

产生尖点的主要原因是 107 胶掺入量过少，操作时色浆发涩，或色浆过稠；加水调解时，没有加适当胶液，影响配合比的准确性。解决措施是调整色浆稠度时，在加入水泥及水的同时，应按比例加入 107 胶，并要均匀搅拌以后，才能使用。

4)色点起粉掉色

常温施工时，两天内色点没有强度，如用手摸，则会起粉、掉色。主要原因有两个：一是弹涂基层过干，色点水分被基层充分吸收，色点不能硬化；二是水泥色浆内颜料掺入量过多，影响水泥强度。处理办法是：基层干燥时，应喷水充分湿润；严格控制颜料掺入量，当采用普通硅酸盐水泥时，氧化铁掺量不得超过水泥质量的10%，采用白水泥时，颜料掺量不得超过水泥质量的5%。

5)罩面局部返白

弹涂工艺的最后一道工序，是用缩丁醛或甲基硅树脂喷涂于表面，做饰面保护，有时施工后会出现局部返白现象。其主要原因是色点没有全部干透就急于罩面，从而将湿色封闭。处理的办法是：将返白处用罩面材料做第二次喷涂，将第一次罩面层溶开，加以补救。所以，必须将色点干透方可罩面。

6)色点颜色不均匀

采用同一种颜料进行大面积施工时，色点颜色可能会出现不均匀的情况。主要原因是配料不能一次性完成；也可能是在操作筒内浆料过稀，用水泥调整时没有掺入颜料，从而使色浆变浅。处理办法是：最好在施工前将干料一次性配好，使用时，根据用量再加水和胶；剩余浆料或过剩浆粒需加水或水泥重新调配时，一定要依照原色适当掺入原料，以保证颜色一致。

7)基层不平，接槎不顺

基层如果凹凸不平、接槎不顺，将会直接反映在弹涂表面上。其原因是色点涂层很薄，无法遮盖基层的凹凸面。解决办法是：在弹涂施工前，需打底的基层一定要找平，接槎要顺，从而保证饰面美观。

五、假面砖施工

假面砖是用彩色砂浆抹成相当于外墙面砖分块形式与质感的装饰抹灰面。

假面砖施工中墙面基层处理，抹底、中层砂浆等工序同一般抹灰相同。面层砂浆涂抹前，浇水湿润中层，先弹水平线，按每步架为一个水平工作段，上、中、下弹三道水平线，以便控制面层划沟平直度。抹1∶1水泥砂浆垫层3mm，接着抹面层砂浆3～4mm厚。面层稍收水后，用铁梳子沿靠尺板由上向下划纹，深度不超过1mm，然后根据面砖的宽度用铁沟子沿靠尺板横向划沟，深度以露出垫层灰为准，划好横沟后将飞边砂粒扫净。

第四节　抹灰工程质量要求

一般抹灰、装饰抹灰质量的允许偏差和检验方法，应符合表2-3和表2-4的规定。

表 2-3　一般抹灰质量的允许偏差和检验方法

项次	项目	允许偏差(mm)		检验方法
		普通抹灰	高级抹灰	
1	立面垂直度	4	3	用 2m 垂直检测尺检查
2	表面平整度	4	3	用 2m 靠尺和塞尺检查
3	阴、阳角方正	4	3	用直角检测尺检查
4	分格条(缝)直线度	4	3	拉 5m 线,不足 5m 拉通线,用钢直尺检查
5	墙裙、勒脚上口直线度	4	3	拉 5m 线,不足 5m 拉通线,用钢直尺检查

注:1. 普通抹灰,本表第 3 项阴角方正可不检查。

2. 顶棚抹灰,本表第 2 项表面平整度可不检查,但应顺平。

表 2-4　装饰抹灰质量的允许偏差和检验方法

项次	项目	允许偏差(mm)				检验方法
		水刷石	斩假石	干粘石	假面砖	
1	立面垂直度	5	4	5	5	用 2m 垂直检测尺检查
2	表面平整度	3	3	5	4	用 2m 靠尺和楔形塞尺检查
3	阴、阳角方正	3	3	4	4	用直角检测尺检查
4	分格条(缝)直线度	3	3	3	3	拉 5m 线,不足 5m 拉通线,用钢直尺检查
5	墙裙、勒脚上口直线度	3	3	—	—	拉 5m 线,不足 5m 拉通线,用钢直尺检查

第三章 门 窗 工 程

第一节 门窗工程的一般要求

门窗是建筑的重要组成部分,也是建筑装饰的重点。门窗分为普通门窗和特种门窗两大类。普通门窗主要有木门窗、铝合金门窗、塑钢门窗和钢门窗四大类。木门窗应用最早且最普通,但越来越多地被铝合金门窗和硬 PVC 塑料门窗所代替。

特种门窗则有防火门窗、防盗门、自动门、全玻门、旋转门、金属卷帘门和人防密闭门等。

1. 门窗进场及存放、运输

(1)门窗进场前必须进行预验收。安装前应根据门窗图纸,检查门窗的品种、规格、开启方向及组合杆、附件,并对其外形及平整度检查校正,合格后方可安装。

(2)门窗的存放、运输

1)门窗应采取措施防止受潮、碰伤、污染与曝晒。

2)塑料门窗贮存的环境温度应小于 50℃,与热源的距离不应小于 1m。当在环境温度为 0℃的环境中存放时,安装前应在室温下放置 24h。

3)铝合金、涂色镀锌钢板和塑料门窗运输时,应竖立排放并固定牢靠。樘与樘间应用软质材料隔开,防止相互磨损及压坏玻璃和五金件。

2. 门窗框扇安装过程中的规定

(1)不得在门窗框扇上安装脚手架、悬挂重物或在框扇内穿物起吊,以防门窗变形和损坏。

(2)吊运时,表面应用非金属软质材料衬垫,选择牢靠平稳的着力点,以免门窗表面擦伤。

3. 技术要求

(1)门窗安装前,应对门窗洞口尺寸进行检验,如与设计不符合,应予以处理。

(2)金属门窗和塑料门窗安装应采用预留洞口的方法施工,不得采用边安装边砌口或先安装后砌口的方法施工。门窗固定可采用焊接、膨胀螺栓或射钉固定等方式。

(3)安装过程中,应及时清理门窗表面的水泥砂浆、密封膏等,以保护表面质量。

(4)木门窗与砖石砌体、混凝土或抹灰层接触处应进行防腐处理并设置防潮层,埋入砌体或混凝土中的木砖应进行防腐处理。

(5)当金属窗或塑料窗组合时,其拼樘料的尺寸、规格、壁厚应符合设计要求。

(6)推拉门窗扇必须有防止脱落措施,扇与框的搭接应符合设计要求。

(7)建筑外门窗的安装必须牢固。在砌体上安装门窗严禁用射钉固定。

(8)特种门安装除应符合设计要求和《建筑装饰装修工程质量验收规范》GB 50210 规定外,还应符合有关专业标准和主管部门的规定。

第二节　木门窗的制作与安装

一、施工准备

1. 材料

(1)材料种类、名称

木门窗制作与安装工程的材料包括:木材、木门面板(根据设计选用,一般有胶合板、硬质纤维板、刨花板、中密度纤维板等)、辅助材料(五金配件、锚固件、处理剂、胶黏剂、水泥、砂)等。

(2)材料进场验收

1)木门窗的品种、型号、规格、尺寸应符合设计和规范的要求。木门面板,胶合板应选择不潮湿、无脱胶开裂的板材;饰面胶合板应选择木纹流畅、色调一致、无节疤点、不潮湿、无脱落的板材。

2)由木材加工厂供应的木门窗应有出厂合格证(或成品门产品合格证书)及环保检测报告,且木门窗制作时的木材含水率不应大于12%。

3)木制纱门窗应与木门窗配套加工,且符合设计要求,与门窗相匹配,并有出厂合格证。

4)五金配件必须符合设计要求,与门窗相匹配,并有出厂合格证。

5)防火、防腐、防蛀、防潮等处理剂和胶黏剂应有产品合格证,并有环保检测报告。

6)水泥宜采用强度等级不小于 32.5 级普通硅酸盐水泥,并有产品合格证、出厂检验报告和复验报告,若出厂超过 3 个月应做复验,并按复验结果使用。

7)砂宜采用中砂、粗砂或中、粗砂混合使用。

2. 作业条件

(1)木门窗进场后,其品种、规格、型号、外观质量等经验收合格。

(2)结构工程已完,并验收合格;弹好门窗中心线和水平控制线,经验收合格。

(3)墙上门窗洞口位置、尺寸留置准确,门窗安装预埋件已通过隐蔽验收。

(4)门窗框安装应在室内、外抹灰前进行;门窗扇应在饰面完成后进行。

二、木门窗制作

(一)施工要点

1. 配料、截料

(1)在配料、截料时,需要特别注意精打细算,配套下料,不得大材小用、长材短用;采用马尾松、木麻黄、桦木、杨木易腐朽、虫蛀的树种时,整个构件应作防腐、防虫药剂处理。

(2)要合理确定加工余量。宽度和厚度的加工余量,一面刨光者留 3mm,两面刨光者留 5mm,如长度在 50cm 以下的构件,加工余量可留 3～4mm。

长度方向的加工余量,见表 3-1。

表 3-1 门窗构件长度加工余量

构件名称	加工余量
门框立梃	按图纸规格放长 7cm
门窗框冒头	按图纸规格放长 20cm,无走头时放长 4cm
门窗框中冒头、窗框中竖梃	按图纸规格放长 1cm
门窗扇梃	按图纸规格放长 4cm
门窗扇冒头、玻璃棂子	按图纸规格放长 1cm
门窗中冒头	在五根以上者,有一根可考虑做半榫
门心板	按图纸冒头及扇梃内净距放长各 5cm

(3)门窗框料有顺弯时,其弯度一般不应超过 4mm。扭弯者一般不准使用。

(4)青皮、倒楞如在正面,裁口时能裁完者,方可使用。如在背面超过木料厚的 1/6 和长的 1/5,一般不准使用。

2. 画线

画线前应检查已刨好的木料,合格后,将料放到画线机或画线架上,准备画线。

画线时应仔细看清图纸要求，和样板样式、尺寸、规格必须完全一致，并先做样经审查合格后再正式画线。画线时要选光面作为表面，有缺陷的放在背后，画出的榫、眼、厚、薄、宽、窄尺寸必须一致。用画线刀或线勒子画线时须用钝刃，避免画线过深，影响质量和美观。画好的线，最粗不得超过 0.3mm，务求均匀、清晰。不用的线立即废除，避免混乱。

画线顺序，应先画外皮横线，再画分格线，最后画顺线，同时用方尺画两端头线、冒头线、棂子线等。

门窗框及厚度大于 50mm 的门窗扇应采用双夹榫连接。冒头料宽度大于 180mm 时，一般画上下双榫。榫眼厚度一般为料厚的 1/5～1/3，中冒头大面宽度大于 100mm 者，榫头必须大进小出。门窗棂子榫头厚度为料厚的 1/3。半榫眼深度一般不大于料宽度的 1/3，冒头拉肩应和榫吻合。门窗框的宽度超过 120mm 时，背面应推凹槽，以防卷曲。

3. 打眼

打眼应在平整的木凳或工作台面板上进行，打眼的位置应选在有凳腿的部位，如图 3-1 所示。

打眼的凿刀应和眼的宽窄一致，凿出的眼，顺木纹两侧要直，不得错岔。打通眼时，先打背面，后打正面，凿通后用扁凿铲削不平整的孔洞两侧壁，如图 3-2。凿眼时，眼的一边线要凿半线、留半线。手工凿眼时，眼内上下端中部宜稍微突出些，以便拼装时加楔打紧，凿眼深度应一致，并比半榫深 2mm。

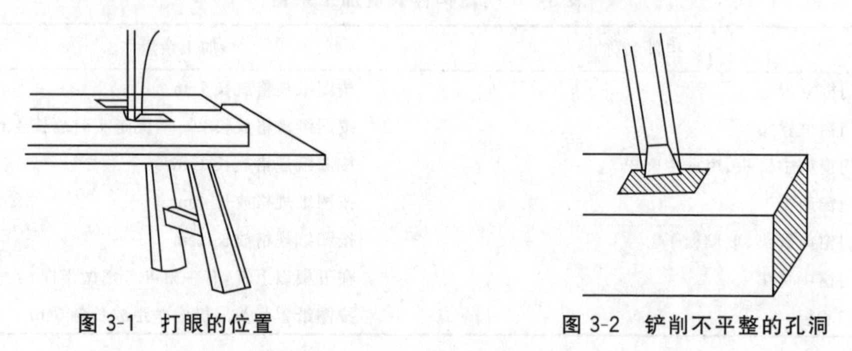

图 3-1　打眼的位置　　　　图 3-2　铲削不平整的孔洞

成批生产时，要经常核对，检查眼的位置尺寸，以免发生误差。

4. 锯榫

锯榫应先纵向在线中锯，锯到榫根后将锯拉垂直，并可超过根线 0.5～1mm；三肩以上的榫先纵向立锯如上述，再平放锯纵向，锯必须短于根部线 0.5～1mm，如图 3-3。无论立纵锯还是平纵锯榫，宽都不得超过眼宽，可允许

0.5mm 误差。上述锯榫法中，前者便于拉肩不伤榫的断面，后者拼装后正面无锯痕。

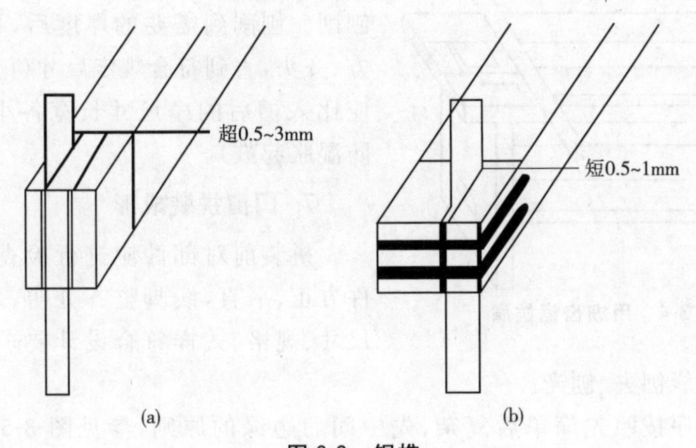

图 3-3　锯榫

(a)先纵向立锯；(b)在平放锯纵向

5. 裁口、起线的施工要点

裁口、起线可用连起带裁的专用刨(窗刨)，将刨刀和靠制一次调整好，先在废料上试刨，符合要求后，一次将全部需加工的工件都用同一刨子刨，且中途不得移动靠制。刨削方法是先在被刨料的前端刨起，逐渐向后退，直到整个加工件，从头到尾都刨出 3～5mm 深的程度，才可从尾向前一次推刨到头，直到设置的深度。起槽用 12mm 槽刨，方法同上述。

起线刨、裁口刨的刨底应平直，刨刃盖要严密，刨口不宜过大，刨刃要锋利。起线刨使用时应加导板，以使线条子直，操作时应一次推完线条。裁口遇有节疤时，不准用斧砍，要用凿剔平然后刨光，阴角处不清时要用单线刨清理。裁口、起线必须方正、平直、光滑，线条清秀，深浅一致，不得戗槎、起刺或凸凹不平。

6. 拉肩修榫、拼板

将锯好纵向方的榫料平放在工作台(凳)面上，台(凳)面上临时垂直钉入圆钉或起子，将被加工的料推紧于圆钉；左手固定加工件，右手用细齿角锯将榫肩拉锯到纵锯过的位置，榫肩自然分离原体，如图 3-4。这样拉肩既准确方正，又不会跳锯伤手。

榫头锯好后，要将端部四周铲修成斜坡形，通眼榫还要在加楔处锯好楔缝，楔缝为榫全长的 2/3。修过的榫可与眼试宽窄，如有超宽的必须用铲凿铲切，切不可用锉刀锉。

门心板每块宽度不得超过 150mm，超过范围的板要裁开重新拼接，拼缝以两块以上的木板侧立重叠成一条垂线，迎光观察不见亮为准。然后用手电钻或

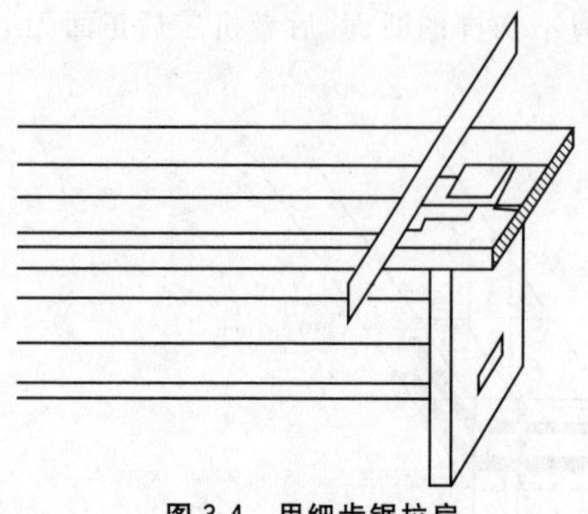

图 3-4　用细齿锯拉肩

木工钻双面钻孔，孔径约为板厚 1/3，用竹钉、铁钉加胶拼接，常温干燥一天便可刨削。刨削到需要的厚度后，再刨边、套方、齐头，直到符合规定尺寸（门心板尺寸应比入槽后的净尺寸长宽各小 2mm，以防湿胀起鼓）。

7. 门窗拼装成形

拼装前对部件应进行检查。要求部件方正、平直，线脚整齐分明，表面光滑，尺寸、规格、式样符合设计要求。并用细刨将遗留墨线刨去、刨光。

拼装顺序按照先简单后复杂、先中间后边缘的原则，参见图 3-5(a)、(b)、(c)、(d)，将 8 根棂子料合拼成井字形，再与上冒头组合；中、下冒头与中立梃先拼装成工字形，插入门心板后，再与上部组合。

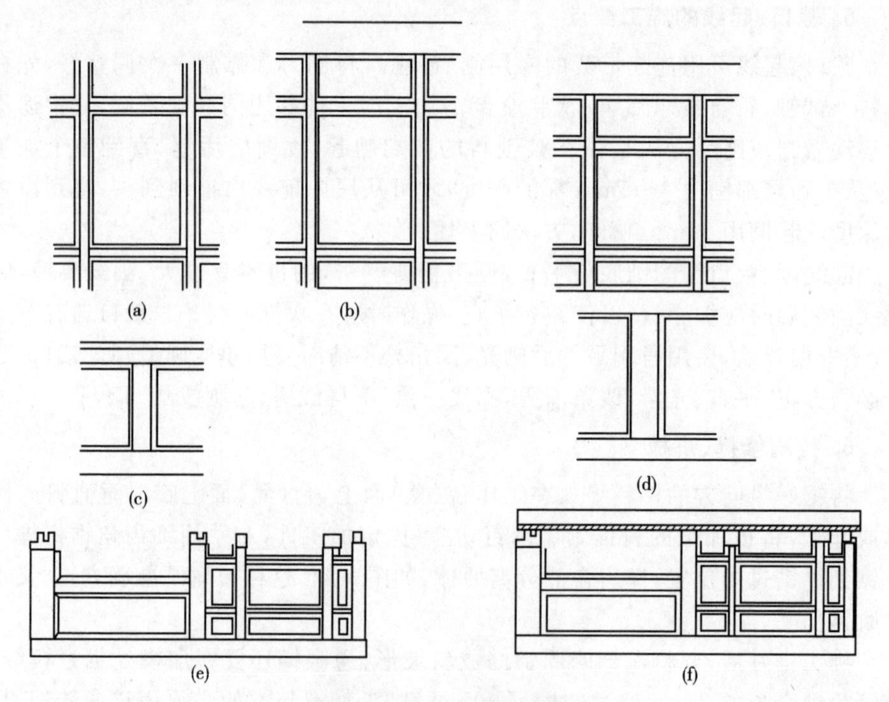

图 3-5　组装门扇的顺序

拼装时，下面用木楞垫平，放好各部件，榫眼对正，用斧轻轻敲击打入。所有榫头均需加楔。楔宽和榫宽一样，一般门窗框每个榫加两个楔，木楔打入前应粘胶鳔。紧榫时应用木垫板,并注意随紧随找平,随规方。

窗扇拼装完毕,构件的裁口应在同一平面上。镶门芯板的凹槽深度应于镶入后尚余2~3mm的间隙。制作胶合板门(包括纤维板门)时,边框和横楞必须在同一平面上,面层与边框及横楞应加压胶结。应在横楞和上、下冒头各钻两个以上的透气孔,以防受潮脱胶或起鼓。

普通双扇门窗,刨光后应平放,刻刮错口(打迭),刨平后成对作记号。

门窗框靠墙面应刷防腐涂料。

拼装好的成品,应在明显处编写号码,用楞木四角垫起,离地20~30cm,水平放置,加以覆盖。

(二)木门窗制作的质量要求

木门窗制作的允许偏差和检验方法应符合表3-2的规定。

表3-2 木门窗制作的允许偏差和检验方法

项次	项目	构件名称	允许偏差(mm)		检验方法
			普通	高级	
1	翘曲	框	3	2	将框、扇平放在检查平台上,用塞尺检查
		扇	2	2	
2	对角线长度差	框、扇	3	2	用钢尺检查,框量裁口里角,扇量外角
3	表面平整度	扇	2	2	用1m靠尺和塞尺检查
4	高度、宽度	框	0;-2	0;-1	用钢尺检查,框量裁口里角,扇量外角
		扇	+2;0	+1;0	
5	裁口、线条结合处高低差	框、扇	1	0.5	用钢直尺和塞尺检查
6	相邻枳子两端间距	扇	2	1	用钢直尺检查

注:高、宽尺寸,框量内裁口,扇量外口。

三、木门窗安装

1. 施工要点

木门窗的安装一般有立框安装和塞框安装两种方法。

(1)先立门窗框工艺

1)工艺流程为:门窗位置定位→立门窗框→(砌墙时)木砖固定→安装门窗

过梁→(装饰阶段后期)安装门窗扇→油漆。

2)工艺要点为:①立框前检查成品质量,校正规方,钉好斜拉条和下坎的水平拉条;②按施工图示位置、标高、开启方向、与墙洞口关系(如里平、外平、墙中等)立口;③立门窗框时应水平拉通线,竖向用线锤找直吊正;④砖墙砌筑时随砌随检查是否倾斜和移动,并用木砖楔紧安牢。

(2)后塞门窗框工艺

1)工艺流程为:(砌墙时)预埋木砖→(抹灰前)门窗框固定→(抹灰后)门窗扇安装→油漆。

2)工艺要点为:①检查门窗洞口的尺寸、垂直度和木砖数量(每侧不少于2处,间距不大于1.2m);②找水平拉通线,竖向找直吊正,确定门窗框安装位置;③门框应在地面施工前安装,窗框应在内、外墙抹灰前安装;④每块木砖应钉2个10cm长的钉子并将钉帽砸扁,顺木纹钉入木砖内,使门框安装牢固。

注意:门窗框的走头应封砌牢固严实;寒冷地区门窗框与外墙间的空隙应填塞保温材料;门窗框与砖墙的接触面及固定用木砖应做防腐处理。

(3)门窗扇的安装

1)画线

在门扇装锁的位置钉一根3～4cm的圆钉作为临时拉手,将门扇搬到门框附近,木板条放在门口,再将门扇架在板条上;人站在门外,将门扇搬移至门框裁口处,一手拉紧圆钉,另一手从地面板条边的缝隙抓住门扇下部,慢慢将门扇移到裁口边缘,观察门扇与门框左右两条的加工刨削余量或缝隙的大小。通过左右移动,使门扇加工量或亮缝均匀后,就可以用铅笔在门扇上画出门框边缘线。

这次画线的主要目的是将加工余量刨削掉,不必很精确。

2)刨削、二次画线和二次刨削

画好线的门扇卡顶在夹具上,塞紧木楔后就可刨削。刨削时应先刨门扇上部,再通长刨削侧边。门扇下部一般不要刨削,如需刨削,按刨门扇上部方法,同法刨削另一侧边。刨削中要将所画的线都刨削掉,不能留线,以免门扇过大而放不进门框内。

刨削好的门扇第二次搬至门框附近,垫好6～8mm板条于地面,门扇架在板条上,推入门框裁口内,使门扇上部顶紧门框中贯档或上冒头,可用填于地面的楔形板条楔紧,门扇才不会倾倒。

观察刨削后的门扇与框门缝隙是否合格,如图3-6。如不合格,再用铅笔按照要求先用尺量出标准点,再用长直尺画线或沿门框边缘画出左右两侧2mm的平行线和上部1mm的平行线于门扇上(这样刨削出来的门扇,利用合页安装的深浅也能达到缝隙大小不同的要求)。第二次画线一定要精确,缝隙的大小与此次画线有直接关系。门扇缝隙线画好后还要及时画出合页在门扇和门框上的同一标高的控制线，如图 3-6。同时要认准开启方向，不得将合页控制线画错方向。

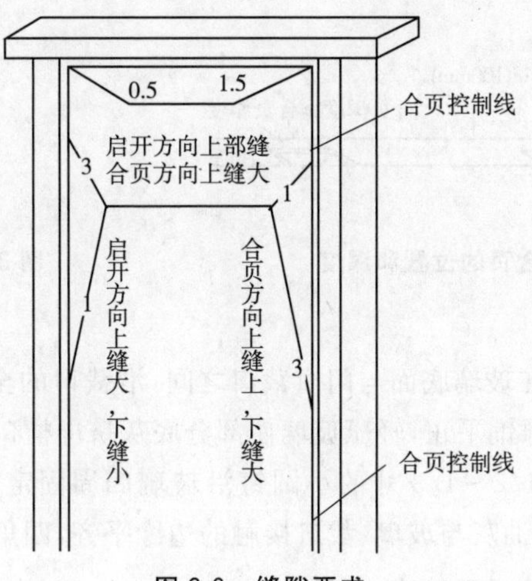

图 3-6 缝隙要求

二次刨削时应先刨削开启面，后刨削转轴面（即安装合页面），刨削到线后再向裁口面倾斜，如图 3-7。同时将板面和侧面相交的棱角刨成弧形（俗称放楞），其目的是不割手。

3）安装合页和门扇

按照合页控制线在门扇和门框上分别画出合页尺寸（可用合页放在画线位置描画）和深度，如图 3-8，逐一凿出合页槽。所凿合页槽的大小、深浅要符合要求，门扇的合页槽应与倾斜面平行（这样形式的门扇安装后不会自开），门框上的合页槽应上部深、下部浅，上下深度差为 1.5mm 左右，目的是为达到图 3-6 各部缝隙要求。

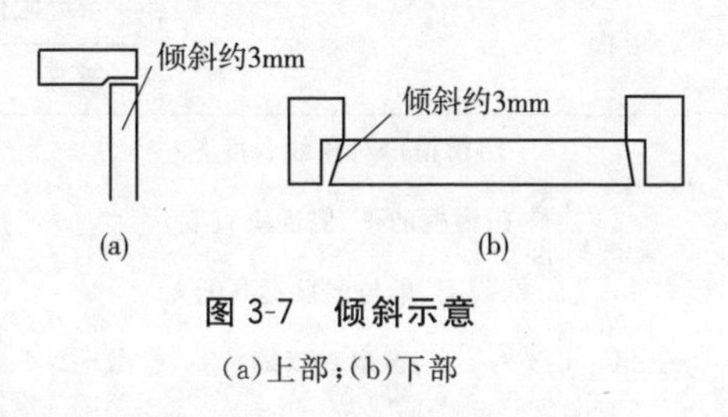

图 3-7 倾斜示意

(a)上部；(b)下部

安装合页用 40mm 木螺丝，要拧入骨架内，不可钉入。如木质较硬，可钻螺丝直径 0.6～0.7 倍的孔，其深度不得超过螺丝长度的 3/5。

先将门扇上的合页安装牢固，再将门扇搬到与门框安装的位置并垫楔形木条于门扇下，移动门扇，使门扇的上合页嵌入门框的合页槽口内，如图 3-9。用一根木螺丝先将上部合页与框连接固定，抽掉楔形木条关闭门扇，观察门扇与框的缝隙和平整度。缝隙如有误差，可调整门框合页口的深浅；平整度有误差，可调节合页离门框边缘的进出。符合标准后拧齐所有螺丝，平开木门扇安装结束，门锁、关门器、门吸等五金即可按要求安装。

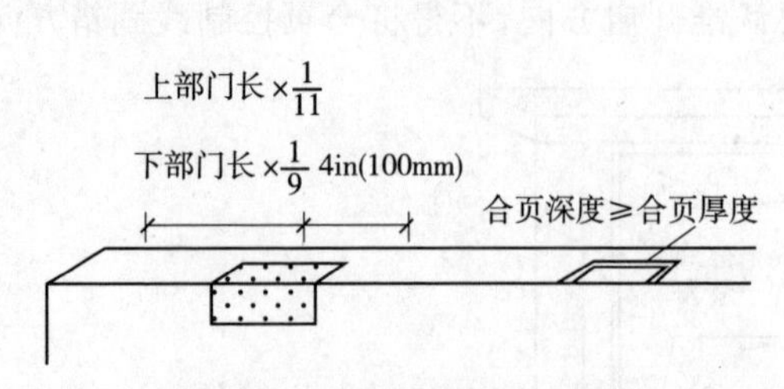

图 3-8 合页的位置和深度

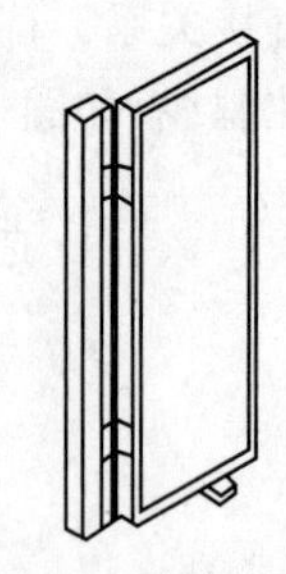

图 3-9 合页的安装

(4)玻璃安装

清理门窗裁口，在玻璃底面与门窗裁口之间，沿裁口的全长均匀涂抹 1～3mm 的底灰，用手将玻璃摊铺平正，轻压玻璃使部分底灰挤出槽口，待油灰初凝后，顺裁口刮平底灰，然后用 1/2～1/3 寸的小圆钉沿玻璃四周固定玻璃，钉距 200mm，最后抹表面油灰即可。油灰与玻璃、裁口接触的边缘平齐，四角成规则的八字形。

2. 木门窗安装的质量要求

木门窗安装的留缝限值、允许偏差和检验方法应符合表 3-3 的规定。

表 3-3 木门窗安装的留缝限值、允许偏差和检验方法

<table>
<tr><th rowspan="2">项次</th><th rowspan="2" colspan="2">项目</th><th colspan="2">留缝限值(mm)</th><th colspan="2">允许偏差(mm)</th><th rowspan="2">检验方法</th></tr>
<tr><th>普通</th><th>高级</th><th>普通</th><th>高级</th></tr>
<tr><td>1</td><td colspan="2">门窗槽口对角线长度差</td><td>—</td><td>—</td><td>3</td><td>2</td><td>用钢尺检查</td></tr>
<tr><td>2</td><td colspan="2">门窗框的正、侧面垂直度</td><td>—</td><td>—</td><td>2</td><td>1</td><td>用 1m 垂直检测尺检查</td></tr>
<tr><td>3</td><td colspan="2">框与扇、扇与扇接缝高低差</td><td>—</td><td>—</td><td>2</td><td>1</td><td>用钢尺和塞尺检查</td></tr>
<tr><td>4</td><td colspan="2">门窗扇对口缝</td><td>1～2.5</td><td>1.5～2</td><td>—</td><td>—</td><td rowspan="6">用塞尺检查</td></tr>
<tr><td>5</td><td colspan="2">工业厂房双扇大门对口缝</td><td>2～5</td><td>—</td><td>—</td><td>—</td></tr>
<tr><td>6</td><td colspan="2">门窗扇与上框间留缝</td><td>1～2</td><td>1～1.5</td><td>—</td><td>—</td></tr>
<tr><td>7</td><td colspan="2">门窗扇与侧框间留缝</td><td>1～2.5</td><td>1～1.5</td><td>—</td><td>—</td></tr>
<tr><td>8</td><td colspan="2">窗扇与下框间留缝</td><td>2～3</td><td>2～2.5</td><td>—</td><td>—</td></tr>
<tr><td>9</td><td colspan="2">门扇与下框间留缝</td><td>3～5</td><td>3～4</td><td>—</td><td>—</td></tr>
<tr><td>10</td><td colspan="2">双层门窗内外框间距</td><td>—</td><td>—</td><td>4</td><td>3</td><td>用钢尺检查</td></tr>
<tr><td rowspan="4">11</td><td rowspan="4">无下框时门扇与地面间留缝</td><td>外门</td><td>4～7</td><td>5～6</td><td>—</td><td>—</td><td rowspan="4">用塞尺检查</td></tr>
<tr><td>内门</td><td>5～8</td><td>6～7</td><td>—</td><td>—</td></tr>
<tr><td>卫生间门</td><td>8～12</td><td>8～10</td><td>—</td><td>—</td></tr>
<tr><td>厂房大门</td><td>10～20</td><td>—</td><td>—</td><td>—</td></tr>
</table>

第三节　金属门窗安装

一、钢门窗、涂色镀锌钢板门窗安装

1. 施工要点

(1)钢门

1)弹线

按门的安装标高、尺寸和开启方向，在墙体预留洞口弹出门落位线。

2)立钢门及校正

将钢门塞入洞口内，用对拔木楔临时固定。

用水平尺、吊线锤及对角线尺量等方法，校正门框的水平与垂直度。

3)门框固定

①钢门框的固定方法

a. 采用 3mm×(12～18mm)×(100～150mm)的扁钢脚其一端与预埋铁件焊牢，或是用豆石混凝土或水泥砂浆埋入墙内，另一端用螺钉与门框拧紧。

b. 用一端带有倒刺形状的圆铁埋入墙内，另一端装有木螺钉，可用圆头螺钉将门框旋牢。

c. 先把门框用对拔木楔临时固定于洞口内，再用电钻(钻头 ϕ5.5mm)通过门框上的 ϕ7mm 孔眼在墙体上钻 ϕ5.6～5.8mm 孔，孔深约为 35mm，把预制的 ϕ6mm 钢钉强行打入孔内挤紧，固定钢门后，拔除木楔，在周边抹灰。

②采用铁脚固定钢门时，铁脚埋设洞用 1∶2 水泥砂浆或豆石混凝土填塞严密，并浇水养护。

③填洞材料达到一定强度后，用水泥砂浆嵌实门框四周的缝隙，砂浆凝固后取出木楔再次堵水泥砂浆。

4)安装五金配件

①做好安装前的检查工作。检查安装是否牢固，框与墙之间缝隙是否已嵌填密实，门扇闭合是否密封，开启是否灵活等。如有缺陷应予以调整。

②钢门五金配件宜在油漆工程完成后安装。

③按厂家提供的装配图进行试装，合格后，全面进行安装。装配螺钉应拧紧，埋头螺钉不得高出零件表面。

5)安装纱门

①对纱门进行检查，如有变形及时进行调整。

②将纱门扇中部用木条作临时支撑。

③裁割纱布，将纱布裁割得比实际尺寸长出50mm。

④绷纱，先用机螺丝拧入上下压纱条再装两侧压纱条，切除多余纱头，将机螺丝的丝扣剔平并用钢板锉锉平。

⑤将纱门扇安装在钢门框上。

⑥安装护纱条和拉手。

(2)涂色镀锌钢板门窗

1)带副框涂色镀锌钢板门窗

①按照设计确定的固定点位置，用自攻螺钉将连接件固定在副框上。

②将已上好连接件的副框塞入门窗洞口内，根据已弹好的安装线，使副框大致就位，用对拔木楔初步固定。

③校正副框的垂直度、水平度和对角线，用对拔木楔将副框固定牢。

④将副框上的连接件与门窗洞口上的预埋件逐个焊牢。当门窗洞口无预埋件时，用射钉或膨胀螺栓进行固定。

⑤进行室内、外墙面及洞口侧面抹灰或粘贴装饰面层。副框两侧应留出槽口，待其干后注入密封膏封严。

⑥室内、外墙面及门窗洞口抹灰干燥后，先在副框与门窗外框接触的两侧面及顶面上粘贴密封条，再将门窗外框放入副框内，校正、调整，并用自攻螺钉将门窗外框与副框固定，盖上塑料螺钉盖。

⑦用建筑密封膏将门窗外框与副框之间的缝隙封严。

⑧工程交工前揭去门窗表面的保护膜，擦净门窗框扇、玻璃、洞口及窗台上的灰尘和污物。

2)不带副框涂色镀锌钢板门窗

①无副框的涂色镀锌钢板门窗一般宜在室内外及门窗洞口粉刷完毕后进行。

②按照门窗外框上膨胀螺栓的位置，在洞口内相应的墙体上钻出各个膨胀螺栓的孔。

③将门窗樘装入洞口内的安装位置线上，调整垂直度、水平度、对角线及进深位置，并用对拔木楔塞紧。

④膨胀螺栓插入门窗外框及洞口上钻出的孔洞内，拧紧膨胀螺栓，将门窗外框与洞口墙体牢固固定。

⑤用建筑密封膏将外框与洞口周边之间的缝隙封严。

⑥工程交工前揭去门窗表面的保护膜，擦净门窗框扇、玻璃、洞口及窗台上的灰尘和污物。

2. 施工质量要求

(1)钢门窗安装的留缝限值、允许偏差和检验方法应符合表3-4的规定。

表 3-4　钢门窗安装的留缝限值、允许偏差和检验方法

项次	项目		留缝限值（mm）	允许偏差（mm）	检验方法
1	门窗槽口宽度、高度	≤1500mm	—	2.5	用钢尺检查
		＞1500mm	—	3.5	
2	门窗槽口对角线长度差	≤2000mm	—	5	用钢尺检查
		＞2000mm	—	6	
3	门窗框的正、侧面垂直度		—	3	用1m垂直检测尺检查
4	门窗横框的水平度		—	3	用1m水平尺和塞尺检查
5	门窗横框标高		—	5	用钢尺检查
6	门窗竖向偏离中心		—	4	用钢尺检查
7	双层门窗内外框间距		—	5	用钢尺检查
8	门窗框、扇配合间隙		≤2	—	用钢尺检查
9	无下框时门扇与地面间留缝		4～8	—	用钢尺检查

(2)涂色镀锌钢板门窗安装的允许偏差和检验方法应符合表3-5的规定。

表 3-5　涂色镀锌钢板门窗安装的允许偏差和检验方法

项次	项目		允许偏差（mm）	检验方法
1	门窗槽口宽度、高度	≤1500mm	2	用钢尺检查
		＞1500mm	3	
2	门窗槽口对角线长度差	≤2000mm	4	用钢尺检查
		＞2000mm	5	
3	门窗框的正、侧面垂直度		3	用垂直检测尺检
4	门窗横框的水平度		3	用1m水平尺和塞尺检查
5	门窗横框标高		5	用钢尺检查
6	门窗竖向偏离中心		5	用钢尺检查
7	双层门窗内外框间距		4	用钢尺检查
8	推拉门窗扇与框搭接量		2	用钢直尺检查

二、铝合金门窗安装

铝合金门窗是经过表面处理的型材，通过下料、打孔、铣槽等工序，制作成门窗框料构件，然后再与连接件、密封件、开闭五金件一起组合装配而成。尽管铝合金门窗的尺寸大小及式样有所不同，但是同类铝合金型材门窗所采用的施工方法都相同。由于铝合金门窗在选型、色彩、玻璃镶嵌、密封材料的封缝和耐久性等方面，都比钢门窗、木门窗有着明显的优势，因此，铝合金门窗在高层建筑和公共建筑中获得了广泛的应用。

1. 铝合金门窗的特点及分类

(1)铝合金门窗的特点

铝合金门窗是最近十几年发展起来的一种新型门窗，与普通木门窗和钢门窗相比，具有以下特点：

1)质轻高强

铝合金是一种质量较轻、强度较高的材料，在保证使用强度的要求下，门窗框料与断面可制成空腹薄壁组合断面，减轻了铝合金型材的质量。一般铝合金门窗质量与木门窗差不多，但比钢门窗轻50%左右。

2)密封性好

密封性能是门窗质量的重要指标，铝合金门窗和普通钢、木门窗相比，其气密性、水密性和隔声性均比较好。推拉门窗比平开门窗的密封性稍差，因此推拉门窗在构造上加设尼龙毛条，以增加其密封性。

3)变形性小

铝合金门窗的变形比较小，一是因为铝合金型材的刚度好，二是由于制作过程中采用冷连接。横竖杆件之间及五金配件的安装，均是采用螺钉、螺栓或铝钉，通过角铝或其他类型的连接件，使框、扇杆件连成一个整体。冷连接同钢门窗的电焊连接相比，可以避免在焊接过程中因受热不均而产生的变形现象，从而确保制作的精度。

4)表面美观

一是造型比较美观，门窗面积大，使建筑物立面效果简洁明亮，并增加了虚实对比，富有较强的层次感；二是色调比较美观，其门窗框料经过氧化着色处理，可具有银白色、金黄色、青铜色、古铜色、黄黑色等色调或带色的花纹，外观华丽雅致，不需要再涂漆或进行表面维修装饰。

5)耐蚀性好

铝合金材料具有很高的耐蚀性，不仅可以抵抗一般酸碱盐的腐蚀，而且在使用中不需要油漆，表面不褪色、不脱落，不必要进行维修。

6)使用价值高

铝合金门窗具有刚度好、强度高、耐腐蚀、美观大方、坚固耐用、开闭轻便、无噪声等优异性能，特别是对于高层建筑和高档的装饰工程，无论从装饰效果、正常运行、年久维修，还是从施工工艺、施工速度、工程造价等方面综合权衡，铝合金门窗的总体使用价值都优于其他种类的门窗。

7)实现工业化

铝合金门窗框料型材加工、配套零件的制作，均可以在工厂内进行大批量的工业化生产，有利于实现门窗设计的标准化、产品系列化和零配件通用化，也能有力推动门窗产品的商业化。

(2)铝合金门窗的分类

1)依据门窗材质和功用，大致可以分为以下几类：木门窗、钢门窗、旋转门防盗门、自动门、塑料门窗、旋转门、铁花门窗、塑钢门窗、不锈钢门窗、铝合金门窗、玻璃钢门窗。

2)按开启方式可分为：平开、对开、推拉、折叠、上悬、外翻等等。

3)按材料分类：木门窗、钢门窗、旋转门防盗门、自动门、塑料门窗、旋转门、铁花门窗、塑钢门窗、不锈钢门窗、铝合金门窗、玻璃钢门窗、铝木复合门窗等。

4)按门窗型材截面宽度尺寸的不同，可分为许多系列，常用的有 25、40、45、50、55、60、65、70、80、90、100、135、140、155、170 系列等。图 3-10 为 90 系列铝合金推拉窗的断面。

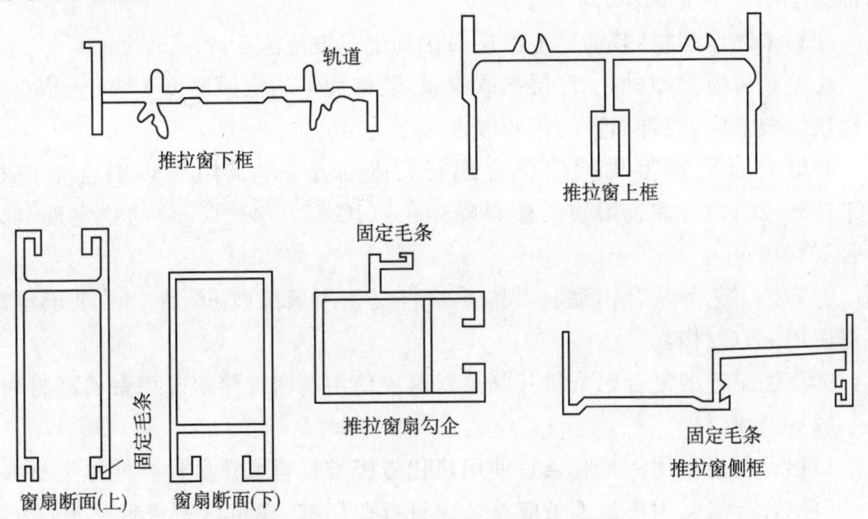

图 3-10　90 系列铝合金推拉窗的断面

2. 铝合金门窗材料要求

铝合金门窗工程的材料，主要包括：铝合金型材、玻璃、密封材料、五金件、紧固件等。

(1)铝合金型材

1)铝合金门窗工程用铝合金型材的合金牌号、供应状态、化学成分、力学性能、尺寸允许偏差应符合现行国家标准《铝合金建筑型材 第1部分:基材》(GB 5237.1—2008)的规定。型材横截面尺寸允许偏差可选用普通级,有配合要求时应选用高精级或超高精级。

2)铝合金门窗主型材的壁厚应经计算或试验确定,除压条、扣板等需要弹性装配的型材外,门用主型材主要受力部位基材截面最小实测壁厚不应小于2.0mm,窗用主型材主要受力部位基材截面最小实测壁厚不应小于1.4mm。

3)铝合金型材表面处理除应符合现行国家标准《铝合金建筑型材 第2部分:阳极氧化型材》(GB 5237.2—2008)《铝合金建筑型材 第3部分:电泳涂漆型材》(GB 5237.3—2008)《铝合金建筑型材第4部分:粉末喷涂型材》(GB 5237.4—2008)《铝合金建筑型材 第5部分:氟碳漆喷涂型材》(GB 5237.5—2008)的规定外,尚应符合下列规定:

①阳极氧化型材:阳极氧化膜膜厚应符合AA15级要求,氧化膜平均膜厚不应小于15μm,局部膜厚不应小于12μm;

②电泳涂漆型材:阳极氧化复合膜,表面漆膜采用透明漆应符合B级要求,复合膜局部膜厚不应小于16μm;表面漆膜采用有色漆应符合S级要求,复合膜局部膜厚不应小于21μm;

③粉末喷涂型材:装饰面上涂层最小局部厚度应大于40μm;

④氟碳漆喷涂型材:二涂层氟碳漆膜,装饰面平均漆膜厚度不应小于30μm;三涂层氟碳漆膜,装饰面平均漆膜厚度小于40μm。

4)铝合金隔热型材除应符合现行行业标准《建筑用隔热铝合金型材》(JG 175—2011)、《建筑用硬质塑料隔热条》(JG/T 174—2005)的规定外,尚应符合下列规定:

①穿条工艺的复合铝型材其隔热材料应使用聚酰胺66加25%玻璃纤维,不得使用PVC材料。

②浇注工艺的复合铝型材其隔热材料应使用高密度聚氨基甲酸乙酯材料。

(2)密封材料

1)铝合金门窗用密封胶条宜使用硫化橡胶类材料或热塑性弹性体类材料。

2)铝合金门窗用密封毛条应符合现行行业标准《建筑门窗密封毛条》(JC/T 635—2011)规定,毛条的毛束应经过硅化处理,宜使用加片型密封毛条。

3)铝合金门窗用密封胶应符合下列规定:

①玻璃与窗框之间的密封胶应符合现行行业标准《建筑窗用弹性密封胶》

(JC/T 485—2007)的规定;

②窗框与洞口之间的密封胶应符合国家现行标准《硅酮建筑密封胶》(GB/T 14683—2003)和《丙烯酸酯建筑密封胶》(JC/T 484—2006)的规定。

(3)五金件、紧固件

1)铝合金门窗工程用五金件应满足门窗功能要求和耐久性要求,合页、滑撑、滑轮等五金件的选用应满足门窗承载力要求,五金件应符合现行行业标准《建筑门窗五金件通用要求》(JG/T 212—2007)的规定。

2)铝合金门窗工程连接用螺钉、螺栓宜使用不锈钢紧固件。铝合金门窗受力构件之间的连接不得采用铝合金抽芯铆钉。

3)铝合金门窗五金件、紧固件用钢材宜采用奥氏体不锈钢材料,黑色金属材料根据使用要求应选用热浸镀锌、电镀锌、防锈涂料等有效防腐处理。

(4)其他

1)铝合金门窗框与洞口间采用泡沫填缝剂做填充时,宜采用聚氨酯泡沫填缝胶。固化后的聚氨酯泡沫胶缝表面应做密封处理。

2)铝合金门窗工程用纱门、纱窗,宜使用径向不低于 18 目的窗纱。

3. 铝合金门窗制作

(1)铝合金门窗构件加工

1)铝合金门窗构件加工精度除符合图纸设计要求外,尚应符合下列规定:

①杆件直角截料时长度尺寸允许偏差应为±0.5mm,杆件斜角截料时端头角度允许偏差应小于$-15'$;

②截料端头不应有加工变形,毛刺应小于 0.2mm;

③构件上孔位加工应采用钻模、多轴钻床或画线样板等进行,孔中心允许偏差应为±0.5mm,孔距允许偏差应为±0.5mm,累积偏差应为±1.0mm;

④铆钉用通孔应符合现行国家标准《紧固件 铆钉用通孔》(GB/T 152.1—1988)规定;

⑤螺钉沉孔应符合现行国家标准《紧固件 沉头用沉孔》(GB/T 152.2—2014)规定。

2)铝合金门窗构件的槽口(图 3-11)、豁口(图 3-12)、榫头(图 3-13)加工尺寸允许偏差应符合表 3-6 的规定。

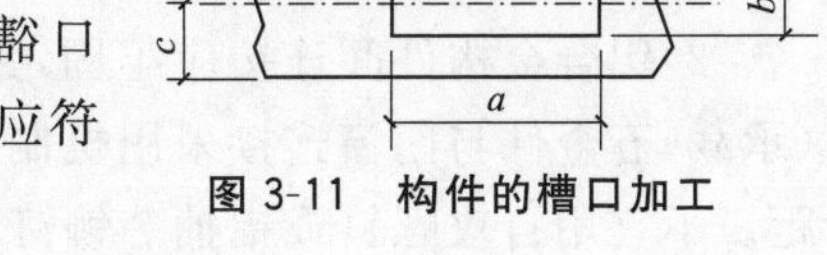

图 3-11 构件的槽口加工

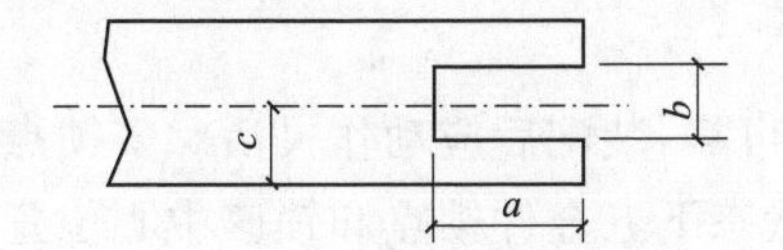

图 3-12 构件的豁口加工

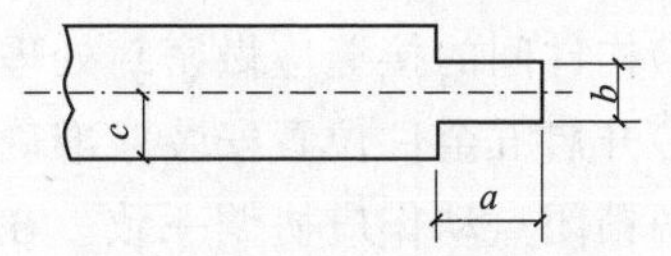

图 3-13 构件的榫头加工

表 3-6　构件槽口、豁口、榫头尺寸允许偏差(mm)

项目	a	b	c
槽口、豁口允许偏差	+0.5 0.0	+0.5 0.0	±0.5
榫头允许偏差	0.0 -0.5	0.0 -0.5	±0.5

(2)铝合金门窗组装

1)铝合金门窗组装尺寸允许偏差应符合表 3-7 的规定。

表 3-7　铝合金门窗组装尺寸允许偏差(mm)

<table>
<tr><th rowspan="2">项目</th><th rowspan="2">尺寸范围</th><th colspan="2">允许偏差</th></tr>
<tr><th>门</th><th>窗</th></tr>
<tr><td rowspan="3">门窗宽度、高度构造内侧尺寸</td><td>$L<2000$</td><td colspan="2">±1.5</td></tr>
<tr><td>$2000\leqslant L<3500$</td><td colspan="2">±2.0</td></tr>
<tr><td>$L\geqslant3500$</td><td colspan="2">±2.5</td></tr>
<tr><td rowspan="3">门窗宽度、高度构造内侧对边尺寸差</td><td>$L<2000$</td><td colspan="2">+2.0
0.0</td></tr>
<tr><td>$2000\leqslant L<3500$</td><td colspan="2">+3.0
0.0</td></tr>
<tr><td>$L\geqslant3500$</td><td colspan="2">+4.0
0.0</td></tr>
<tr><td>门窗框、扇搭接宽度</td><td>—</td><td>±2.0</td><td>±1.0</td></tr>
<tr><td rowspan="2">型材框、扇杆件接缝表面高低差</td><td>相同截面型材</td><td colspan="2">±0.3</td></tr>
<tr><td>不同截面型材</td><td colspan="2">±0.5</td></tr>
<tr><td>型材框、扇杆件装配间隙</td><td>—</td><td colspan="2">+0.3
0.0</td></tr>
</table>

2)铝合金构件间连接应牢固,紧固件不应直接固定在隔热材料上。当承重(承载)五金件与门窗连接采用机制螺钉时,啮合宽度应大于所用螺钉的两个螺距。不宜用自攻螺钉或铝抽芯铆钉固定。

3)构件间的接缝应做密封处理。

4)开启五金件位置安装应准确,牢固可靠,装配后应动作灵活。多锁点五金件的各锁闭点动作应协调一致。在锁闭状态下五金件锁点和锁座中心位置偏差不应大于 3mm。

5)铝合金门窗框、扇搭接宽度应均匀,密封条、毛条压合均匀;扇装配后启闭灵活,无卡滞、噪声,启闭力应小于 50N(无启闭装置)。

6)平开窗开启限位装置安装应正确,开启量应符合设计要求。

7)窗纱位置安装应正确,不应阻碍门窗的正常开启。

4. 铝合金门窗安装

(1)门框安装

1)铝合金门窗干法施工安装

金属附框安装应在洞口及墙体抹灰湿作业前完成,铝合金门窗安装应在洞口及墙体抹灰湿作业后进行。

金属附框宽度应大于 30mm,内、外两侧宜采用固定片与洞口墙体连接固定;固定片宜用 Q235 钢材,厚度不应小于 1.5mm,宽度不应小于 20mm,表面应做防腐处理;

金属附框固定片安装位置应满足:角部的距离不应大于 150mm,其余部位的固定片中心距不应大于 500mm(图 3-14);固定片与墙体固定点的中心位置至墙体边缘距离不应小于 50mm(图 3-15)。

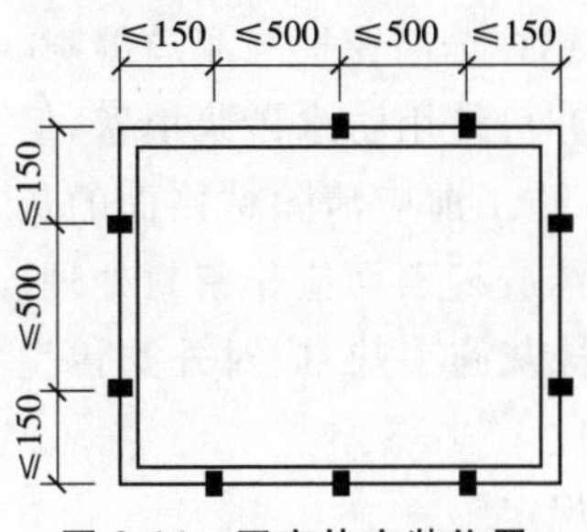

图 3-14 固定片安装位置

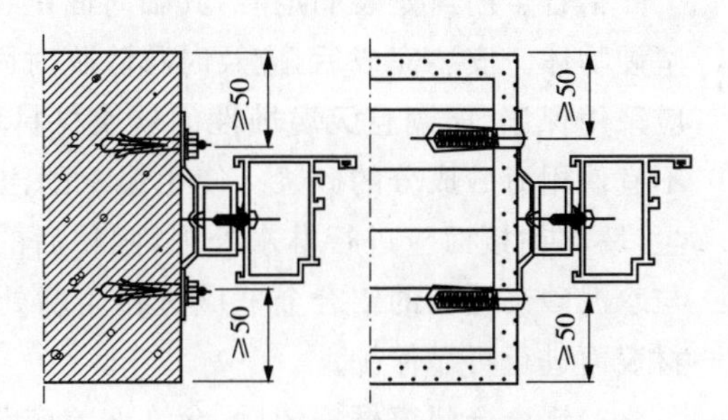

图 3-15 固定片与墙体位置

相邻洞口金属附框平面内位置偏差应小于 10mm。金属附框内缘应与抹灰后的洞口装饰面齐平,金属附框宽度和高度允许尺寸偏差及对角线允许尺寸偏差应符合表 3-8 规定;

表 3-8 金属附框尺寸允许偏差(mm)

项目	允许偏差值	检测方法
金属附框高、宽偏差	±3	钢卷尺
对角线尺寸偏差	±4	钢卷尺

2)铝合金门窗湿法安装

铝合金门窗框安装应在洞口及墙体抹灰湿作业前完成。

铝合金门窗框采用固定片连接洞口时，应符合《铝合金门窗工程技术规范》(JGJ 214—2010)第7.3.1条的要求；铝合金门窗框与墙体连接固定点的设置应符合《铝合金门窗工程技术规范》(JGJ 214—2010)第7.3.1条的要求。

固定片与铝合金门窗框连接宜采用卡槽连接方式(图3-16)。与无槽口铝门窗框连接时，可采用自攻螺钉或抽芯铆钉，钉头处应密封(图3-17)。

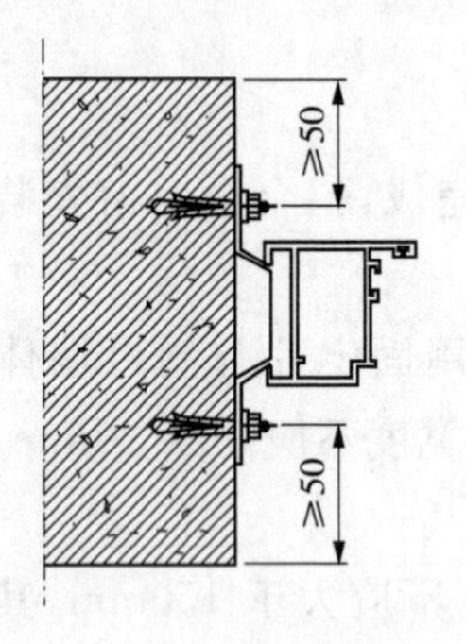

图3-16 卡槽连接方式

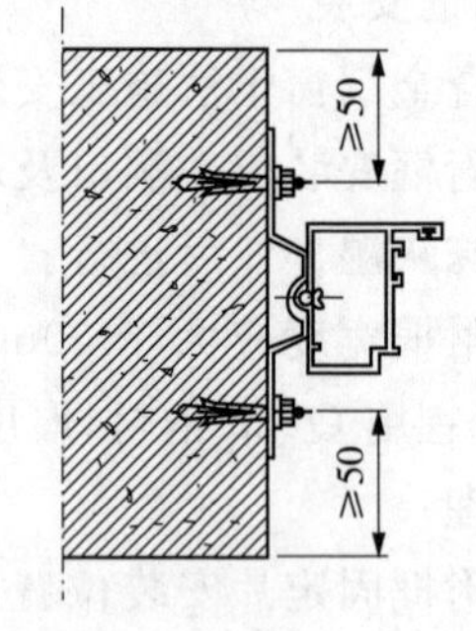

图3-17 自攻螺钉连接方式

铝合金门窗安装固定时，其临时固定物不得导致门窗变形或损坏，不得使用坚硬物体。安装完成后，应及时移除临时固定物体。铝合金门窗框与洞口缝隙，应采用保温、防潮且无腐蚀性的软质材料填塞密实；亦可使用防水砂浆填塞，但不宜使用海砂成分的砂浆。使用聚氨酯泡沫填缝胶，施工前应清除粘接面的灰尘，墙体粘接面应进行淋水处理，固化后的聚氨酯泡沫胶缝表面应作密封处理。与水泥砂浆接触的铝合金框应进行防腐处理。湿法抹灰施工前，应对外露铝型材表面进行可靠保护。

3)铝合金门窗框安装后，允许偏差应符合表3-9规定。

表3-9 门窗框安装允许偏差(mm)

项目		允许偏差	检查方法
门窗框进出方向位置		±5.0	经纬仪
门窗框标高		±3.0	水平仪
门窗框左右方向相对位置偏差(无对线要求时)	相邻两层处于同一垂直位置	+10 0.0	经纬仪
	全楼高度内处于同一垂直位置(30m以下)	+15 0.0	
	全楼高度内处于同一垂直位置(30m以上)	+20 0.0	

（续）

项目		允许偏差	检查方法
门窗框左右方向相对位置偏差（有对线要求时）	相邻两层处于同一垂直位置	+2 0.0	经纬仪
	全楼高度内处于同一垂直位置（30m 以下）	+10 0.0	
	全楼高度内处于同一垂直位置（30m 以上）	+15 0.0	
门窗竖边框及中竖框自身进出方向和左右方向的垂直度		±1.5	铅垂仪或经纬仪
门窗上、下框及中横框水平		±1.0	水平仪
相邻两横向框的高度相对位置偏差		+1.5 0.0	水平仪
门窗宽度、高度构造内侧对边尺寸差	$L<2000$	+2.0 0.0	钢卷尺
	$2000\leqslant L<3500$	+3.0 0.0	钢卷尺
	$L\geqslant3500$	+4.0 0.0	钢卷尺

4）边框与墙体间的密封防水处理

铝合金门窗安装就位后，边框与墙体之间应做好密封防水处理，如图 3-18 所示，并应符合下列要求：

①应采用粘接性能良好并相容的耐候密封胶；

②打胶前应清洁粘接表面，去除灰尘、油污，粘接面应保持干燥，墙体部位应平整洁净；

③胶缝采用矩形截面胶缝时，密封胶有效厚度应大于 6mm，采用三角形截面胶缝时，密封胶截面宽度应大于 8mm；

④注胶应平整密实，胶缝宽度均匀、表面光滑、整洁美观。

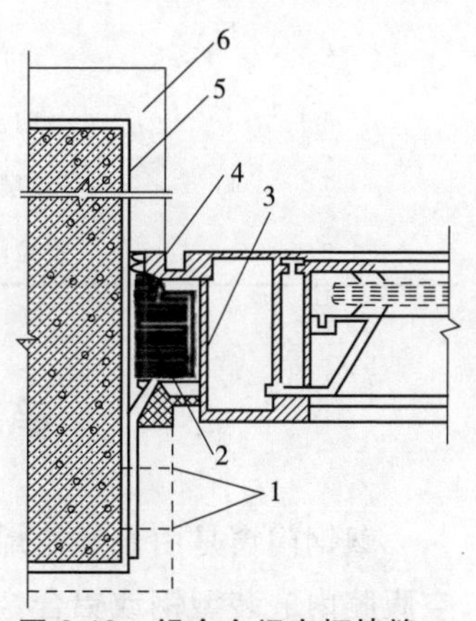

图 3-18 铝合金门窗框填缝

1-膨胀螺栓；2-软质填充料；3-自攻螺钉；4-密封膏；5-第一遍抹灰；6-最后一遍抹灰

（2）玻璃安装

根据门框的规格、色彩和总体装饰效果选用适宜的玻璃，一般选用5～10mm厚普通玻璃或彩色玻璃及10～22mm厚中空玻璃。首先，按照门扇的内口实际尺寸合理计划用料，尽量减少玻璃的边角废料，裁割时应比实际尺寸少2～3mm，这样有利于顺利安装。裁割后应分类进行堆放，对于小面积玻璃，可以随裁割随安装。安装时先撕去门框上的保护胶纸，在型材安装玻璃部位塞入胶带，用玻璃吸手安入玻璃，前后应垫实，缝隙应一致，然后再塞入橡胶条密封，或用铝压条拧十字圆头螺丝固定。

(3)大片玻璃与框扇接缝处，要用玻璃胶筒打入玻璃胶，整个门安装好后，以干净抹布擦洗表面，清理干净后交付使用。

铝合金门窗安装质量要求

铝合金门窗安装的允许偏差和检验方法应符合表3-10的规定。

表3-10　铝合金门窗安装的允许偏差和检验方法

项次	项目		允许偏差(mm)	检验方法
1	门窗槽口宽度、高度	≤1500mm	1.5	用钢尺检查
		＞1500mm	2	
2	门窗槽口对角线长度差	≤2000mm	3	用钢尺检查
		＞2000mm	4	
3	门窗框的正、侧面垂直度		2.5	用垂直检测尺检查
4	门窗横框的水平度		2	用1m水平尺和塞尺检查
5	门窗横框标高		5	用钢尺检查
6	门窗竖向偏离中心		5	用钢尺检查
7	双层门窗内外框间距		4	用钢尺检查
8	推拉门窗扇与框搭接量		1.5	用钢直尺检查

第四节　塑钢门窗安装

塑钢门窗是由聚氯乙烯或其他树脂为主要材料挤压而成的空腹异型材并在空腹腔内嵌装型钢或铝合金型材制作而成。塑钢门窗是目前最具气密性、水密性、耐腐蚀性、隔热保温、隔音、耐低温、阻燃、电绝缘性、造型美观等优异综合性能的门窗。

塑料门窗的种类很多，根据原材料的不同，塑料门窗可以分为以聚氯乙烯树脂为主要原料的钙塑门窗(又称“U－PVC门窗”),以改性聚氯乙烯为主要原料的改性聚氯乙烯门窗(又称“改性PVC门窗”),以合成树脂为基料、以玻璃纤维及其制品为增强材料的玻璃钢门窗。

一、塑钢门窗的材料要求

1. 材料种类名称

塑钢门窗安装工程的材料,包括:塑钢门窗及其材料(塑料门窗、型材、密封条、紧固件、五金配件、增强型钢、钢化玻璃、中空玻璃等),安装材料(固定片、组合门窗拼樘料、与墙体连接的钢连接件等)。

2. 塑钢门窗及其材料

(1)塑钢门窗采用的型材应符合现行国家标准《门、窗用未增塑聚氯乙烯(PVC－U)型材》(GB/T 8814—2004)的有关规定,其老化性能应达到S类的技术指标要求。

(2)塑钢门窗采用的密封条、紧固件、五金配件等应符合国家现行标准的有关规定。

(3)塑钢门窗用钢化玻璃的质量应符合现行国家标准《建筑用安全玻璃 第2部分钢化玻璃》(GB 15763.2—2005)的有关要求。

(4)塑钢门窗用中空玻璃除应符合现行国家标准《中空玻璃》(GB/T 11944—2002)的有关规定外,尚应符合下列规定:

1)中空玻璃用的间隔条可采用连续折弯型或插角型且内含干燥剂的铝框,也可使用热压复合式胶条;

2)用间隔铝框制备的中空玻璃应采用双道密封:第一道密封必须采用热熔性丁基密封胶;第二道密封应采用硅酮、聚硫类中空玻璃密封胶,并应采用专用打胶机进行混合、打胶。

(5)用于中空玻璃第一道密封的热熔性丁基密封胶应符合国家现行标准《中空玻璃用丁基热熔密封胶》(JC/T 914—2014)的有关规定。第二道密封胶应符合国家现行标准《中空玻璃用弹性密封胶》(JC/T 483—2001)的有关规定。

(6)塑钢门窗用镀膜玻璃应符合现行国家标准《镀膜玻璃第1部分:阳光控制镀膜玻璃》(GB/T 18915.1—2013)及《镀膜玻璃第2部分:低辐射镀膜玻璃》(GB/T 18915.1—2002)的有关规定。

3. 安装材料

(1)安装塑钢门窗用固定片应符合国家现行标准《聚氯乙烯(PVC)门窗固定片》(JG/T 132—2000)的有关规定。

(2)塑料组合门窗使用的拼樘料截面尺寸及内衬增强型钢的形状、壁厚应符合设计要求。承受风荷载的拼樘料应采用与其内腔紧密吻合的增强型钢作为内衬,型钢两端应比拼樘料略长,其长度应符合设计要求。

(3)用于组合门窗拼樘料与墙体连接的钢连接件,厚度应经计算确定,并不应小于2.5mm。连接件表面应进行防锈处理。

(4)钢附框应采用壁厚不小于1.5mm的碳素结构钢或低合金结构钢制成。附框的内、外表面均应进行防锈处理。

(5)塑钢门窗用密封条等原材料应符合国家现行标准的有关规定。密封胶应符合国家现行标准《硅酮建筑密封胶》(GB/T 14683—2003)、《建筑窗用弹性密封胶》(JC/T 485—2007)及《混凝土建筑接缝用密封胶》(JC/T 881—2001)的有关规定。密封胶与聚氯乙烯型材应具有良好的黏结性。

(6)门窗安装用聚氨酯发泡胶应符合国家现行标准《单组分聚氨酯泡沫填缝剂》(JC 936—2004)的有关规定。

(7)与聚氯乙烯型材直接接触的五金件、紧固件、密封条、玻璃垫块、密封胶等材料应与聚氯乙烯塑料相容。

二、塑钢门窗安装

1. 安装工艺流程

工艺流程:弹线找规矩→门窗洞口处理→安装连接件的检查→塑钢门窗外观检查→按图示要求运到安装地点→塑钢门窗安装→门窗四周嵌缝→安装五金配件→清理。

2. 安装要点

(1)划线定位

1)根据设计图纸中门窗的安装位置、尺寸和标高,依据门窗中线向两边量出门窗边线。多层或高层建筑时,以顶层门窗边线为准,用线坠或经纬仪将门窗边线下引,并在各层门窗口处划线标记,对个别不直的边应剔凿处理。

2)门窗的水平位置应以楼层室内+50cm的水平线为准向上反,量出空下皮标高,弹线找直。每一层必须保持窗下皮标高一致。

(2)门窗框安装

塑钢门窗框与墙体的连接固定方法,常见的有连接件法、直接固定法和假框法三种。

1)连接件法

这是用一种专门制作的铁件将门窗框与墙体相连接,是我国目前运用较多的一种方法。其优点是比较经济,且基本上可以保证门窗的稳定性。连接件法的做法是:先将塑料门窗放入门窗洞口内,找平对中后用木楔临时固定。然后,将固定在门窗框型材靠墙一面的锚固铁件用螺钉或膨胀螺钉固定在墙上,如图3-19。

2)直接固定法

在砌筑墙体时,先将木砖预埋于门窗洞口设计位置处,当塑钢门窗安入洞口并定位后,用木螺钉直接穿过门窗框与预埋木砖进行连接,从而将门窗框直接固定于墙体上,如图 3-20。

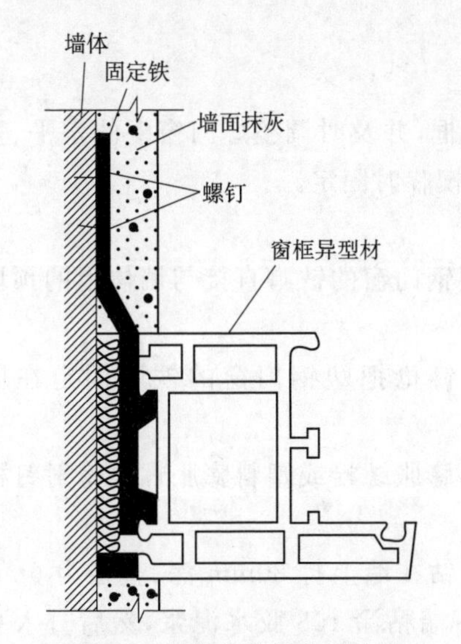

图 3-19 框墙间连接件固定法

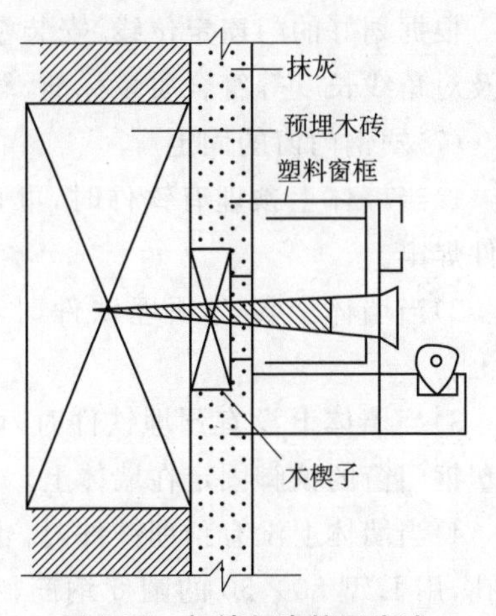

图 3-20 框墙间直接固定法

3)假框法

先在门窗洞口内安装一个与塑料门窗框配套的镀锌铁皮金属框,或者当木门窗换成塑料门窗时,将原来的木门窗框保留不动,待抹灰装饰完成后,再将塑钢门窗框直接固定在原来的框上,最后再用盖口条对接缝及边缘部分进行装饰,如图3-21。

(3)塑钢门窗披水安装

按施工图纸要求将披水固定在塑钢窗上,且要保证位置正确、安装牢固。

(4)填缝

框与墙间的缝隙应用泡沫塑料条或油毡卷条填塞,填塞不宜过紧,以免框架发生变形。门窗框四周的内外接缝缝隙应用密封材

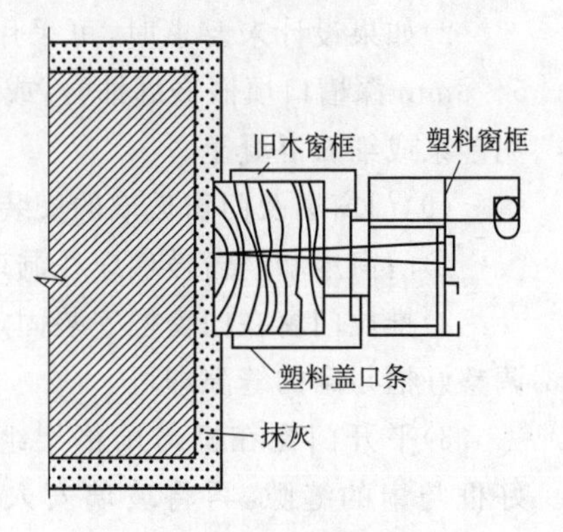

图 3-21 框墙间假框固定法

料嵌填严密，也可用硅橡胶嵌缝条，但不能采用嵌填水泥砂浆的做法。

(5)防腐处理

1)门窗框四周外表面的防腐处理如果设计有要求时，按设计要求处理。如果设计没有要求时，可涂刷防腐涂料或粘贴塑料薄膜进行保护，以免水泥砂浆直接与塑钢门窗表面接触，产生电化学反应，腐蚀塑钢门窗。

2)安装塑钢门窗时，如果采用连接铁件固定，则连接铁件、固定件等安装用金属零件最好用不锈钢件，否则必须进行防腐处理，以免产生电化学反应，腐蚀塑钢门窗。

(6)塑钢门窗安装就位

根据划好的门窗定位线，安装塑钢门窗框，并及时调整好门窗框的水平、垂直及对角线长度等符合质量标准，然后用木楔临时固定。

(7)塑钢门窗的固定

1)当墙体上预埋有铁件时，可直接把塑钢门窗的铁脚直接与墙体上的预埋铁件焊牢。

2)当墙体上没有预埋铁件时，可用射钉枪把塑钢门窗的铁脚固定在墙体上。

3)当墙体上没有预埋铁件时，可用金属膨胀螺栓或塑料膨胀螺栓将射钉枪把塑钢门窗的铁脚固定在墙体上。

4)当墙体上没有预埋铁件时，也可用电钻在墙上打 80mm 深、直径为 6mm 的孔，用 L 型 80×50 的圆 6 钢筋，在长的一端粘涂 108 胶水泥浆，然后打入孔中。待 108 胶水泥浆终凝后，再将塑钢门窗的铁脚与埋置的圆 6 钢筋焊牢。

(8)门窗框与墙体间缝隙间的处理

1)塑钢门窗安装固定后，应先进行隐蔽工程验收，合格后及时按设计要求处理门窗框与墙体之间的缝隙。

2)如果设计未要求时，可采用矿棉或玻璃棉毡条分层填塞缝隙，外表面留 5～8mm 深槽口填嵌嵌缝油膏，或在门窗框四周外表面进行防腐处理后，填嵌水泥砂浆或细石混凝土。

(9)门窗扇及门窗玻璃的安装

1)门窗扇和门窗玻璃应在洞口墙体表面装饰完工后安装。

2)推拉门窗在门窗框安装固定后，将配好玻璃的门窗扇整体安入框内滑道，调整好框与扇的缝隙即可。

3)平开门窗在框与扇格架组装上墙、安装固定好后再安玻璃，即先调整好框与扇的缝隙，再将玻璃安入扇并调整好位置，最后镶嵌密封条、填嵌密封胶。

4)地弹簧门应在门框及地弹簧主机入地安装固定后再安门扇。先将玻璃嵌入门扇格架并一起入框就位,调整好框扇缝隙,最后填嵌门扇适度的密封条及密封胶。

(10)安装五金配件

五金配件与门宽作连接用镀锌螺钉。安装的五金配件应结实牢固,使用灵活。

三、塑钢门窗安装质量要求

(1)塑钢门窗表面应洁净、平整、光滑,大面无划痕、碰伤。

(2)塑钢门窗扇的密封条不得脱槽,旋转窗间隙应基本均匀。

(3)塑钢门窗扇的开关力应符合下列规定:①平开门窗扇平铰链的开关力应不大于 80N;滑撑铰链的开关力应不大于 80N 且不小于 30N;②推拉门窗扇的开关力应不大于 100N。

(4)玻璃密封条与玻璃及玻璃槽口的连缝应平整,不得卷边、脱槽。

(5)排水孔应畅通,位置和数量应符合设计要求。

(6)塑钢门窗安装的允许偏差和检验方法应符合表 3-11 的规定。

表 3-11　塑钢门窗安装的允许偏差和检验方法

项次	项目		允许偏差(mm)	检验方法
1	门窗槽口宽度、高度	≤1500mm	2	用钢尺检查
		>1500mm	3	
2	门窗槽口对角线长度差	≤2000mm	3	用钢尺检查
		>2000mm	5	
3	门窗框的正、侧面垂直度		3	用 1m 垂直检测尺检查
4	门窗横框的水平度		3	用 1m 水平尺和塞尺检查
5	门窗横框标高		5	用钢尺检查
6	门窗竖向偏离中心		5	用钢直尺检查
7	双层门窗内外框间距		4	用钢尺检查
8	同樘平开门窗相邻扇高度差		2	用钢直尺检查
9	平开门窗铰链部位配合间隙		+2;-1	用塞尺检查
10	推拉门窗扇与框搭接量		+1.5;-2.5	用钢直尺检查
11	推拉门窗扇与竖框平行度		2	用 1m 水平尺和塞尺检查

第五节　特种门窗安装

一、防火门的安装施工

1. 防火门的种类

根据耐火极限,防火门可分为甲、乙、丙三个等级。

(1)甲级防火门。甲级防火门以防止扩大火灾为主要目的,它的耐火极限为1.2h,一般为全钢板门,无玻璃窗。

(2)乙级防火门。乙级防火门以防止开口部火灾蔓延为主要目的,它的耐火极限为0.9h,一般为全钢板门,在门上开一个小玻璃窗,玻璃选用5mm厚的夹丝玻璃或耐火玻璃。性能较好的木质防火门的等级也可以达到乙级。

(3)丙级防火门。丙级防火门的耐火极限为0.6h,为全钢板门,在门上开一个小玻璃窗,玻璃选用5mm厚夹丝玻璃或耐火玻璃。大多数木质防火门都在这一范围内。

根据防火门的材质,可以分为木质防火门和钢质防火门两种。

(1)木质防火门。即在木质门表面涂以耐火涂料,或用装饰防火胶板贴面,以达防火要求,其防火性能要稍差一些。

(2)钢质防火门。即采用普通钢板制作,在门扇夹层中填入岩棉等耐火材料,以达到防火要求。

2. 防火门的施工工艺流程

(1)画线。按设计要求尺寸、标高,画出门框框口的位置线。

(2)立门框。先拆掉门框下部的固定板,凡框内高度比门扇的高度大于30mm的,洞两侧地面须设预留凹槽。门框一般埋入0.000标高以下20mm,须保证框口上下尺寸相同,允许误差小于1.5mm,对角线允许误差小于2mm。将门框用木楔临时固定在洞内,经校正合格后,固定木楔,门框铁脚与预埋铁板件焊牢。

(3)安装门扇及附件。门框周边缝隙,用1∶2的水泥砂浆或强度不低于10MPa的细石混凝土嵌塞牢固,应保证与墙体连接成整体,经养护凝固后,再粉刷洞口及墙体。

二、金属转门安装施工

(1)在金属转门开箱后,检查各类零部件是否齐全、正常,门樘外形尺寸是否符合门洞口尺寸,以及转门壁位置要求,预埋件位置和数量。

(2)木桁架按洞口左右、前后位置尺寸与预埋件固定,并保持水平,一般转门与弹簧门、铰链门或其他固定扇组合,就可先安装其他组合部分。

(3)装转轴,固定底座,底座下要垫实,不允许出现下沉,临时点焊上轴承座,使转轴垂直于地平面。

(4)装圆转门顶与转门壁,转门壁不允许预先固定,便于调整与活扇之间隙,装门扇保持 90°夹角,旋转转门,保证上下间隙。

(5)调整转门壁的位置,以保证门扇与转门壁之间隙。门扇高度与旋转松紧调节,如图 3-22 所示。

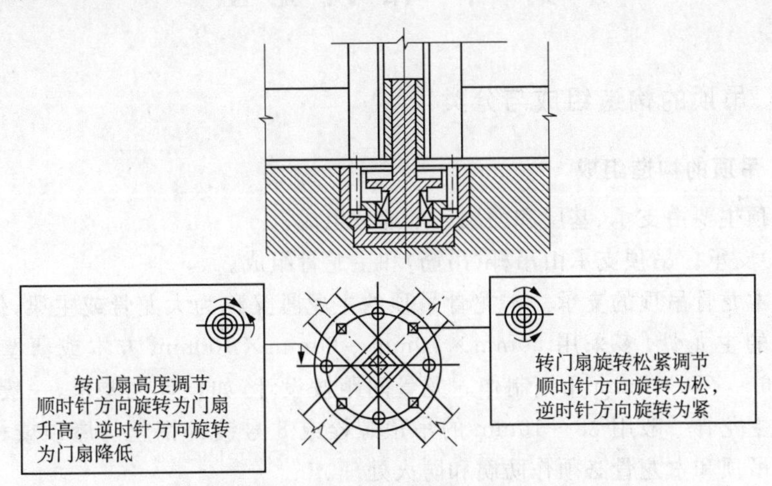

图 3-22　转门调节示意图

(6)焊上轴承座,用混凝土固定底座,埋插销下壳,固定门壁。

(7)安装门扇上的玻璃,一定要安装牢固,不准有松动现象。

(8)若用钢质结构的转门,则在安装完毕后,对其还应喷涂油漆。

第四章　吊顶及轻质隔墙工程

第一节　吊顶施工

一、吊顶的构造组成与分类

1. 吊顶的构造组成

吊顶主要由支承、基层和面层三个部分组成。

(1)支承。吊顶支承由吊杆(吊筋)和主龙骨组成。

1)木龙骨吊顶的支承。木龙骨吊顶的主龙骨又称为大龙骨或主梁,传统木质吊顶的主龙骨,多采用 50mm×70mm～60mm×100mm 方木或薄壁槽钢、∠60×6～∠70×7mm 角钢制作。龙骨间距按设计,如设计无要求,一般按 1m 设置。主龙骨一般用 ϕ8～10mm 的吊顶螺栓或 8 号镀锌钢丝与屋顶或楼板连接。木吊顶和木龙骨必须作防腐和防火处理。

2)金属龙骨吊顶的支承。轻钢龙骨与铝合金龙骨吊顶的主龙骨截面尺寸取决于荷截大小,其间距尺寸应考虑次龙骨的跨度及施工条件,一般采用 1～1.5m。其截面开关较多,主要有 U 形、T 形、C 形、L 形等。主龙骨与屋顶结构楼板结构多通过吊杆连接,吊杆与主龙骨用特制的吊杆件或套件连接。金属吊杆和龙骨应作防锈处理。

(2)基层。基层用木材、型钢或其他轻金属材料制成的次龙骨组成。吊顶面层所用材料不同,其基层部分的布置方式和次龙骨的间距大小也不一样,但一般不应超过 600mm。

吊顶的基层要结合灯具位置、风扇或空调透风口位置等进行布置,留好预留洞孔及吊挂设施等,同时应配合管道、线路等安装工程施工。

(3)面层。木龙骨吊顶,其面层多用人造板(如胶合板、纤维板、木丝板、刨花板)面层或板条(金属网)抹灰面层。轻钢龙骨、铝合金龙骨吊顶,其面板多用装饰吸声板(如纸面石膏板、钙塑泡沫板、纤维板、矿棉板、玻璃丝棉板等)制作。

2. 吊顶的分类

(1)按饰面材料,吊顶可分为:石膏板类吊顶,矿棉板类吊顶,玻璃吊顶,金属吊顶,其他材料吊顶。

(2)按龙骨位置,吊顶可分为:明龙骨系统,暗龙骨系统。

(3)按承受荷载能力,吊顶可分为:上人吊顶,不上人吊顶。

(4)按构造特点,吊顶可分为:单层龙骨构造,双层龙骨构造。

二、吊顶安装施工

1. 木龙骨吊顶施工

(1)抄平弹线

弹线包括:标高线、顶棚造型位置线、吊挂点布局线、大中型灯位线。

1)确定标高线:根据室内墙上＋50cm水平线,用尺量至顶棚设计标高,在该点画出高度线,用一条塑料透明软管灌满水后,将软管的一端水平面对准墙面上的高度线。再将软管的另一端头水平面,在同侧墙面找出另一点,当软管内水平面静止时,画下该点的水平面位置,再将这两点连线,即得吊顶高度水平线。用同样方法在其他墙面做出高度水平线。操作时应注意,一个房间的基准高度点只用一个,各个墙的高度线测点共用。沿墙四周弹一道墨线,这条线便是吊顶四周的水平线,其偏差不能大于5mm。

2)确定造型位置线:对于较规则的建筑空间,其吊顶造型位置可先在一个墙面量出竖向距离,以此画出其他墙面的水平线,即得吊顶位置外框线,而后逐步找出各局部的造型框架线。对于不规则的空间画吊顶造型线,宜采用找点法,即根据施工图纸测出造型边缘距墙面的距离,从墙面和顶棚基层进行实测,找出吊顶造型边框的有关基本点,将各点连线,形成吊顶造型线。

3)确定吊点位置:对于平顶天花,其吊点一般是按每m^2布置1个,在顶棚上均匀排布。对于有叠级造型的吊顶,应注意在分层交界处布置吊点,吊点间距0.8～1.2m。较大的灯具应安排单独吊点来吊挂。

(2)木龙骨处理

对吊顶用的木龙骨进行筛选,将其中腐蚀部分、斜口开裂、虫蛀等部分剔除。对工程中所用的木龙骨均要进行防火处理,一般将防火涂料涂刷或喷于木材表面,也可把木材放在防火涂料槽内浸渍。

(3)安装吊杆

1)吊杆固定件的设置方法

应根据设计要求及现场的实际情况选择如下设置方法,如图4-1所示:

①用M8或M10膨胀螺栓将∠25×3或∠30×3角铁固定在现浇楼板底面

上。对于 M8 膨胀螺栓要求钻孔深度≥50mm，钻孔直径 10.5mm 为宜；对于 M10 膨胀螺栓要求钻孔深度≥60mm，钻孔直径 13mm 为宜。

②用 ϕ5 以上高强射钉将∠40×4 角钢或钢板等固定在现浇楼板的底面上。

③在浇灌楼面或屋面板时，在吊杆布置位置的板底预埋铁件，铁件选用 δ=6mm 厚钢板，锚爪用 4ϕ8L≥150mm。

④现浇楼板浇筑前或预制板灌缝前预埋 ϕ10 钢筋。（对于不上人屋面，吊筋规格可选 ϕ6 或 ϕ8）要求预埋位置准确，若为现浇楼板时，应在模板面上弹线标示出准确位置，然后在模板上钻孔预埋吊筋。对于钢模板也可先将吊杆连接筋预弯 90°后紧贴模板面埋设，待拆模后剔出。

以上前两种方式固定吊杆连接件的方法不适应于上人屋面。

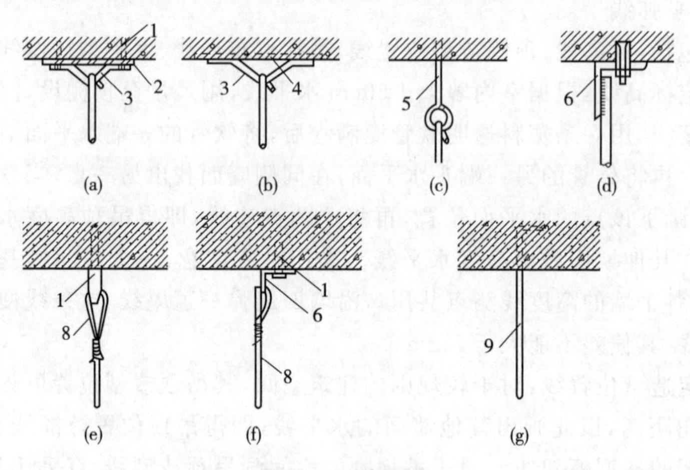

图 4-1　吊杆固定

(a)射钉固定；(b)预埋件固定；(c)预埋 ϕ6 钢筋吊环；(d)金属膨胀螺丝固定；
(e)射钉直接连接钢丝；(f)射钉角铁连接法；(g)预埋 8 号镀锌钢丝
1-射钉；2-焊板；3-ϕ10 钢筋吊环；4-预埋钢板；5-ϕ6 钢筋；6-角钢；
7-金属膨胀螺丝；8-镀锌钢丝(8 号、12 号、14 号)；9-8 号镀锌钢丝

2)吊杆的连接

主龙骨与屋顶结构或楼板结构连接主要有三种方式：用屋面结构或楼板内预埋铁件固定吊杆；用射钉将角钢等固定于楼底面固定吊杆；用金属膨胀螺栓固定铁件再与吊杆连接，如图 4-1 所示。

3)吊杆纵横间距按设计要求，原则上吊杆间距应不大于 1000mm。

4)吊杆长度大于 1000mm 时，必须按规范要求设置反向支撑。

5)吊顶灯具、风口及检修口等处应增设附加吊杆。

(4)主龙骨安装

主龙骨常用 50mm×70mm 枋料，较大房间采用 60mm×100mm 木枋。主

龙骨与墙相接处，主龙骨应伸入墙面不少于 110mm，入墙部分涂刷防腐剂。

主龙骨的布置要按设计要求，分档划线，分档尺寸尚应考虑与面层板块尺寸相适应。

主龙骨应平等于房间长向安装，同时应起拱，起拱高度为房间跨度的 1/250 左右。主龙骨的悬臂段不应大于 300mm。主龙骨接长采取对接，相邻主龙骨的对接接头要相互错开。主龙骨挂好后应基本调平。

(5)次龙骨安装

次龙骨一般采用 5cm×5cm 或 4cm×5cm 的木枋，底面刨光、刮平、截面厚度应一致。小龙骨间距应按设计要求，设计无要求时应按罩面板规格决定，一般为 400～500mm。钉中间部分的次龙骨时，应起拱。房间 7～10m 的跨度，一般按 3/1000 起拱；10～15m 的跨度，一般按 5/1000 起拱。

按分档线先定位安装通长的两根边龙骨，拉线后各根龙骨按起拱标高，通过短吊杆将小龙骨用圆钉固定在大龙骨上，吊杆要逐根错开，不得吊钉在龙骨的同一侧面上。

先钉次龙骨，后钉间距龙骨(或称卡挡搁栅)。间距龙骨一般为 5cm×5cm 或 4cm×5cm 的方木，其间距一般为 30～40cm，用 33mm 长的钉子与次龙骨钉牢。次龙骨与主龙骨的连接，多是采用 8～9cm 长的钉子，穿过次龙骨斜向钉入主龙骨，或通过角钢与主龙骨的连接。次龙骨的接头和断裂及大节疤处，均需用双面夹板夹住，并应错开使用。接头两侧最少各钉 2 个钉子，在墙体砌筑时，一般是按吊顶标高沿墙四周牢固地预埋木砖，间距多为 1m，用以固定墙边安装龙骨的方木(或称护墙筋)。

(6)管道及灯具固定

吊顶时要结合灯具位置、风扇位置做好预留洞穴及吊钩。当平顶内有管道或电线穿过时，应预先安装管道及电线，然后再铺设面层，若管道有保温要求，应在完成管道保温工作后，才可封钉吊顶面层。大的厅堂宜采用高低错落形式的吊顶。

(7)吊顶罩面板的安装

1)木龙骨吊顶，其常用的罩面板有装饰石膏板(白平板、穿孔板、花纹浮雕板等)、胶合板、纤维板、木丝板、刨花板、印刷木纹板等。

装饰石膏板顶棚饰面

装饰石膏板可用木螺丝与木龙骨固定。木螺丝与板边距离应不小于 15mm，间距以 170～200mm 为宜，并均匀布置。螺钉帽应嵌入石膏板深度 1mm 为宜，并应涂刷防锈涂料，钉眼用腻子找平，再用与板面颜色相同的色浆涂刷。

2)胶合板顶棚饰面。胶合板是将三层或多层木质单向纤维板，按纤维方向互相垂直胶合而成的薄板。胶合板顶棚被广泛应用于中、高级民用建筑室内顶棚装饰。但需注意面积超过 50m^2 的顶棚不准使用胶合板饰面。

用清漆饰面的顶棚，在钉胶合板前应对板材进行挑选。板面颜色一致的夹板钉在同一个房间，相邻板面的木纹应力求谐调自然。

铺胶合板时，应沿房间的中心线或灯框的中心线顺线向四周展开，光面向下。胶合板对缝时，应弹线对缝，可采用 V 形缝，亦可采用平缝，缝宽 6～8mm。顶棚四周应钉压缝条，以免龙骨收缩，顶棚四周出现沿墙离缝。板块间拼缝应均匀平直，线条清晰。

钉胶合板时，钉距 80～150mm。钉帽要敲扁，送进板面 0.5～1mm。胶合板应钉得平整，四角方正，不应有凹陷和凸起。

胶合板顶棚以涂刷聚氨酯清漆为宜。先把胶合板表面的污渍、灰尘、木刺和浮毛等清理干净，再用油性腻子嵌钉眼，然后批嵌腻子，上色补色，砂纸打磨，刷清漆二至三道。漆膜要光亮，木纹清晰，不应有漏刷、皱皮、脱皮和起霜等缺陷。色彩调和，深浅一致，不应有咬色、显斑和露底等缺陷。

3)纤维板顶棚饰面。纤维板是以植物纤维重新交织、压制成的一种人造板材。由于成型时温度和压力不同，纤维板可分为软质、硬质和半硬质三种。适宜于顶棚吊顶面板的主要是硬质纤维板平板。

硬质纤维板顶棚饰面安装之前，须将板进行加湿处理，即把板块浸入 60℃ 的热水中 30min，或用冷水浸泡 24h。将硬质纤维板浸水后码垛堆起再使其自然湿透，而后晾干即可安装。在工地现场可采取隔天浸水，晚上晾干，第二天使用。因硬质纤维板浸水时四边易起毛，板的强度降低，为此，浸水后应注意轻拿轻放，尽量减少摩擦。

如采用钉子固定时，钉距应为 80～120mm，钉长应为 20～30mm，钉帽砸扁后敲进板面 0.5mm。其他与胶合板安装相同。

4)其他人造板顶棚饰面。其他人造板顶棚主要包括木丝板、刨花板、细木工板、印刷木纹板等。

①木丝板、刨花板、细木工板：木丝板（万利板）是利用木材的短残料经机械刨成木丝，加入水泥及硅酸盐溶液经铺料、冷压凝固成型，最后经干燥、养护而成的板材；刨花板是利用碎木、刨花和胶料经热压而成的人造板材；细木工板是利用木材边角小料，经刨光、施胶、拼接、贴面而成的板材，贴面多用胶合板、纤维板和塑料板。

木丝板、刨花板、细木工板安装时，一般多用压条固定，其板与板间隙要求 3～5mm。如不采用压条固定而采用钉子固定时，最好采用半圆头木螺钉，并加垫圈。钉距 100～120mm，钉距应一致纵横成线，以提高装饰效果。

②印刷木纹板：印刷木纹板又称装饰人造板，是在人造板表面上印刷上花纹图案（如木纹）而制成。印刷木纹板不再需任何贴面装饰即自具美观。印刷木纹板安装，多采用钉子固定法，钉距不大于120mm。为防止破坏板面装饰，钉子应与板面钉齐平，然后用与板面相同颜色的油漆涂饰。

2. 轻金属龙骨吊顶

(1)轻钢龙骨吊顶施工。轻钢龙骨是轻金属龙骨的其中一个品种，它是以镀锌钢板（带）或彩色喷塑钢板（带）及薄壁冷轧钢板（带）等薄质轻金属材料，经冷弯或冲压等加工而成的顶棚装饰支承材料。此类龙骨具有自重轻、强度高、防火性好、耐蚀性高、抗震性强、安装方便等优点。它可以使龙骨规格标准化，有利于大批量生产，使吊顶工程实现装配化，可由大、中、小龙骨与其相配套的吊件、连接件、挂件、挂插件及吊杆等进行灵活组装，能有效地提高施工效率和装饰质量。

轻钢龙骨的分类方法较多，按其承载能力大小，可分为轻型、中型和重型三种，或者分为上人吊顶龙骨和不上人吊顶龙骨；按其型材断面形状，可分为U型吊顶、C型吊顶、T型吊顶和L型吊顶及其略变形的其他相应形式；按其用途及安装部位，可以分为承载龙骨、覆面龙骨和边龙骨等。

U形轻钢龙骨结构如图4-2所示。

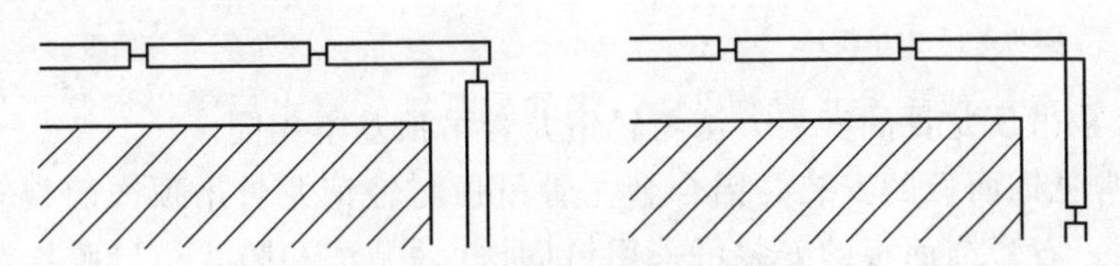

图4-2　U形龙骨吊顶示意图

1-BD大龙骨；2-UZ横撑龙骨；3-吊顶板；4-UZ龙骨；5-UX龙骨；6-UZ_3支托连接；7-UZ_2连接件；8-UX_2连接件；9-BD_2连接件；10-UX_1吊挂；11-UX_2吊件；12-BD_1吊件；13-$UX_3$3吊杆 $\phi 8 \sim 10$

施工前，先按龙骨的标高在房间四周的墙上弹出水平线，再根据龙骨的要求按一定间距弹出龙骨的中心线，找出吊点中心，将吊杆固定在埋件上。吊顶结构未设埋件时，要按确定的节点中心用射钉固定螺钉或吊杆，吊杆长度计算好后，在一端套丝，丝口的长度要考虑紧固的余量，并分别配好紧固用的螺母。

主龙骨的吊顶挂件连在吊杆上校平调正后，拧紧固定螺母，然后根据设计和饰面板尺寸要求确定的间距，用吊挂件将次龙骨固定在主龙骨上，调平调正后安装饰面板。饰面板的安装方法有：

搁置法：半饰面板直接放在T形龙骨组成的格框内。有些轻质饰面板，考虑刮风时会被掀起（包括空调口，通风口附近），可用木条、卡子固定。

嵌入法:将饰面板事先加工成企口暗缝,安装时将T形龙骨两肢插入企口缝内。

粘贴法:将饰面板用胶黏剂直接粘贴在龙骨上。

钉固法:将饰面板用钉、螺钉、自攻螺钉等固定在龙骨上。

卡固法:多用于铝合金吊顶,板材与龙骨直接卡接固定。

(2)铝合金龙骨装配式吊顶施工。铝合金龙骨吊顶按罩面板的要求不同分龙骨底面不外露和龙骨底面外露两种形式;按龙骨结构型式不同分T形和TL形。TL形龙骨属于安装饰面板后龙骨底面外露的一种(图4-3、图4-4)。

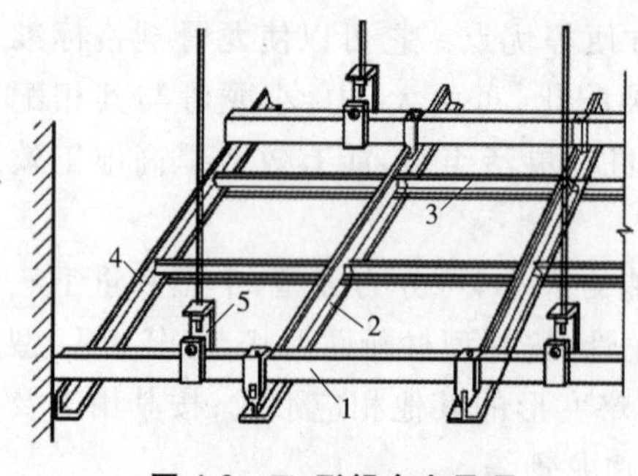

图4-3 TL形铝合金吊顶

1-大龙骨;2-大T;3-小T;

4-角条;5-大吊挂件

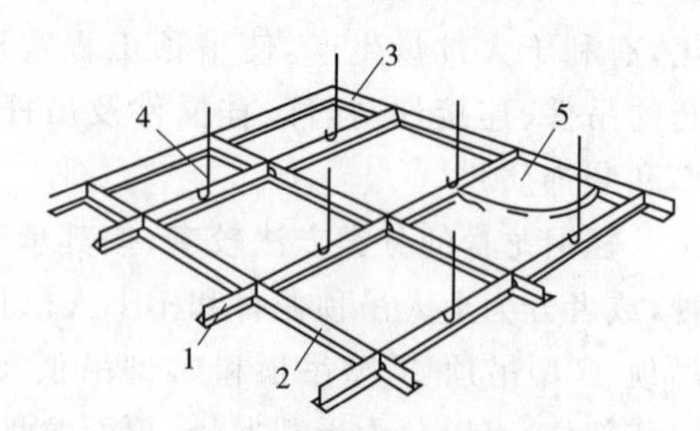

图4-4 TL形铝合金不上人吊顶

1-大T;2-小T;3-吊件;

4-角条;5-饰面板

铝合金吊顶龙骨的安装方法与轻钢龙骨吊顶基本相同。

(3)常见饰面板的安装。铝合金龙骨吊顶与轻钢龙骨吊顶饰面板安装方法基本相同。石膏饰面板的安装可采用钉固法、粘贴法和暗式企口胶接法。U形轻钢龙骨采用钉固法安装石膏板时,使用镀锌自攻螺钉与龙骨固定。钉头要求嵌入石膏板内0.5～1mm,钉眼用腻子刮平,并用石膏板与同色的色浆腻子涂刷一遍。螺钉规格为:M5×25或M5×35。螺钉与板边距离应不大于15mm,螺钉间距以150～170mm为宜,均匀布置,并与板面垂直。石膏板之间应留出8～10mm的安装缝。待石膏板全部同定好后,用塑料压缝条或铝压缝条压缝,钙塑泡沫板的主要安装方法有钉固和粘贴两种。钉固法即用网钉或木螺钉,将面板钉在顶棚的龙骨上,要求钉距不大于150mm,钉帽应与板面齐平,排列整齐,并用与板面颜色相同的涂料装饰。钙塑板的交角处,用木螺钉将塑料小花固定,并在小花之间沿板边按等距离加钉固定。用压条固定时,压条应平直,接口严密,不得翘曲。钙塑泡沫板用粘贴法安装时,胶黏剂可用401胶或氧丁胶浆——聚异氧酸脂胶(10∶1)涂胶后应待稍干,方可把板材粘贴压紧。胶合板、纤维板安装应用钉固法:要求胶合板钉距80～150mm,钉长25～35mm,钉帽应打扁,并进入板面0.5～1mm,钉眼用油性腻子抹平;纤维板钉距80～120mm,钉长20～

30mm，钉帽进入板面 0.5mm，钉眼用油性腻子抹平；硬质纤维板应用水浸透，自然阴干后安装。矿棉板安装的方法主要有搁置法、钉固法和粘贴法。顶棚为轻金属 T 型龙骨吊顶时，在顶棚龙骨安装放平后，将矿棉板直接平放在龙骨上，矿棉板每边应留有板材安装缝，缝宽不宜大于 1mm。顶棚为木龙骨吊顶时，可在矿棉板每四块的交角处和板的中心用专门的塑料花托脚，用木螺钉固定在木龙骨上；混凝土顶面可按装饰尺寸做出平顶木条，然后再选用适宜的胶黏剂将矿棉板粘贴在平顶木条上。金属饰面板主要有金属条板、金属方板和金属格栅。板材安装方法有卡固法和钉固法。卡固法要求龙骨形式与条板配套；钉固法采用螺钉固定时，后安装的板块压住前安装的板块，将螺钉遮盖，拼缝严密。方形板可用搁置法和钉固法，也可用铜丝绑扎固定。格栅安装方法有两种，一种是将单体构件先用卡具连成整体，然后通过钢管与吊杆相连接；另一种是用带卡口的吊管将单体物体卡住，然后将吊管用吊杆悬吊。金属板吊顶与四周墙面空隙，应用同材质的金属压缝条找齐。

3. 吊顶工程施工质量要求

吊顶工程所用的材料品种、规格、颜色以及基层构造、固定方法等应符合设计要求。罩面板与龙骨应连接紧密，表面应平整，不得有污染、折裂、缺棱掉角、锤伤等缺陷，接缝应均匀一致，粘贴的罩面不得有脱层，胶合板不得有刨透之处，搁置的罩面板不得有漏、透、翘角现象。

吊顶工程安装的允许偏差和检验方法应符合表 4-1 的规定。

表 4-1 监理资料类别、来源及保存

项次	项目	允许偏差(mm)								检验方法
		暗龙骨吊顶				明龙骨吊顶				
		纸面石膏板	金属板	矿棉板	木板、塑料板、格栅	石膏板	金属板	矿棉板	塑料板玻璃板	
1	表面平整度	3	2	2	2	3	2	3	2	用 2m 靠尺和塞尺检查
2	接缝直线度	3	1.5	3	3	3	2	3	3	拉 5m 线，不足 5m 拉通线，用钢直尺检查
3	接缝高低差	1	1	1.5	1	1	1	2	1	用钢直尺和塞尺检查

第二节　轻质隔墙施工

一、板材隔墙施工

1. 材料要求

板材隔墙工程的材料包括：复合轻质墙板、石膏空心板、钢丝网水泥板及其辅助材料等。

(1)复合轻质墙板

1)金属夹芯板：金属面聚苯乙烯夹芯板、金属面硬质聚氨酯夹芯板、金属面岩棉矿渣棉夹芯板等。

外观质量要求

①金属夹芯板板面平整，无明显凹凸、翘曲、变形；

②表面清洁，色泽均匀，无胶痕、油污；

③无明显划痕、磕碰、伤痕等。切口平直，切面整齐，无毛刺；

④面材与芯板之间牢固，芯材密实；

⑤金属夹芯板的技术性能应符合现行国家标准或行业标准的规定。

2)其他复合板：蒸压加气混凝土板、玻璃纤维增强水泥轻质多孔(GRC)隔墙条板、预制混凝土板隔板等，并按设计要求的品种、规格提出各种条板的标准板、门框板、窗框板及异形板等。

3)辅助材料：膨胀水泥砂浆、胶黏剂、石膏腻子、钢板卡、铝合金钉、铁钉、木楔、玻纤布条、水泥砂浆等。

(2)石膏空心板

标准板、门框板、窗框板、门上板、窗上板及异形板等。标准板用于一般隔墙，其他的板按工程设计确定的规格进行加工。

辅助材料：包括胶黏剂、建筑石膏粉、玻纤布条、石膏腻子、钢板卡、射钉等。

(3)钢丝网水泥板

钢丝网架水泥聚苯乙烯夹芯板、泰柏板等，按设计要求的品种、规格提出各种钢丝网水泥板以及配件。

钢丝网架水泥聚苯乙烯夹芯板(GSJ 板)及其主要配套件：网片、槽网、ϕ6～10 钢筋、角网、U 形连接件、射钉、膨胀螺栓、钢丝、箍码、水泥砂浆、防裂剂等。

泰柏板隔墙板及其辅助材料：之字条、204mm 宽平联结网、102mm×204mm 角网、箍码压板，U 码、组合 U 码、角铁码、钢筋码、蝴蝶网、网码、压片 3mm×48mm×64mm 或 3mm×40mm×80mm、ϕ6～10 钢筋、水泥砂浆、石膏腻子等。

2. 复合轻质墙板隔墙施工要点

(1)清理及放线、分档

1)清理

清理隔墙板与顶面、地面、墙面的结合部位，凡凸出墙面的砂浆、混凝土块等必须剔除并扫净，结合部应找平。

2)放线、分档

在地面、墙面及顶面根据设计位置，弹好隔墙边线及门窗洞口线，并按板宽分档。

(2)配板、修补

1)板的长度应按楼层结构净高尺寸减 20mm。

2)计算并量测门窗洞口上部及窗口下部的隔板尺寸，按此尺寸配预埋件的门窗框板。

3)板的宽度与隔墙的长度不相适应时，应将部分板预先拼接加宽(或锯窄)成合适的宽度，放置到有阴角处。

4)隔板安装前要进行选板，未经修补的坏板或表面酥松的板不得使用。

(3)架立靠放墙板的临时方木

上方木直接压线顶在上部结构底面，下方木可离楼地面约 100mm 左右，上下方木之间每隔 1.5m 左右立支撑方木，并用木楔将下方木与支撑方木之间楔紧。临时方木支撑后，即可安装隔墙板。

(4)配置胶黏剂

条板与条板拼缝、条板顶端与主体结构采用胶黏剂。

加气混凝土隔墙胶黏剂一般采用 108 建筑胶聚合砂浆；GRC 空心混凝土隔墙胶黏剂一般采用 791、792 胶泥；增强水泥条板、轻质陶粒混凝土条板、预制混凝土板等则采用 1 号胶黏剂。胶黏剂要随配随用，并应在 30min 内用完。

(5)安钢板卡

有抗震要求时，应按设计要求，在两块条板顶端拼缝处设 U 形或 L 形钢板卡，与主体结构连接。U 形或 L 形钢板卡用射钉固定在梁和板上，随安板随固定 U 形或 L 形钢板卡。

(6)安装隔墙板

可采用刚性连接，将板的上端与上部结构底面用砂浆或胶黏剂，下部用木楔顶紧后空隙间填入细石混凝土。隔墙板安装顺序应从门洞口处向两端依次进行，门洞两侧宜用整块板；无门洞的墙体，应从一端向另一端顺序安装。

其安装步骤如下：

1)墙板安装前，先将条板顶端板孔堵塞，面用钢丝刷刷去油垢并清除渣末。

2)条板上端涂抹一层胶黏剂,厚约 3mm。然后将板立于预定位置,用撬棍将板撬起,使板顶与上部结构底面粘紧;板的一侧与主体结构或已安装好的另一块墙板贴紧,并在板下端留 20～30mm 缝隙,用木楔对楔背紧,撤出撬棍,板即固定。

3)板与板缝间的拼接,要满抹砂浆或胶黏剂,拼接时要以挤出砂浆或胶黏剂为宜,缝宽不得大于 5mm(陶粒混凝土隔板缝宽 10mm)。挤出的砂浆或胶黏剂应及时清理干净。

板与板之间在距板缝上、下各 1/3 处以 30°角斜向钉入铁销或铁钉(图 4-5),在转角墙、T 形墙条板连接处,沿高度每隔 700～800mm 钉入销钉或 ϕ8mm 铁件,钉入长度不小于 150mm(图 4-6),铁销和销钉应随条板安装随时钉入。

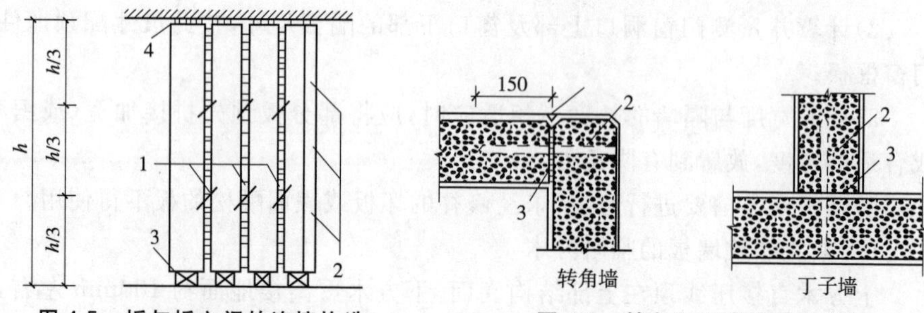

图 4-5　板与板之间的连接构造

1-铁销;2-转角处钉子;
3-木楔;4-黏结砂浆

图 4-6　转角和丁字墙节点连接

1-八字缝;2-用绍钢筋打尖,经防锈处理;
3-黏结砂浆

4)墙板固定后,在板下填塞 1∶2 水泥砂浆或细石混凝土,细石混凝土应采用 C20 干硬性细石混凝土,坍落度控制在 0～20mm 为宜,并应在一侧支撑,以利于捣固密实。

5)每块墙板安装后,应用靠尺检查墙面垂直和平整情况。

6)对于双层墙板的分户墙,安装时应使两面墙板的拼缝相互错开。

(7)安门窗框

在墙板安装的同时,应顺序立好门框,门框和板材采用粘钉结合的方法固定。即预先在条板上,门框上、中、下留木砖位置,钻深 100mm、直径 25～30mm 的洞,吹干净渣末,用水润湿后将相同尺寸的圆木蘸 108 胶水泥浆钉入到洞眼中,安装门窗框时将木螺丝拧入圆木内。也可用扒钉、胀管螺栓等方法固定门框。

若门窗框采取后塞口时,门窗框四周余量不超过 10mm。

(8)设备、电气安装

1)设备安装:根据工程设计在条板上定位钻单面孔(不能开对穿孔),用 2 号水泥胶黏剂预埋吊挂配件，达到强度后固定设备。

2)电气安装：利用条板孔内敷软管穿线和定位钻单面孔，对非空心板，则可利用拉大板缝或开槽敷管穿线，用膨胀水泥砂浆填实抹平。用2号水泥胶黏剂固定开关、插座。

(9)板缝和条板、阴阳角和门窗框边缝处理

1)加气混凝土隔板之间板缝在填缝前应用毛刷蘸水湿润，填缝时应由两人在板的两侧同时把缝填实。填缝材料采用石膏或膨胀水泥。

刮腻子之前先用宽度100mm的网状防裂胶带粘贴在板缝处，再用掺108胶(聚合物)水泥砂浆在胶带上涂刷一遍并晾干，然后再用108胶将纤维布贴在板缝处，再进行各种装修施工。

2)预制钢筋混凝土隔墙板高度以按房间高度净空尺寸预留25mm空隙为宜，与墙体间每边预留10mm空隙为宜。勾缝砂浆用1∶2水泥砂浆，按用水量20%掺入108胶。勾缝砂浆应分层捻实，勾严抹平。

3)GRC空心混凝土墙板之间贴玻璃纤维网格条，第一层采用60mm宽的玻璃纤维网格条贴缝，贴缝胶黏剂应与板之间拼装的胶黏剂相同，待胶黏剂稍干后，再贴第二层玻璃纤维网格条，第二层玻璃纤维网格条宽度为150mm，贴完后将胶黏剂刮平，刮干净。

4)轻质陶粒混凝土隔墙板缝、阴阳转角和门窗框边缝用1号水泥胶黏剂粘贴玻纤布条(板缝、门窗框边缝粘贴50～60mm宽玻纤布条，阴阳转角处粘贴200mm宽玻纤布条)。光面板隔墙基面全部用3mm厚石膏腻子分两遍刮平，麻面墙隔墙基面用10mm厚1∶3水泥砂浆找平压光。

5)增强水泥条板隔墙板缝、墙面阴阳转角和门窗框边缝处用1号水泥胶黏剂粘贴玻纤布条，板缝用50～60mm宽的玻纤布条，阴阳转角用200mm宽布条，见图4-7。然后用石膏腻子分两遍刮平，总厚控制在3mm。

3. 石膏空心板隔墙施工要点

(1)清理及放线、分档

1)清理

清理隔墙板与顶面、地面、墙面的结合部位，凡凸出墙面的砂浆、混凝土块等必须剔除并扫净，结合部应找平。

2)放线、分档

在地面、墙面及顶面根据设计位置，弹好隔墙边线及门窗洞口线，并按板宽分档。

(2)配板、修补

1)板的长度应按楼层结构净高尺寸减20～30mm。

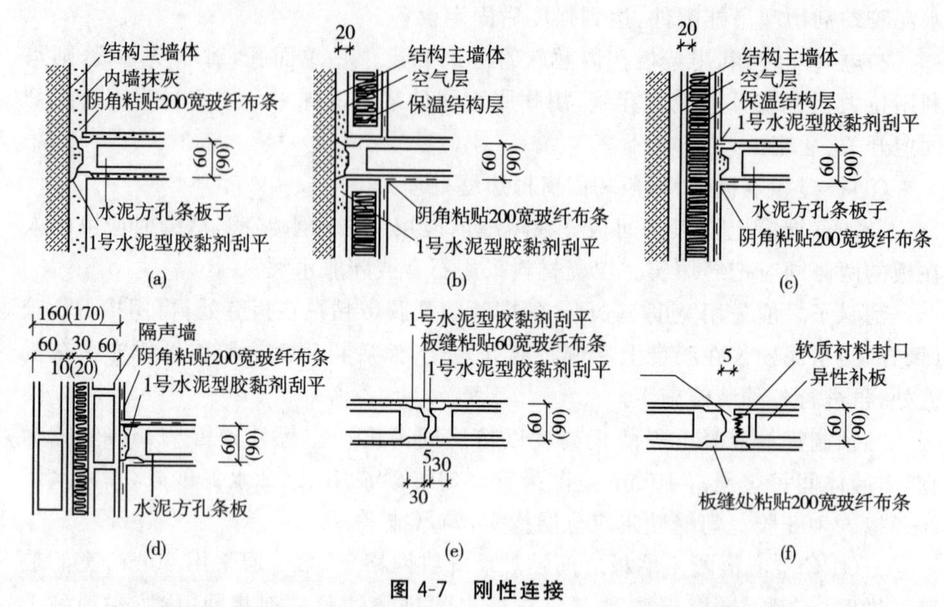

图 4-7 刚性连接

(a)板与主墙边接;(b)板与外墙内保温结构层边接(1);(c)板与外墙内保温结构层连接(2);
(d)单层板与双层板隔声墙连接;(e)板与板连接;(f)板与异形补板连接

2)计算并量测门窗洞口上部及窗口下部的隔板尺寸,按此尺寸配板。

3)当板的宽度与隔墙的长度不相适应时,应将部分板预先拼接加宽(或锯窄)成合适的宽度,放置在阴角处。

4)隔板安装前要进行选板,如有缺棱掉角者,应用与板材材性相近的材料进行修补,未经修补的坏板不得使用。

(3)架立靠放墙板的简易支架

按放线位置在墙的一侧(宜在主要使用房间墙的一面)支一简单木排架,其两根横杠应在同一垂直平面内,作为立墙板的靠架,以保证墙体的平整度。简易支架支撑后,即可安装隔墙板。

(4)安 U 形卡

有抗震要求时,应按设计要求,在两块条板顶端拼缝处设 U 形或 L 形钢板卡,与主体结构连接。U 形或 L 形钢板卡用射钉固定在梁和板上,随安板随固定 U 形或 L 形钢板卡。

(5)配置胶黏剂

条板与条板拼缝、条板顶端与主体结构采用 1 号石膏型胶黏剂。胶黏剂要随配随用,并应在 30min 内用完,过时不得再加水加胶重新调制使用。

(6)安装隔墙板

非地震区的条板连接,采用刚性结;地震地区的条板连接,采用柔性结合连接。

隔墙板安装顺序应从与墙的结合处或门洞口处向两端依次进行安装。安装步骤如下：

1)墙板安装前，清刷条板侧浮灰。

2)结构墙面、顶面、条板顶面、条板侧面涂刷一层1号石膏型胶黏剂，然后将板立于预定位置，用木楔(楔背高20～30mm)顶在板底两侧各1/3处，再用手平推条板，使之板缝冒浆，一人用特制撬棍(山字夹或脚踏板等)在板底部向上顶，另一人打木楔，使板顶与上部结构底面粘紧。

安装过程中应随时用2m靠尺及塞尺测量墙面的平整度，用2m托线板检查板的垂直度。

3)墙板结固定后，在24h以后用C20干硬性细石混凝土将板下口堵严，细石混凝土坍落度控制在0～20mm为宜，当混凝土强度达到10MPa以上，撤去板下木楔，并用同等强度的干硬性砂浆灌实。

4)双层板隔断的安装，应先立好一层板后再安装第二层板，两层板的接缝要错开。隔声墙中填充轻质吸声材料时，可在第一层板安装固定后，把吸声材料贴在墙板内侧，再安装第二层板。

(7)安门窗框

1)门框安装在墙板安装的同时进行，依顺序立好门框，当板材顺序安装至门口位置时，将门框立好、挤严，缝宽3～4mm，然后再安装门框另一侧条板。

2)金属门窗框必须与门窗洞口板中的预埋件焊接，木门窗框用L型连接件，一端用木螺丝与木框连接，另一端与门窗口板中预埋件焊接。

3)门窗框与门窗口板之间缝隙不宜超过3mm，如超过3mm时应加木垫片过渡。

4)将缝隙浮灰清理干净，用1号石膏胶黏剂嵌缝。嵌缝要严密，以防止门扇开关时碰撞门框造成裂缝。

(8)设备、电气安装

1)安水暖、煤气管卡：按水暖、煤气管道安装图找准标高和竖向位置，划出管卡定位线，在隔墙板上钻孔扩孔(禁止剔凿)，将孔内清理干净，用2号石膏胶黏剂固定管卡。

2)安装吊挂埋件：隔墙板上可安装碗柜、设备和装饰物，每一块板可设两个吊点，每个吊点吊重不大于80kg。先在隔墙板上钻孔扩孔(防止猛击)，孔内应清理干净，用2号石膏胶黏剂固定埋件，待干后再吊挂设备。

3)铺设电线管、稳接线盒：按电气安装图找准位置划出定位线，铺设电线管、稳接线盒。所有电线管必须顺石膏板板孔铺设，严禁横铺和斜铺。稳接线盒，先在板面钻孔扩孔(防止猛击)，再用扁铲扩孔，孔应大小适度方正。孔内清理干净，用2号石膏胶黏剂稳住接线盒。

(9)板缝和条板处理

1)板缝处理：隔墙板安装后10d，检查所有缝隙是否黏结良好。已黏结良好的所有板缝、阴角缝，先清理浮灰，用1号石膏胶黏剂结贴50mm宽玻纤网格带，转角隔墙在阳角处粘贴200mm宽(每边各100mm宽)玻纤布一层。

2)板面装修：用石膏腻子刮平，打磨后再刮第二道腻子(要根据饰面要求选择不同强度的腻子)，再打磨平整，最后做饰面层。

3)隔墙踢脚，在板根部刷一道胶液，再做水泥、水磨石踢脚；如做塑料、木踢脚，可先钻孔打入木楔，再用钉钉在隔墙板上。墙面贴瓷砖前须将板面打磨平整，为加强黏结，先刷108胶水泥浆一道，再用108胶水泥砂浆粘贴瓷砖。

4. 钢丝网水泥板隔墙施工要点

(1)放线

按设计的轴线位置，在地面、顶面、侧面弹出墙的中心线和墙的厚度线，划出门窗洞口的位置。当设计有要求时，按设计要求确定埋件位置，当设计无明确要求时，按400mm间距划出连接件或锚筋的位置。

(2)配钢丝网架夹心板及配套件

按设计要求配钢丝架夹心板及配套件。当设计无明确要求时，可按以下原则配置：

1)隔墙高度小于4m的，宜整板上墙。拼板时，应错缝拼接。隔墙高度或长度超过4m时，应按设计要求增设加劲柱。

2)有转角的隔墙，在墙的拐角处和门窗洞口处应采用整板；裁剪的配板，应放在与结构墙、柱的结合处；所裁剪的板的边沿，宜为一根整钢丝，拼缝时用22号钢丝绑扎固定。

3)各种配套用的连接件、加固件、埋件要配齐。凡未镀锌的铁件，要刷防锈漆两道做防锈处理。

(3)安装网架夹心板

当设计对钢丝网架夹心板的安装、连接、加固补强有明确要求的，应按设计要求进行，当无明确要求时，可按以下原则施工。

1)连接件的设置

①墙、梁、柱上已预埋锚筋(一般为ϕ10mm、6mm，长为300mm，间距为400mm)应理直，并刷防锈漆两道。

②地面、顶板、混凝土梁、柱、墙面未设置锚固筋时，可按400mm的间距埋膨胀螺栓或用射钉固定U形连接件。也可打孔插筋作连接件：紧贴钢丝网架两边打孔，孔距300mm，孔径6mm，孔深50mm，两排孔应错开，孔内插ϕ6钢筋，下埋

50mm，上露100mm。地面上的插筋可不用环氧树脂锚固，其余的应先清孔，再用环氧树脂锚固插筋。

2)安装夹心板：按放线的位置安装钢丝网架夹心板。板与板的拼缝处用箍码或22号钢丝扎牢。

3)夹心板与四周连接：墙、梁、柱上已预埋锚筋的，用22号钢丝将锚筋与钢丝网架扎牢，扎扣不少于3点。用膨胀螺栓或用射钉固定U形连接件，用钢丝将U形连接件与钢丝网架扎牢。

4)夹心板的加固补强

①隔墙的板与板纵横向拼缝处用之字条加固，用箍码或22号钢丝与钢丝网架连接。

②转角墙、丁字墙阴、阳角处四角网加固，用箍码或22号钢丝与钢丝网架连接。阳角角网总宽400mm，阴角角网总宽300mm。

③夹心板与混凝土墙、柱、砖墙连接处，阴角用网加固，阴角角网总宽300mm，一边用箍码或22号钢丝与钢丝网架连接，另一边用钢钉与混凝土墙、柱固定或用骑马钉与砖墙固定。

④夹心板与混凝土墙、柱连接处的平缝，用300mm宽平网加固，一边用箍码或22号钢丝与钢丝网架连接，另一边用钢钉与混凝土墙、柱固定。

5)用箍码或22号钢丝连接的，箍码或扎点的间距为200mm，呈梅花形布点。

(4)门窗洞口加固补强及门窗框安装

当设计有明确要求时，应按设计要求施工，设计无明确要求时，可按以下做法施工：

1)门窗洞口加固补强

①门窗洞口各边用通长槽网和2ϕ10钢筋加固补强，槽网总宽300mm，ϕ10钢筋长度为洞边加400mm。

②门洞口下部，2ϕ10钢筋与地板上的锚筋或膨胀螺栓焊接。

③窗洞四角、门洞的上方两角用500mm长之字条按45°方向双面加固。网与网用箍码或22号钢丝连接，ϕ10钢筋用22号钢丝绑扎。

2)门窗框安装：根据门窗框的安装要求，在门窗洞口处安放预埋件，连接门窗框。

(5)安装埋件、敷电线管、稳接线盒

1)按图纸要求埋设各种预埋件、敷电线管、稳接线盒等，并应与夹心板的安装同步进行，固定牢固。

2)预埋件、接线盒等的埋设方法是按所需大小的尺寸抠去聚苯或岩棉，在抠洞处喷一层 EC－1 液，用 1∶3 水泥砂浆固定埋件或稳住接线盒。

3)电线管等管道应用 22 号钢丝与钢丝网架绑扎牢固。

(6)检查校正补强

在抹灰以前，要详细检查夹心板、门窗框、各种预埋件、管道、接线盒的安装和固定是否符合设计要求。安装好的钢丝网架夹心板要形成一个稳固的整体，并做到基本平整、垂直。达不到设计要求的要校正补强。

(7)制备水泥砂浆

砂浆用搅拌机搅拌均匀，稠度应合适。搅拌好的砂浆应在初凝前用完；已凝固的砂浆不得二次掺水搅拌使用。

(8)抹底灰、中层灰和罩面灰

1)抹一侧底灰

①抹一侧底灰前，先在夹心板的另一侧作适当支顶，以防止抹底灰时夹心板晃动。

②底灰的厚度为 12mm 左右。底灰应基本平整，并用带齿抹子均匀拉槽。抹完底灰随即均匀喷一层防裂剂。

2)抹另一侧底灰

在 48h 以后拆去支顶，抹另一侧底灰。

3)抹中层灰、罩面灰

在两层底灰抹完 48h 以后抹中层灰。应严格按抹灰工序的要求进行，按照阴、阳角找方、设置标筋、分层赶平、修整、表面压光等工序的工艺作业。底灰、中层灰和罩面灰总厚度为 25～28mm。

(9)面层装修

按设计要求和饰面层施工工艺做面层装修。

5. 板材隔墙工程质量要求

板材隔墙安装的允许偏差和检验方法应符合表 4-2 的规定。

表 4-2　板材隔墙安装的允许偏差和检验方法

项次	项目	允许偏差(mm)				检验方法
		复合轻质墙板		石膏空心板	钢丝网水泥	
		金属夹芯板	其他复合板			
1	立面垂直度	2	3	3	3	用 2m 垂直检测尺检查
2	表面平整度	2	3	3	3	用 2m 靠尺和塞尺检查
3	阴阳角方正	3	3	3	4	用直角检测尺检查
4	接缝高低差	1	2	2	3	用钢直尺和塞尺检查

二、骨架隔墙施工

1. 材料要求

骨架隔墙工程的材料包括:隔墙龙骨(轻钢龙骨、木龙骨)及配件、墙面板(纸面石膏板、人造木板、水泥纤维板)及辅助材料等。

(1)隔墙龙骨及配件

1)轻钢龙骨及配件

隔墙工程使用的轻钢龙骨主要有支撑卡系列龙骨和通贯系列龙骨。轻钢龙骨主件有沿顶沿地龙骨、加强龙骨、竖(横)向龙骨、横撑龙骨、扣盒龙骨、空气龙骨;轻钢龙骨配件有支撑卡、卡托、角托、连接件、固定件、护角条、压缝条、射钉、膨胀螺栓、镀锌自攻螺钉、木螺钉等。

轻钢龙骨的配置应符合设计要求。龙骨外观应表面平整,棱角挺直,过渡角及切边不允许有裂口和毛刺,表面不得有严重的污染、腐蚀和机械损伤。

2)木龙骨

木方 40mm×70mm、25mm×25mm、15mm×35mm,板条、钉子、胀铆螺栓、胶黏剂等。

木龙骨应采用变形小、不易开裂和易于加工的红松、杉木等干燥的木料,含水量宜控制在 12%以内,规格按设计要求加工。

(2)墙面板(纸面石膏板、人造木板、水泥纤维板等)

根据设计选用,一般为纸面石膏板,辅助材料准备嵌缝腻子、玻璃纤维接缝带、胶黏剂、自攻螺钉等;人造木板,辅助材料准备圆钉、油性腻子等;水泥纤维板,辅助材料准备密封膏、石膏腻子或水泥砂浆、自攻螺钉等。

人造木板:常见品种有胶合板和纤维板等,要求选料严格,板材厚薄均匀,表面平整、光洁,并不得有边棱翘起、脱层等毛病。

水泥纤维板:板正面应平整、光滑、边缘整齐,不应有裂缝、孔洞等缺陷,尺寸允许偏差及物理力学性能应符合有关国家和行业标准要求。

2. 轻钢龙骨隔墙施工要点

(1)墙位放线

根据设计图纸确定的隔断墙位,结合罩面板的长、宽分档,以确定竖向龙骨、横撑及附加龙骨的位置,在楼地面弹线,并将线引测至顶棚和侧墙。

(2)安装沿地、沿顶及沿边龙骨

1)横龙骨与建筑顶、地连接及竖龙骨与墙、柱连接可采用射钉,选用 M5×35mm 的射钉将龙骨与混凝土基体固定,砖砌墙、柱体应采用金属胀铆螺栓。射钉或电钻打孔间距宜为 900mm，最大不应超过 1000mm。

2)轻钢龙骨与建筑基体表面接触处，应在龙骨接触面的两边各粘贴一根通长的橡胶密封条。沿地、沿顶和靠墙(柱)龙骨的固定方法，见图 4-8。

(3)安装竖龙骨

1)按设计确定的间距就位竖龙骨，或根据罩面板的宽度尺寸而定：

①罩面板材较宽者，应在其中间加设一根竖龙骨，竖龙骨中距最大不应超过 600mm。

②隔断墙的罩面层重量较大时(如贴瓷砖)的竖龙骨中距，应以不大于 420mm 为宜。

③隔断墙体的高度较大时，其竖龙骨布置也应加密。

2)由隔断墙的一端开始排列竖龙骨，有门窗者要从门窗洞口开始分别向两侧排列。当最后一根竖龙骨距离沿墙(柱)龙骨的尺寸大于设计规定时，必须增设一根竖龙骨。

①将竖龙骨推向沿顶、沿地龙骨之间，翼缘朝罩面板方向就位。龙骨的上、下端如为刚柱连接，均用自攻螺钉或抽心铆钉与横龙骨固定(图 4-9)。

②当采用有冲孔的竖龙骨时，其上下方向不能颠倒，竖龙骨现场截断时一律从其上端切割，并应保证各条龙骨的贯通孔高度必须在同一水平。

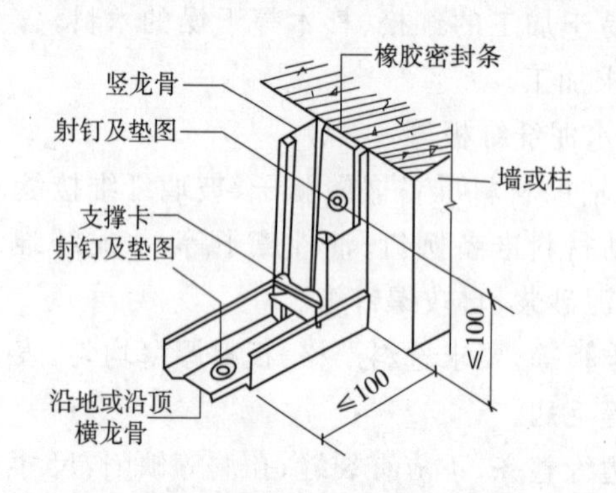

图 4-8　沿地(顶)及沿墙(柱)龙骨的固定

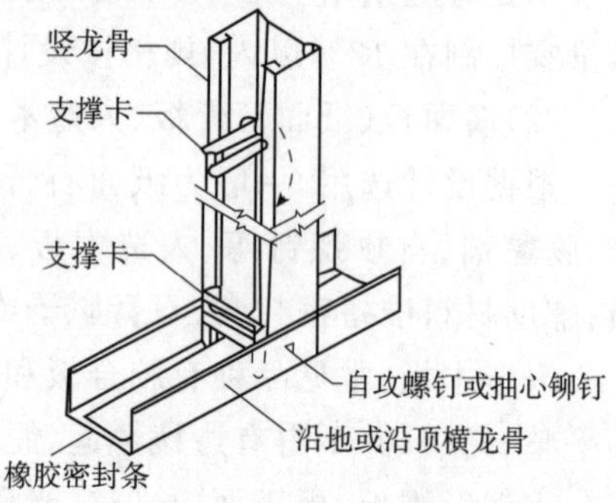

竖龙骨
支撑卡
支撑卡
自攻螺钉或抽心铆钉
沿地或沿顶横龙骨
橡胶密封条

图 4-9　竖龙骨与沿地(顶)横龙骨的固定

3)门窗洞口处的竖龙骨安装应依照设计要求，采用双根并用或是扣盒子加强龙骨。如果门的尺度大且门扇较重时，应在门框外的上下左右增设斜撑。

(4)安装通贯龙骨

1)通贯横撑龙骨的设置：低于 3m 的隔断墙安装 1 道；3～5m 高度的隔断墙安装 2～3 道。

2)对通贯龙骨横穿各条竖龙骨进行贯通冲孔，需接长时应使用配套的连接件(图 4-10)。

3)在竖龙骨开口面安装卡托或支撑卡与通贯横撑龙骨连接锁紧(图 4-11),根据需要在竖龙骨背面可加设角托与通贯龙骨固定。

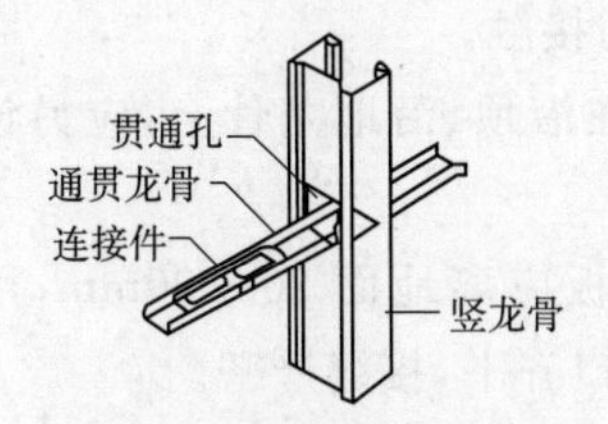

图 4-10　通贯龙骨的接长

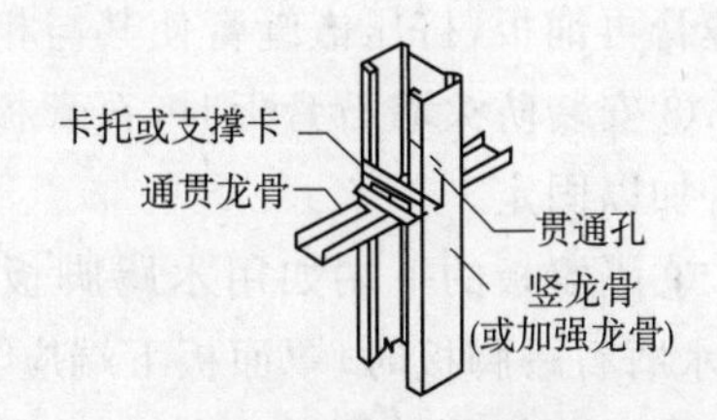

图 4-11　通贯龙骨与竖龙骨的连接固定

4)采用支撑卡系列的龙骨时,应先将支撑卡安装于竖龙骨开口面,卡距为 400～600mm,距龙骨两端的距离为 20～25mm。

(5)安装横撑龙骨

1)隔墙骨架高度超过 3m 时,或罩面板的水平方向板端(接缝)未落在沿顶沿地龙骨上时,应设横向龙骨。

2)选用 U 形横龙骨或 C 形竖龙骨作横向布置,利用卡托、支撑卡(竖龙骨开口面)及角托(竖龙骨背面)与竖向龙骨连接固定。

3)有的系列产品,可采用其配套的金属嵌缝条作横竖龙骨的连接固定件。

(6)龙骨检查校正补强

安装罩面板前,应检查隔墙骨架的牢固程度,门窗框、各种附墙设备、管道的安装和固定是否符合设计要求。龙骨的立面垂直偏差应≤3mm,表面不平整应≤2mm。

(7)安装一侧罩面板

1)纸面石膏罩面板安装

①纸面石膏板安装,宜竖向铺设,其长边(包封边)接缝应落在竖龙骨上。如果为防火墙体,纸面石膏板必须竖向铺设。曲面墙体罩面时,纸面石膏板宜横向铺设。

②纸面石膏板可单层铺设,也可双层铺板,由设计确定。安装前应对预埋隔断中的管道和有关附墙设备等,采取局部加强措施。

③纸面石膏板材就位后,上、下两端应与上下楼板面(下部有踢脚台的即指其台面)之间分别留出 3mm 间隙。用自攻螺钉将板材与轻钢龙骨紧密连接。

④自攻螺钉的间距为:沿板周边应不大于 200mm;板材中间部分应不大于 300mm;自攻螺钉与石膏板边缘的距离应为 10～16mm。自攻螺钉进入轻钢龙骨内的长度,以不小于 10mm 为宜。

⑤板材铺钉时,应从板中间向板的四边顺序固定,自攻螺钉头埋入板内但不得损坏板面。

⑥板块宜采用整板,如需对接时应靠紧,但不得强压就位。

⑦纸面石膏板与墙、柱面之间,应留出 3mm 间隙,与顶、地的缝隙应先加注嵌缝膏再铺板,挤压嵌缝膏使其与相邻表层密切接触。

⑧安装防火墙石膏板时,石膏板不得固定在沿顶、沿地龙骨上,应另设横撑龙骨加以固定。

⑨隔墙板的下端如用木踢脚板覆盖,罩面板应离地面 20～30mm;用大理石、水磨石踢脚板时,罩面板下端应与踢脚板上口齐平,接缝严密。

⑩安装好第一层石膏板后,即可用嵌缝石膏粉(按粉水比为 1.0∶0.6)调成的腻子处理板缝,并将自攻螺钉帽涂刷防锈涂料,同时用腻子将钉眼嵌补平整。

2)人造木板罩面板安装

①面板应从下面角上逐块钉设,宜竖向装钉,板与板的接头宜作成坡楞。

②如为留缝作法时,面板应从中间向两边由下而上铺钉,接头缝隙以 5～8mm 为宜,板材分块大小按设计要求,拼缝应位于立筋或横撑上。

③铺钉时要求

a. 安装胶合板的基体表面,用油毡、油纸防潮时,应铺设平整,搭接严密,不得有皱折、裂缝和透孔等。

b. 胶合板如用普通圆钉固定,钉距为 80～150mm,钉帽敲扁并进入板面 0.5～1.0mm,钉眼用油性腻子抹平。

c. 胶合板如涂刷清漆时,相邻板面的木纹和颜色应近似。

d. 纤维板如用圆钉固定时,钉距为 80～120mm,钉帽宜进入板面 0.5mm,钉眼用油性腻子抹平。硬质纤维板应预先用水浸透,自然阴干后安装。

e. 胶合板、纤维板如用木压条固定,钉距不应大于 200mm,钉帽应打扁并进入木压条 0.5～2.0mm,钉眼用油性腻子抹平。

f. 当胶合板或纤维板罩面后作为隔断墙面装饰时,在阳角处宜做护角。

3)水泥纤维板安装

①在用水泥纤维板做内墙板时,严格要求龙骨骨架基面平整。

②板与龙骨固定用手电钻或冲击钻、大批量同规格板材切割应委托工厂用大型锯床进行,少量安装切割可用手提式无齿圆锯进行。

③板面开孔:分矩形孔和大圆孔两种;所有开孔均应防止应力集中而产生表面开裂。

④将水泥纤维板固定在龙骨上,龙骨间距一般为 600mm,当墙体高度超过 4m 时,按设计计算确定。用自攻螺钉固定板,其钉距根据墙板厚度一般为 200～300mm。钉孔中心与板边缘距离一般为 10～15mm。螺钉应根据龙骨、板

的厚度，由设计人员确定直径与长度。

⑤板与龙骨固定时，手电钻钻头直径应选用比螺钉直径小0.5～1mm的钻头打孔。固定后钉头处应及时涂底漆或腻子。

(8)保温材料、隔声材料铺设

当设计有保温或隔声材料时，应按设计要求的材料铺设。铺放墙体内的玻璃棉、矿棉板、岩棉板等填充材料，应固定并避免受潮。安装时尽量与另一侧纸面石膏板同时进行，填充材料应铺满铺平。

(9)暖卫水电等钻孔下管穿线并验收

1)安装好隔断墙体一侧的第1层面板后，按设计要求将墙体内需要设置的接线盒、穿线管固定在龙骨上。穿线管可通过龙骨上的贯通孔。

2)接线盒的安装可在墙面开洞，但在同一墙面每两根竖龙骨之间最多可开2个接线盒洞，洞口距竖龙骨的距离为150mm；两个接线盒洞口须上下错开，其垂直边在水平方向的距离不得小于300mm。

3)在墙内安装配电箱，可在两根竖龙骨之间横装辅助龙骨，龙骨之间用抽芯铆钉连接固定，不允许采用电气焊。

4)对于有填充要求的隔断墙体，待穿线部分安装完毕，即先用胶黏剂按500mm的中距将岩棉粘固在石膏板上，牢固后(约12h)，将岩棉等保温材料填入龙骨空腔内，用岩棉固定钉固定，并利用其压圈压紧。

(10)安装另一侧罩面板

1)装配的板缝与对面的板缝不得布在同一根龙骨上。板材的铺钉操作及自攻螺钉钉距等同上述要求。

2)单层纸面石膏板罩面安装后，如设计为双层板罩面，其第一层板铺钉安装后只需用石膏腻子填缝，尚不需进行贴穿孔纸带及嵌条等处理工作。

3)第2层板的安装方法同第1层，但必须与第1层板的板缝错开，接缝不得布在同一根龙骨上。固定应用自攻螺钉。内、外层板应采用不同的钉距，错开铺钉。

4)除踢脚板的墙端缝之外，纸面石膏板墙的丁字或十字相接的阴角缝隙，应使用石膏腻子嵌满并粘贴接缝带(穿孔纸带或玻璃纤维网格胶带)。

(11)接缝处理

1)纸面石膏板接缝及护角处理：主要包括纸面石膏板隔断墙面的阴角处理、阳角处理、暗缝和明缝处理等。

①阴角处理。将阴角部位的缝隙嵌满石膏腻子，把穿孔纸带用折纸夹折成直角状后贴于阴缝处，再用阴角贴带器及滚抹子压实。用阴角抹子薄抹一层石膏腻子，待腻子干燥后(约12h)用2号砂纸磨平磨光。

②阳角处理。阳角转角处应使用金属护角。按墙角高度切断，安放于阳角处，用12mm长的圆钉或采用阳角护角器将护角条作临时固定，然后用石膏腻子把金属护角批抹掩埋，待完全干燥后(约12h)用2号砂纸将腻子表面磨平磨光。

③暗缝处理。暗缝(无缝)要求的隔断墙面，一般选用楔形边的纸面石膏板。嵌缝所用的穿孔纸带宜先在清水中浸湿，采用石膏腻子和接缝纸带抹平。对于重要部位的缝隙，可采用玻璃纤维网格胶带取代穿孔纸带。

④明缝处理。墙面设置明缝者，一般有以下三种情况：

a. 采用棱边为直角边的纸面石膏板于拼缝处留出8mm间隙，使用与龙骨配套的金属嵌缝条嵌缝；

b. 留出9mm板缝先嵌入金属嵌缝条，再以金属盖缝条压缝；

c. 隔墙的通长超过一定限值(一般为20m)时需设置控制缝，控制缝的位置可设在石膏板接缝处或隔墙门洞口两侧的上部。

⑤包边处理。纸面石膏板需要包边的部位，应按设计要求用金属包边条做好包边处理。

2)人造木板板缝处理

板材四周接缝处加钉盖口条，将缝盖严。也可采用四周留缝的做法，缝宽一般以10mm左右为宜。接缝处理根据板材确定，纤维板可采取二次抹压填缝剂的方法：

①在接缝处使用填缝剂前，应使用线带。

②第一道填缝剂处理，应使其与壁齐平。

③待第一道填缝剂干硬后，再使用第二道填缝剂。填缝时，要使填缝剂鼓起，并在干后能高出表面。

④砂磨填缝剂，使其与板面平整。

3)水泥纤维板板缝处理

①将板缝清刷干净，板缝宽度5～8mm。

②根据使用部位，用密封膏、普通石膏腻子、或水泥砂浆加胶黏剂拌成腻子进行嵌缝。

③板缝刮平，并用砂纸、手提式平面磨光机打磨，使其平整光洁。

(12)连接固定设备、电气

管线安装时，所有管子必须与各种墙板保留间隙；电气设备孔洞需满足每一墙面，每两根竖龙骨间最多可开2个接线盒洞。

(13)墙面装饰、踢脚线施工

1)在对水泥纤维板板面进行各种装饰前，应用砂纸或手提式平面磨光机清除板面的浮灰、油污等。

2)需对板进行喷、涂预加工时,第一道底漆或涂料应进行双面喷涂,以防单面应力而产生变形。

3)对已安装固定的面板,可直接在墙面单面喷涂。但第一道底漆必须为白色。

3. 木龙骨隔墙施工要点

(1)弹线、分档

1)根据设计图样要求,先在楼地面上弹出隔墙的边线,并用线坠将边线引到两端墙上、引到楼板或过梁的底部,同时标出门洞口位置、竖向龙骨位置。

2)根据所弹的位置线,检查墙上预埋木砖,检查楼板或梁底部预留镀锌钢丝的位置和数量是否正确,如有问题及时修理。

(2)固定沿顶、沿地木龙骨及固定边框木龙骨

1)依弹线固定靠墙立筋。

①将立筋靠墙立直,钉牢于墙内防腐木砖上。

②将上槛托到楼板或梁的底部,用预埋镀锌铁丝绑牢,两端顶住靠墙立筋钉固。

③将下槛对准地面事先弹出的隔墙边线或是预先砌筑好的踢脚台(墙垫、墙基),两端撑紧于靠墙立筋底部,然后进行局部固定。

2)隔墙木龙骨靠墙或柱骨架安装,可采用木楔圆钉固定法。

①使用16~20mm的冲击钻头在墙(柱)面打孔,孔深不小于60mm,孔距600mm左右,孔内打入木楔(潮湿地区或墙体易受潮部位塞入木楔前应对木楔刷涂桐油或其他防腐剂待其干燥),将龙骨与木楔用圆钉连接固定。

②对于墙面平整度误差在10mm以内的基层,可重新抹灰找平;如果墙体表面平整偏差大于10mm,可不修正墙体,而在龙骨与墙面之间加设木垫块进行调平。

3)对于大木方组成的隔墙骨架,在建筑结构内无预埋时,龙骨与墙体的连接应采用胀铆螺栓连接固定。

固定木骨架前,应按对应地面和顶面的墙面固定点的位置,在木骨架上画线,标出固定连接点位置,在固定点打孔,孔的直径略大于胀铆螺栓直径。

4)木骨架与沿顶的连接可采用射钉、胀铆螺栓、木楔圆钉等固定。

①不设开启门扇的隔墙,当其与铝合金或轻钢龙骨吊顶接触时,隔墙木骨架可独自通入吊顶内与建筑楼板以木楔圆钉固定;当其与吊顶的木龙骨接触时,应将吊顶木龙骨与隔墙木龙骨的沿顶龙骨钉接,如两者之间有接缝,还应垫实接缝后再钉钉子。

②有门扇的木隔墙,竖向龙骨穿过吊顶面与楼板底需采用斜角支撑固定。

斜角支撑的材料可用方木，也可用角钢，斜角支撑杆件与楼板底面的夹角以60°为宜。斜角支撑与基体的固定，可用木楔铁钉或胀铆螺栓。

5)木骨架与地(楼)面的连接

①用ϕ7.8mm或ϕ10.8mm的钻头按300～400mm的间距于地(楼)面打孔，孔深为45mm左右，利用M6或M8的胀铆螺栓将沿地龙骨固定。

②对于面积不大的隔墙木骨架，可采用木楔圆钉固定法，在楼地面打ϕ20mm左右的孔，孔深50mm左右，孔距300～400mm，孔内打入木楔，将隔墙木骨架的沿地龙骨与木楔用圆钉固定。

③简易的隔墙木骨架，可采用高强水泥钉，将木框架的沿地面龙骨钉牢于混凝土地(楼)面。

(3)安装竖向木龙骨

1)安装竖向木龙骨应垂直，其上下端要顶紧上下槛，分别用钉斜向钉牢。

2)在立筋之间钉横撑，横撑可不与立筋垂直，将其两端头按相反方向稍锯成斜面，以便楔紧用钉固定。横撑的垂直间距宜1.2～1.5m。

3)门樘边的立筋应加大断面或者是双根并用，门樘上方加设人字撑固定。

(4)安装门、窗框

隔墙的门框以门洞口两侧的竖向木龙骨为基体，配以档位框、饰边板或饰边线组合而成。

1)档位框设置

①大木方骨架的隔墙门洞竖龙骨断面大，档位框的木方可直接固定于竖向木龙骨上。

②小木方双层构架的隔墙，应先在门洞内侧钉固12mm厚的胶合板或实木板，再在其上固定档位框。

③木隔墙门框的竖向方木，应采取铁件加固法。

2)饰边板(线)安装

木质隔墙门框在设置档位框的同时，采用包框饰边的结构形式，常见的有厚胶合板加木线条包边、阶梯式包边、大木线条压边等。安装固定时可使用胶粘钉合，装设牢固，注意铁钉应冲入面层。

(5)安装附加木龙骨、支撑木龙骨

根据设计要求安装附加木龙骨、支撑木龙骨。其安装方法同立柱的安装。

(6)电气铺管安附墙设备、罩面板安装、接缝及护角处理

参见轻钢龙骨隔墙施工。

4. 骨架隔墙工程质量要求

骨架隔墙安装的允许偏差和检验方法应符合表4-3。

表 4-3 骨架隔墙安装的允许偏差和检验方法

项次	项目	允许偏差(mm)		检验方法
		纸面石膏板	人造木板、水泥纤维板	
1	立面垂直度	3	4	用2m垂直检测尺检查
2	表面平整度	3	3	用2m靠尺和塞尺检查
3	阴阳角方正	3	3	用直角检测尺检查
4	接缝直线度	—	3	拉5m线,不足5m拉通线,用钢直尺检查
5	压条直线度	—	3	拉5m线,不足5m拉通线,用钢直尺检查
6	接缝高低差	1	1	用钢直尺和塞尺检查

三、活动隔墙施工

1. 活动隔墙施工要点

(1)弹线定位

根据施工图,在室内地面放出活动隔墙的位置控制线,并将隔墙位置线引至侧墙及顶板。弹线时应弹出固定件的安装位置线。

(2)轨道固定件安装

按设计要求选择轨道固定件。安装轨道前要考虑墙面、地面、顶棚的收口做法并方便活动隔墙的安装,通过计算活动隔墙的质量,确定轨道所承受的荷载和预埋件的规格、固定方式等。轨道的预埋件安装要牢固,轨道与主体结构之间应固定牢固,所有金属件应做防锈处理。

(3)预制隔扇

1)首先根据设计图纸结合现场实际测量的尺寸,确定活动隔墙的净尺寸。再根据轨道的安装方式、活动隔墙的净尺寸和设计分格要求,计算确定活动隔墙每一块隔扇的尺寸,最后绘制出大样图委托加工。由于活动隔墙是活动的墙体,要求每块隔扇都应像装饰门一样美观、精细,应在专业厂家进行预制加工,通过加工制作和试拼装来保证产品的质量。预制好的隔扇出厂前,为防止开裂、变形,应涂刷一道底漆或生桐油。若现场加工,隔扇制作主要工序是:配料、截料、刨料、划线凿眼、倒楞、裁口、开榫、断肩、组装、加磨净面、刷底油。饰面在活动隔墙安装后进行。

2)活动隔墙的高度较高时,隔扇可以采用铝合金或型钢等金属骨架,防止由于高度过大引起变形。

3)有隔声要求的活动隔墙,在委托专业厂家加工时,应提出隔声要求。不但保证隔扇本身的隔声性能，而且还要保证隔扇四周缝隙也能密闭隔声。一般做法是在每块隔扇上安装一套可以伸出的活动密封片，在活动隔墙展开后，把活动密封片伸出，将隔扇与轨道、隔扇与地面、隔扇与隔扇、隔扇与边框之间的缝隙密封严密，起到完全隔声的效果。

(4)安装轨道

1)悬吊式轨道：悬吊导向的固定方式是在隔扇顶面安装滑轮，并与上部悬吊的轨道相连。轨道、滑轮应根据承载重量的大小选用。轻型活动隔墙，轨道用木螺钉或对拧螺钉固定在沿顶木框或钢框上。重型活动隔墙，轨道用对拧螺钉或焊接固定在型钢骨架上。根据隔扇的安装要求，在地面设置导向轨道。

2)支承式轨道：支承导向的固定方式是滑轮安装在隔板下部，与地面轨道构成下部支承点。轨道用膨胀螺栓或与轨道预埋件固定，并在沿顶木框上安装导向轨。

3)安装轨道：应根据轨道的具体情况，提前安装好滑轮或轨道预留开口(一般在靠墙边 1/2 隔扇附近)。地面支承式轨道和地面导向轨道安装时，必须认真调整、检查，确保轨道顶面与完成后的地面面层表面平齐。

(5)安装活动隔扇

根据安装方式，在每块隔扇上准确划出滑轮安装位置线，然后将滑轮的固定架用螺钉固定在隔扇的上挺或下挺上。再把隔扇逐块装入轨道，调整各块隔扇，使其垂直于地面，且推拉转动灵活，最后进行各扇之间的连接固定。通常情况下相邻隔扇之间用合页铰链连接。

(6)饰面

根据设计要求进行饰面。一般采用软包、裱糊、镶装实木板、贴饰面板、镶玻璃等。饰面做好后，根据需要进行油漆涂饰或收边。饰面装饰施工需按相应的工艺标准要求进行。

2. 活动隔墙施工质量要求

活动隔墙安装的允许偏差和检验方法应符合表 4-4 的规定。

表 4-4　活动隔墙安装的允许偏差和检验方法

项次	项目	允许偏差(mm)	检验方法
1	立面垂直度	3	用 2m 垂直检测尺检查
2	表面平整度	2	用 2m 靠尺和塞尺检查
3	接缝直线度	3	拉 5m 线，不足 5m 拉通线，用钢直尺检查
4	接缝高低差	2	用钢直尺和塞尺检查
5	接缝宽度	2	用钢直尺检查

四、玻璃隔墙施工

1. 玻璃隔墙施工要点

玻璃隔墙工程，一般由玻璃砖和玻璃板组成。而玻璃砖隔墙又分为砌筑法和胶筑法。

(1)玻璃砖

1)弹线定位：首先，根据隔墙安装定位控制线在地面上弹出隔墙的位置线，然后，用垂直线法在墙、柱上弹出位置及高度线和沿顶位置线。当设计有踢脚台墙垫时，应按其宽度，弹出边线。

2)踢脚台施工：采用混凝土时，应将楼板凿毛、立模、洒水浇注混凝土。采用砖砌体时，应按踢脚台边线砌筑。在踢脚台施工中，应按设计要求与墙体进行锚固并预埋木砖。

3)玻璃砖砌筑：按照设计图进行排列，在踢脚台上划线，立好皮数杆。如采用框架，则按设计要求先安装好金属架。同时，对两侧墙面进行清理使其平整垂直。砌筑时，玻璃砖按上、下对缝的方式，自下而上拉通线。为保证砌筑方便和平整度，每砌完一层砖，要放置木垫块(每块砖放 2～3 块)，厚 50mm 的玻璃砖，用长 35mm 的木垫块，厚 80mm 的玻璃砖，用长 60mm 的木垫块，使其位于玻璃砖的凹槽中。面积较大时，应放置通长的水平钢筋(2ϕ6mm 或 1ϕ6mm)，并与四周框架焊牢。玻璃砖宜以 1.5m 左右高度为一个施工段。砌筑时注意随砌随抹。

4)勾缝：砌筑完成后，即进行表面勾缝，先勾平缝，再勾竖缝。

5)饰边处理：一般采用木质材料和不锈钢饰边，式样和做法按设计要求确定。

(2)玻璃板

1)弹线定位：首先，根据隔墙安装定位控制线在地面上弹出隔墙的位置线，然后，用垂直线法在墙、柱上弹出位置及高度线和沿顶位置线。有框玻璃板隔墙应标出竖框间隔位置和固定点位置。

2)框材下料：有框玻璃隔墙型材下料时，应先复核现场实际尺寸，有水平横档时，每个竖框均应以底边为准，在竖框上划出横档位置线和连接部位的安装尺寸线，以保证连接件安装位置准确和横档在同一水平线上。下料应使用专用工具(型材切割机)，保证切口光滑、整齐。

3)安装框架、边框：组装铝合金玻璃隔墙的框架有两种方式：一是隔墙面较小时，先在平坦的地面上预制组装成形，然后再整体安装固定；二是隔墙面积较大时，则直接将隔墙的沿地、沿顶型材、靠墙及中间位置的竖向型材按控制线位置固定在墙、地、顶上。用第二种方法施工时，一般从隔墙框架的一端开始安装，先将靠墙的竖向型材与角铝固定，再将横向型材通过角铝件与竖向型材连接。角铝件安装方法是：先在角铝件上打出两个孔，孔径按设计要求确定，设计无要求时，按选用的螺钉孔径确定，一般不得小于 3mm。孔中心距角铝件边缘 10mm，然后用一小截型材（截面形状及尺寸与横向型材相同）放在竖向型材划线位置，将已钻孔的角铝件放入这一小截型材内，固定小截型材，固定位置准确后，用手电钻按角铝件上的孔位在竖向型材上打出相同的孔，并用自攻螺钉或拉钉将角铝件固定在竖向型材上。铝合金框架与墙、地面固定可通过铁件来完成。当玻璃板隔断的框为型钢外包饰面板时，将边框型钢（角钢或薄壁槽钢）按已弹好的位置线进行试安装，检查无误后与预埋铁件或金属膨胀螺栓焊接牢固，再将框内分格型材与边框焊接。型钢材料在安装前应做好防腐处理，焊接后经检查合格，局部补做防腐处理。当面积较大的玻璃隔墙采用吊挂式安装时，应先在结构梁或板下做出吊挂玻璃的支撑架，并安好吊挂玻璃的夹具及上框。夹具距玻璃两个侧边的距离为玻璃宽度的 1/4（或根据设计要求）。上框的底面应与吊顶标高一致。

4）安装玻璃

①玻璃就位：边框安装好后，先将槽口清理干净，并垫好防振橡胶垫块。安装时两侧人员同时用玻璃吸盘把玻璃吸牢，抬起玻璃，先将玻璃竖着插入上框槽口内，然后轻轻垂直落下，放入下框槽口内。如果是吊挂式安装，在将玻璃送入上框时，还应将玻璃放入夹具内。

②调整玻璃位置：先将靠墙（或柱）的玻璃就位，使其插入贴墙（柱）的边框槽口内，然后安装中间部位的玻璃。两块玻璃之间应按设计要求留缝，一般留 2～3mm 缝隙或留出与玻璃稳定器（玻璃肋）厚度相同的缝，因此玻璃下料时应考虑留缝尺寸。如果采用吊挂式安装，应逐块将玻璃夹紧、夹牢。对于有框玻璃隔墙，一般采用压条或槽口条在玻璃两侧压住玻璃，并用螺钉固定或卡在框架上。

5）边框装饰：无竖框玻璃隔墙的边框一般情况下均嵌入墙、柱面和地面的饰面内，需按设计要求的节点做法精细施工。边框没有嵌入墙、柱或地面时，则按设计要求对边框进行装饰，一般饰面材料选用不锈钢板，然后进行下料、加工，将加工后的不锈钢内表面和饰面钢件的外表面清洁干净，最后将饰面板粘贴或卡在边框上，保证玻璃槽口尺寸，不锈钢表面平整、垂直、安装到位。

6）嵌缝打胶：玻璃全部就位后，校正平整度、垂直度，用嵌条嵌入槽口内定位，然后打硅酮结构胶或玻璃胶。注胶时应从缝隙的一端开始，一只手握住注胶枪，均匀用力将胶挤出，另一只手托住注胶枪，顺着缝隙匀速移动，将胶均匀地注入缝隙中，用塑料片刮平玻璃胶，胶缝宽度应一致，表面平整，并清除溢到玻璃表面的残胶。玻璃板之间的缝隙注胶时，可以采用两面同时注胶的方式。

7)清洁：玻璃板隔墙安装后，应将玻璃面和边框的胶迹、污痕等清洗干净。普通玻璃一般情况下可用清水清洗。如有油污，可用液体溶剂先将油污洗掉，然后再用清水擦洗。镀膜玻璃可用水清洗，污垢严重时，应先用中性液体洗涤剂或酒精等将污垢洗净，然后再用清水洗净。玻璃清洁时不能用质地太硬的清洁工具，也不能采用含有磨料或酸、碱性较强的洗涤剂。其他饰面用专用清洁剂清洗时，不要让专用清洁剂溅落到镀膜玻璃上。

2. 玻璃隔墙施工质量要求

玻璃隔墙安装的允许偏差和检验方法应符合表 4-5 的规定。

表 4-5　玻璃隔墙安装的允许偏差和检验方法

项次	项目	允许偏差(mm)		检验方法
		玻璃砖	玻璃板	
1	立面垂直度	3	2	用 2m 垂直检测尺检查
2	表面平整度	3	—	用 2m 靠尺和塞尺检查
3	阴阳角方正	—	2	用直角检测尺检查
4	接缝直线度	—	2	拉 5m 线，不足 5m 拉通线，用钢直尺检查
5	接缝高低差	3	2	用钢直尺和塞尺检查
6	接缝宽度	—	1	用钢直尺检查

第五章 饰面工程

饰面工程是指将块料面层镶贴(或安装)在墙柱表面以形成装饰层。块料面层的种类基本可分为饰面砖和饰面板两大类。饰面砖分有釉和无釉两种,包括:釉面瓷砖、外墙面砖、陶瓷锦砖、玻璃锦砖、劈离砖以及耐酸砖等;饰面板包括:天然石饰面板(如大理石、花岗石和青石板等)、人造石饰面板(如预制水磨石板,合成石饰面板等)、金属饰面板(如不锈钢板、涂层钢板、铝合金饰面板等)、玻璃饰面、木质饰面板(如胶合板、木条板)、裱糊墙纸饰面等。

第一节 饰面砖镶贴

一、施工准备

饰面砖的基层处理和找平层砂浆的涂抹方法与装饰抹灰基本相同。

饰面砖在镶贴前,应根据设计对釉面砖和外墙面砖进行选择,要求挑选规格一致,形状平整方正,不缺棱掉角,不开裂和脱釉,无凹凸扭曲,颜色均匀的面砖及各种配件。按标准尺寸检查饰面砖,分出符合标准尺寸和大于或小于标准尺寸三种规格的饰面砖,同一类尺寸应用于同一层间或同一面墙上,以做到接缝均匀一致。陶瓷锦砖应根据设计要求选择好色彩和图案,统一编号,便于镶贴时依号施工。

釉面砖和外墙面砖镶贴前应先清扫干净,然后置于清水中浸泡。釉面砖浸泡到不冒气泡为止,一般约 2～3 小时。外墙面砖则需隔夜浸泡、取出晾干。以饰面砖表面有潮湿感,手按无水迹为准。

饰面砖镶贴前应进行预排,预排时应注意同一墙面的横竖排列,均不得有一行以上的非整砖。非整砖应排在最不醒目的部位或阴角处,用接缝宽度调整。

外墙面砖预排时应根据设计图纸尺寸,进行排砖分格并绘制大样图。一般要求水平缝应与镟脸、窗台齐平,竖向要求阴角及窗口处均为整砖,分格按整块分匀,并根据已确定的缝子大小做分格条和划出皮数杆。对墙、墙垛等处要求先测好中心线、水平分格线和阴阳角垂直线。

二、釉面砖铺贴

釉面砖一般用于墙面装饰。施工时，墙面底层用1∶3水泥砂浆打底，表面划毛；在基层表面弹出水平和垂直方向的控制线，自上向下，从左向右进行横竖预排瓷砖，以使接缝均匀整齐；如有一行以上的非整砖，应排在阴角和接地部位。

釉面砖镶贴工艺流程为：基层处理→抹底灰→弹线→浸砖→铺贴→勾缝、擦缝。

1. 基层处理

混凝土基层：镶贴饰面的基体表面应具有足够的稳定性和刚度，同时，对光滑的基体表面应进行凿毛处理。凿毛深度应为0.5～1.5cm，间距3cm左右。

基体表面残留的砂浆、灰尘及油渍等，应用钢丝刷洗干净。基体表面凹凸明显部位，应事先剔平或用1∶3水泥砂浆补平。不同基体材料相接处，应铺钉金属网，方法与抹灰饰面做法相同。门窗口与主墙交接处应用水泥砂浆嵌填密实。为使基体与找平层牢固，可洒水泥砂浆（水泥∶细砂＝1∶1，拌成稀浆）或聚合物水泥浆（108胶∶水＝1∶4的胶水拌水泥）进行处理。

砖墙基体：墙面清扫干净，提前一天浇水湿润。

2. 抹底灰

若建筑物为高层时，应在四大角和门窗口边用经纬仪打垂直线找直；如果建筑物为多层时，可从顶层开始用特制的大线坠绷铁丝吊垂直，然后根据面砖的规格足寸分层设点、做灰饼，横线则以楼层为水平基准线交圈控制，竖向线则以四周大角和通天柱或垛子为基准线控制，应全部是整砖。每层打底时，则以此灰饼作为基准点进行冲筋，使其底层灰做到横平竖直。同时要注意找好突出檐口、腰线、窗台、雨篷等饰面的流水坡度和滴水线（槽）。

先刷一道掺水重10%的108胶水泥素浆，紧跟着分层分遍抹底层砂浆（常温时，采用配合比为1∶3水泥砂浆），第一遍厚度宜为5mm，抹后用木抹子搓平，隔天浇水养护；待第一遍六七成干时，即可抹第二遍，厚度约8～12mm，随即用木杠刮平、木抹子搓毛，隔天浇水养护，若需要抹第三遍时，其操作方法同第二遍，直至把底层砂浆抹平为止。

加气混凝土外墙应在基层清洁后，先刷108胶水溶液一遍，然后满钉孔径为32mm×32mm、丝径0.7mm的镀锌机织钢丝网，钉距纵横不大于600mm，再抹1∶1∶4水泥混合砂浆黏结层及1∶2.5水泥砂浆的找平层。檐口、腰线、窗台、雨篷等处，再抹找平层时，将流水坡度和滴水线留出。抹完找平层砂浆之后，要根据气温情况及时进行浇水养护。

3. 弹线、排砖

(1)外墙面砖镶贴前,应根据施工大样图统一弹线分格、排砖。方法可采取在外墙阳角用钢丝或尼龙线拉垂线,根据阳角拉线,在墙面上每隔 1.5～2m 做出标高块。按大样图先弹出分层的水平线,然后弹出分格的垂直线。如是离缝分格,则应按整块砖的尺寸分匀,确定分格缝(离缝)的尺寸,并按离缝实际宽度做分格条,分格条一般是刨光的木条,其宽度为 6～10mm,其高度在 15mm 左右。

根据设计要求,统一弹线分格、排砖,一般要求横缝与碹脸或窗台取平,阳角窗口都是整砖(图 5-1),并在底子灰上弹上垂直线。横向不是整块的面砖时,要用合金钢钻和砂轮切割整齐。如按整块分格,可采取调整砖缝大小解决。

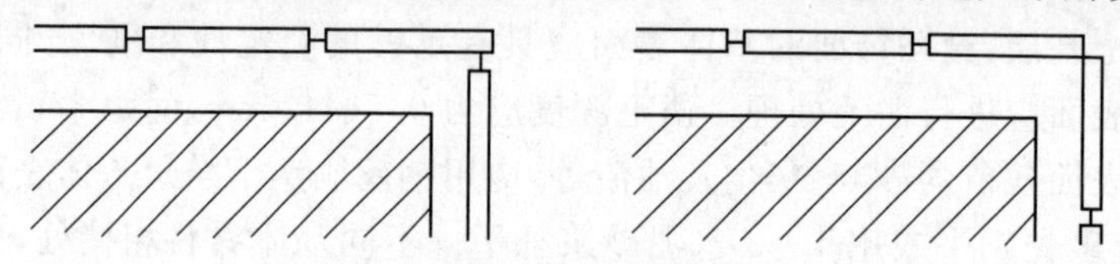

图 5-1 阳角部位贴法

外墙面镶贴的饰面砖通常为特制的外墙釉面砖,其外形通常有矩形和方形两种。

矩形外墙面砖分长边水平镶贴和长边垂直镶贴两类,而每类又分为密缝(也称对缝)镶贴和离缝镶贴两种,这两种方法还分为齐缝排列镶贴和错缝排列镶贴两种形式,如图 5-2。

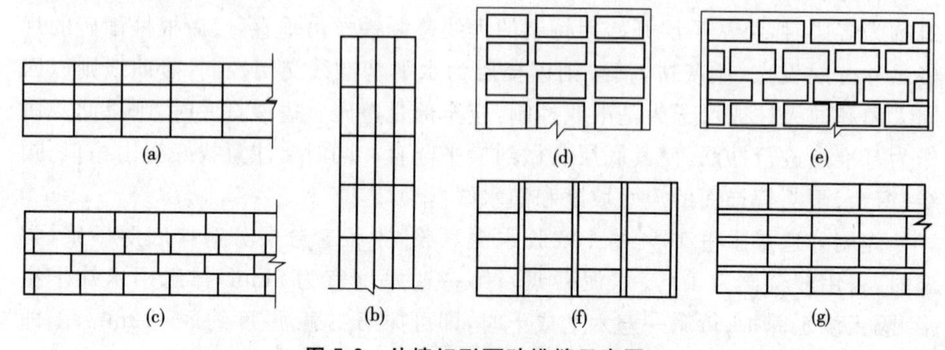

图 5-2 外墙矩形面砖排缝示意图

(a)长边水平密缝;(b)长边竖直密缝;(c)密缝错缝;(d)水平、竖直疏缝;
(e)疏缝错缝;(f)水平密缝、竖直疏缝;(g)水平疏缝、竖直密缝

从图 5-2 可以看出,应用疏、密缝及水平、竖直排列,既可灵活调整墙面砖模数,又能增加外墙装饰立面效果。但应注意在一个立面上,除某些凹凸之线条可分行排列外,一般只能采用一种排列方式,以保持外墙面砖的整齐一致。

突出墙面的部分,如窗台、腰线阳角及滴水线的排砖方法,可按图 5-3 处理,需要注意的是正面面砖要往下空出3mm左右，底面面砖要留有流水坡度。

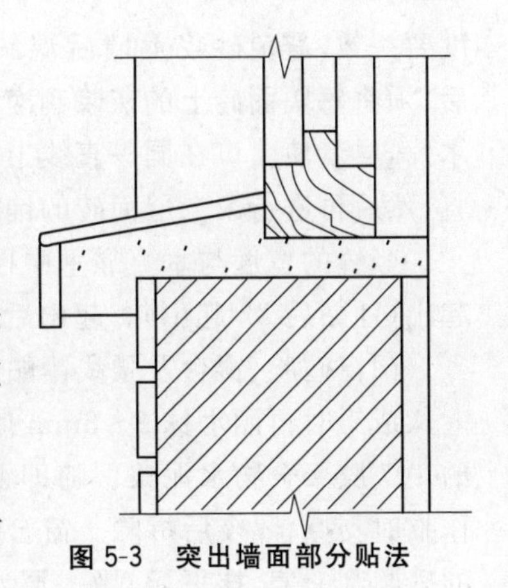
图 5-3　突出墙面部分贴法

在有脸盆镜箱墙面，应从脸盆下水管中心向两边排砖，肥皂盒可按预定尺寸和砖数排砖，如图 5-4。

(2)内墙面铺贴饰面砖的弹线主要有地面标高线、饰面砖高度位置线、水平控制线和垂直控制线。饰面砖在墙面的排列有“直缝”和“错缝”两种方法，对直缝铺贴的瓷片，需要在墙面弹出水平控制线和垂直控制线。而错缝铺贴的饰面砖只需弹出水平控制线。

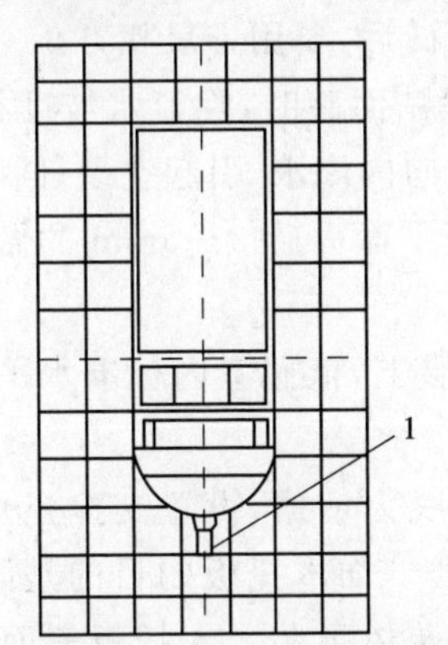

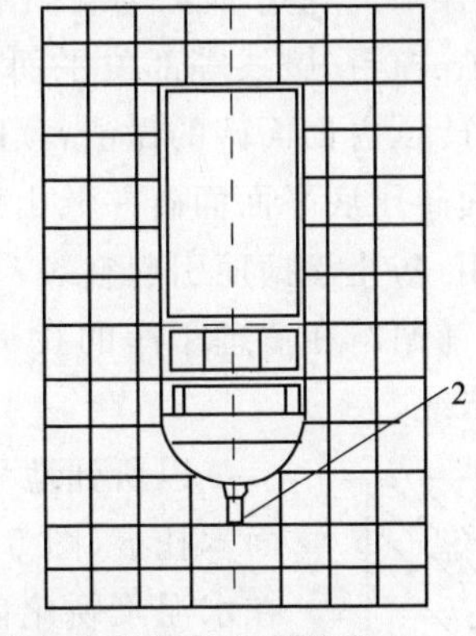

图 5-4　洗脸盆、镜箱和肥皂盒部位瓷砖排列

1-肥皂盒所占位置为单数釉面砖时，应从下水口中心为釉面砖中心；

2-肥皂盒所占位置为双数釉面砖时，应以下水口中心为砖缝中心

4. 浸砖

饰面砖在铺贴前应在水中充分浸泡，陶瓷无釉砖和陶瓷磨光砖应浇水湿润，以保证铺贴后不致因吸走灰浆中水分而粘贴不牢。浸水后的瓷砖瓷片应阴干备用，阴干的时间视气温和环境温度来定，一般为 3～5h，即以饰面砖表面有潮湿感但手按无水迹为准。

5. 铺贴

(1)外墙面铺贴。镶贴顺序应自下而上分层分段进行，每段内镶贴程序也应是自下而上进行，而且要先贴附墙柱面，后贴大墙面，再贴窗间墙。

镶贴时，先按地平线垫平脚木托板，从木托板开始铺贴。铺贴的砂浆一般为1∶2水泥砂浆或掺入水大于水泥质量15%的石灰膏的水泥混合砂浆，砂浆的稠

度要一致，避免砂浆上墙后流淌。刮满刀灰厚度一般为 6～10mm。贴完一行后，须将每块面砖上的灰浆刮净。如上口不在同一直线上，应在面砖的下口垫小木片，尽量使上口在同一直线上。然后在上口放分格条，以控制水平缝大小与平直，然后再进行第二层面砖的铺贴。

竖缝的宽度与垂直靠垂中控制线和竖向分格条来实现。分格条应在隔夜后起出（铺贴后 8h 起出）。起出后的分格条应马上清洗干净，以便继续使用。

门窗碹脸、窗台及腰线镶贴面砖时，要先将基体分层刮平，表面随手划纹，待七八成干时再洒水抹 2～3mm 厚水泥浆，最好采用掺入量占水泥重 10%～15% 的 107 胶聚合物水泥浆。随即镶贴面砖，为了使面砖镶贴牢，应采用 T 形托板作临时支撑，隔夜后拆除。窗台及腰线上，盖面砖镶贴时，要先在上面用稠度小的砂浆刮一遍，抹平后，撒一层水泥浆灰面，略停一会见灰面已湿润时，随即铺贴，并按线找直揉平。垛角部位，在贴完面砖后，要用方尺找方。

女儿墙压顶、窗台、腰线等部位平面镶贴面砖时，除流水坡度符合设计要求外，应采取顶面砖压立面面砖的做法，预防向内渗水，引起空裂；同时还应采取立面中最底一排面砖压底平面面砖并低山底平面面砖 3～5mm 的做法，让其起滴水线（槽）的作用，防止渗搪而引起空裂。

（2）内墙面铺贴。在清理干净的找平层上，依照室内标准水平线，校核一下地面标高和分格线。

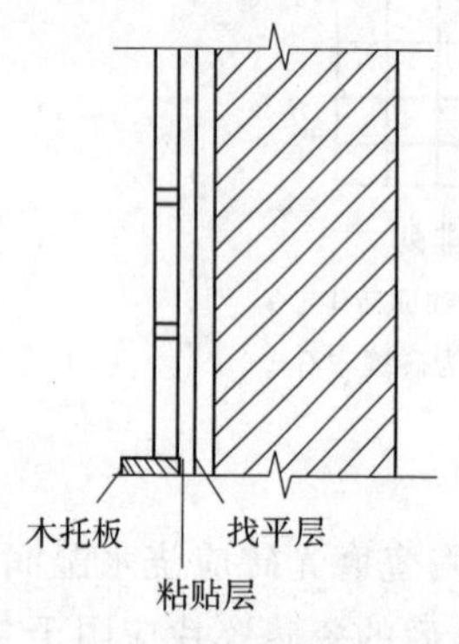

图 5-5　设置地面木托板

以所弹地平线为依据，设置支撑瓷片或瓷砖的地面木托板（图 5-5）。加木托板的目的是防止贴瓷片时在水泥浆硬化前砖体下坠。木托板表面应加工平整，其高度为非整块瓷片的调节尺寸。整块瓷片的墙面铺贴，从木托板开始自下而上进行。

调制糊状的水泥浆，其配合比为水泥：砂＝1：2（体积比），另外掺加水泥质量 3%～4% 的 108 胶水。先将 108 胶用两倍的水稀释，然后加在搅拌均匀的水泥砂浆中，继续搅拌至充分混和为止。镶贴时，用铲刀将聚合物水泥浆均匀涂抹在瓷片或瓷砖背面，厚度不大于 5mm，四周刮成斜面，接线就位后，用手轻压，然后用橡皮锤轻轻敲击，使其与底层贴紧，并注意确保釉面砖四周砂浆饱满，并用靠尺找平。

也可按水泥：108 胶水：水＝100：5：26 的比例配制纯水泥浆进行铺贴，这种水泥浆应随拌随用，并在收工前全部用完。它最适合底灰较平整的墙面。

室内瓷砖的墙面排列方法有“直缝”和“错缝”排列两种（图 5-6）。铺贴大面前，应先贴若干块废瓷砖片作为标准厚度块，用木靠尺和水平尺确定其两者间的水平度。横向每隔 1.5m 左右做一个标志块，如铺贴面积较大，标志块较多时，应用拉线法校正平整度。这些标准厚度块，将作为粘贴厚度的依据，以便在铺贴过程中随时检查表面的平整度。

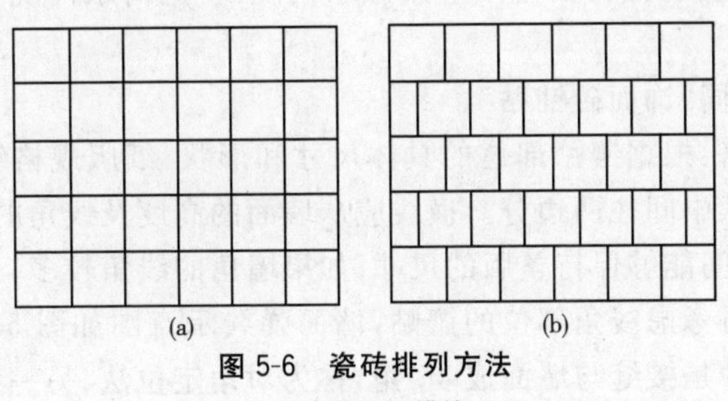

图 5-6　瓷砖排列方法

(a)直缝；(b)错缝

铺贴应自下而上、自右而左进行。铺贴完一行瓷片后，再用长靠尺横向校正一次，对高于标志块的，应轻轻敲击，使其平齐，低于标志块时，应取下瓷片，重新抹满版浆再铺贴，不得在砖口处塞灰浆，否则会产生空鼓。铺贴时，应保持与相邻一行瓷片的平整，特别是对缝拼接的施工，应保持与相邻一行瓷片对缝的一致性。如因釉面砖的规格尺寸或几何形状有偏差时，在铺贴时随时调整，使缝隙宽窄一致。当贴到最上一行时，要求上口成一直线，上口如没有压条，应铺贴一边有圆弧的釉面砖。

制作非整砖块时，可根据所需要的尺寸划痕，用专用瓷片刀切割。以裁切面砖或瓷片的背部较好。而且应对需切割的瓷片进行浸水处理：将浸透的瓷片背面向上，放在台面上，然后用瓷片刀沿木尺切割出深痕，最后将瓷片放在台面边沿处，用手将应切割的部分拗下。若断口不平或尺寸稍大，可在磨石上磨平，对墙面最下边的非整瓷片，在拆除木托板后进行补贴。

镶边条的铺贴顺序，一般按墙面→阴(阳)三角条→墙面进行，即先铺贴一侧墙面瓷片，再铺贴阴(阳)三角条，然后再铺另一侧墙面瓷片，这样，阴(阳)三角条比较容易与墙面吻合。

6. 勾缝擦缝

铺贴完毕，待粘贴水泥初凝后，用清水将砖面洗干净，用白水泥浆(彩色面砖应按设计要求用矿物颜料调色)将缝填平，完工后，用棉纱、布片将表面擦拭干净至不留残废迹为止。

三、饰面锦砖(马赛克)铺贴

外墙贴锦砖(马赛克)可采用陶瓷锦砖或玻璃锦砖。锦砖镶贴由底层灰、中层灰、结合层及面层等组成。外墙锦砖镶砖的工艺流程为：

基层清理→抹底层灰→弹水平和垂直线→铺贴→揭纸→调整→擦缝。

1. 施工要点

(1)基层清理:有油污的基层应用碱水刷洗,再用清水冲洗干净,其余同“饰面砖铺贴”。

(2)抹底灰:同“饰面砖铺贴”。

(3)弹线分格:根据镶贴部位的具体尺寸和形状、纸版规格综合考虑。一般来说,竖向线宜从中间往两边分。横线应从墙面的高度及线角的情况考虑,最好应使两分格线之间能够保持整版的尺寸;如果墙角的线角较多,应先弹好大面积的分格线,然后再考虑线角部位的镶贴,墙面弹线示意图如图 5-7。地面铺贴常有两种形式:一种是接缝与墙面成 45°角,称为对角定位法;另一种是按缝与墙面平行,称为直角定位法。

弹线时,以房间中心点为中心,弹出两条相互垂直的定位线,如图 5-8,在空位线上按陶瓷锦砖的尺寸进行分格。如整个房间可排偶数块瓷砖,则中心线就是陶瓷锦砖的对接缝;若是排奇数块,则中心线应在陶瓷锦砖的中心位置上。另外应注意,若房间内外的铺地材料不同,其交接线应设在门框裁口处。

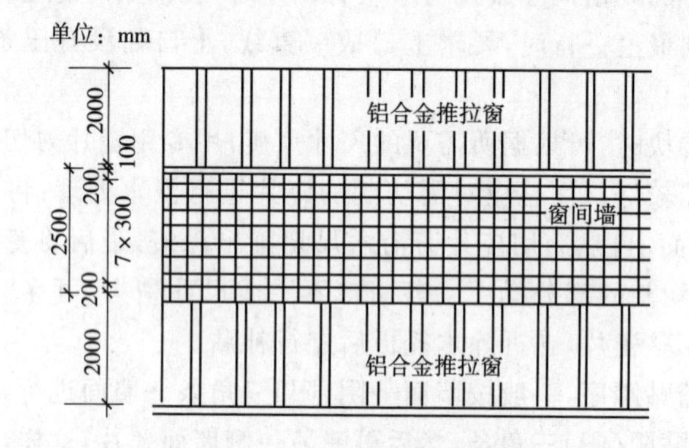

图 5-7　马赛克墙面弹线示意图

镶贴时,先贴 7×300 这段,然后再贴窗台线,最后贴窗台水平部位

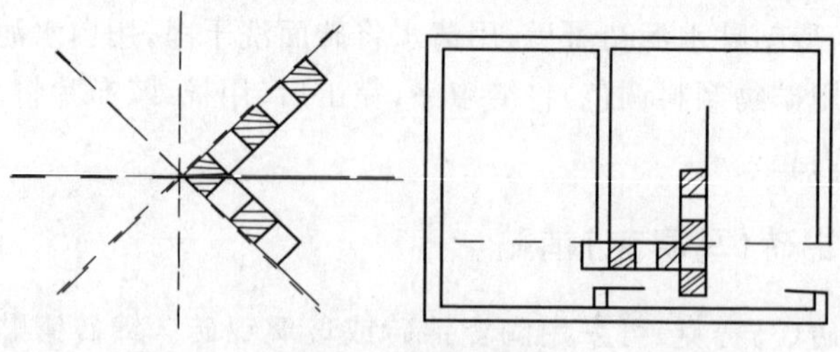

图 5-8　弹线、定位

按设计要求，对镶贴陶瓷锦砖的墙面进行丈量，使其竖向和横向的总尺寸镶贴时不出现半块锦砖为妥，否则应调整。若横向尺寸不能满足时，应在外墙角或窗樘口处适当加厚或减薄底灰厚度；竖向尺寸不能满足时，应在每层分格缝处或沿口处加厚或减薄底灰厚度，如图 5-9。

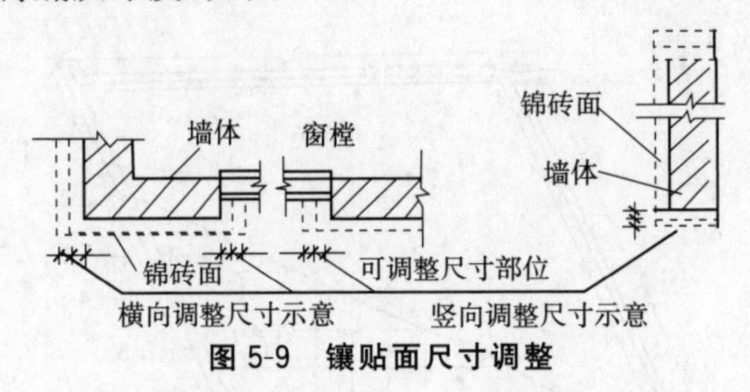

图 5-9　镶贴面尺寸调整

做贴面小样板，在正式镶贴前应另选一片墙面进行试贴，确定分格线宽度和嵌缝色彩等，便于选定。

(4)铺贴：铺贴时，一般以两人协同操作。一人洒水湿润基层面抹水泥素浆，再抹结合层，并用靠尺刮平，同时另一人将陶瓷锦砖铺放在木垫上，如图 5-10。

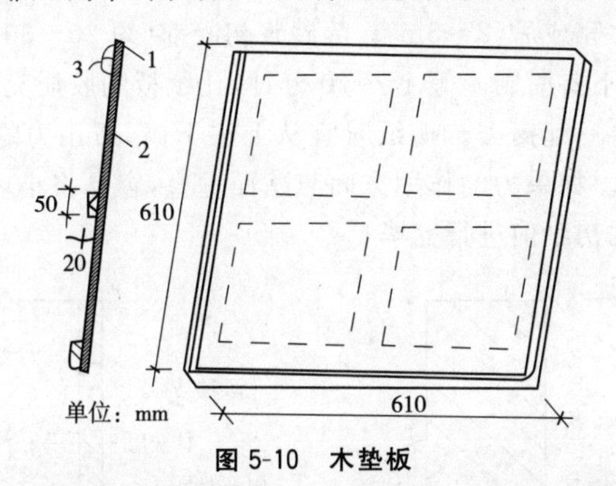

图 5-10　木垫板

1-四边包 0.5mm 厚铁皮；2-三合板面层；3-木垫板底盘架

在放置陶瓷锦砖时，纸面向下，锦砖背面朝上，用水刷一遍。再刮白水泥浆。如果设计上对缝格的颜色有特殊的要求，也可用普通水泥或其他彩色水泥。刮浆前应先检查纸板，如有脱落的小块，用水泥浆修补好。水泥浆的水灰比不宜过大，控制在 0.35 左右。刮浆时，一边刮浆一边用铁抹子往下挤压，使缝格内挤满水泥浆。清理四边余灰，将刮灰的纸板交给镶贴操作者，双手执在陶瓷锦砖的上方，使下口与所垫的直尺齐平，其顺序是从下往上贴，缝子要对齐，并且要注意每一张之间的距离，以保持整个墙面的缝格一致。

在陶瓷锦砖贴于表面后，一手拿垫板，放在已贴好的砖面上，另一手用小木槌敲击垫板，将所有的贴面敲击一遍，使其粘贴密实。

另一种操作方法是：一人在湿润的饰面上抹1∶3(体积比)的水泥砂浆或混合砂浆，分层抹平；另一人将陶瓷锦砖铺在木垫板上，底面朝上，缝里灌干砂灰，用软毛刷刷净底面，再用刷子稍刷一点水，抹上薄薄一层水泥素浆，如图5-11。

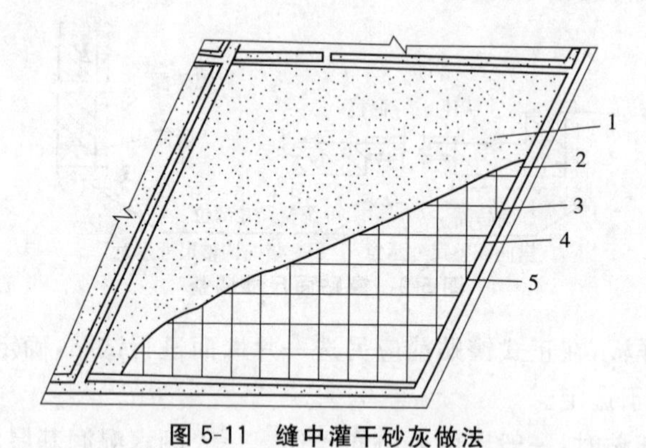

图5-11　缝中灌干砂灰做法

1-砂浆；2-细砂；3-陶瓷锦砖底面；4-陶瓷锦砖护面纸；5-木垫板

陶瓷锦砖镶贴完成后($2\sim3m^2$)，待砂浆初凝前(约20～30min)便刷湿纸板，一定要刷得均匀，不要漏刷。等15～20分钟，让纸板的胶质充分水解松涨，先试揭，感到轻便时，再一起揭去。揭纸时宜从上往下撕，所用力的方向应尽量与墙面平行，如图5-12。如果力的作用方向与贴面垂直，容易将小块拉掉，如图5-13。揭纸一定要在水泥初凝前进行完毕。

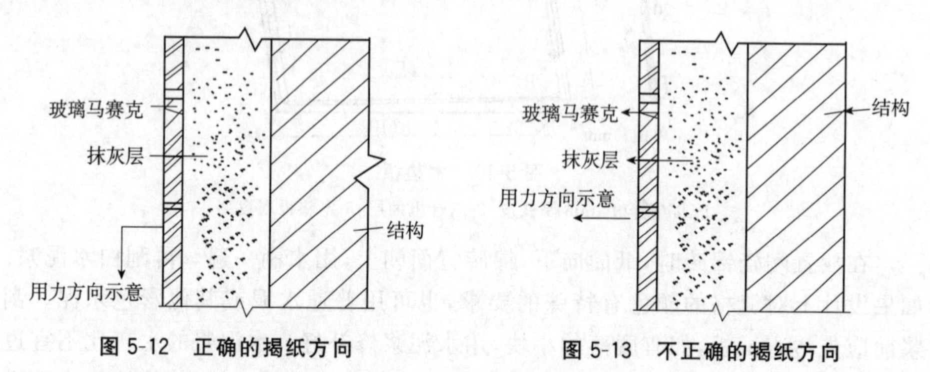

图5-12　正确的揭纸方向　　图5-13　不正确的揭纸方向

(5)调整：揭纸后在混凝土初凝前，修整各外墙锦砖间的接缝，如接缝不一、宽窄不一，应予拨正。拨正方法是：一手拿拨刀，一手拿铁抹子，将开刀放于缝间，用抹子轻敲开刀，使锦砖的边口以开刀为准排齐。拨缝后，用小锤敲击垫板将其拍实一遍，以增强与它的黏结，然后逐条按要求将缝拨匀、拨正。如有缺少颗粒以及掉角、裂纹的颗粒，应立即剔去，重新镶补整齐。

(6)嵌缝：先用刮板将水泥浆沿砖面满刮一遍，再用干水泥进一步找补擦缝，将缝隙挤满塞实。如为浅色面砖，可用白水泥浆或按设计要求调配颜色浆嵌缝。

2. 常见的质量通病及防治措施

(1)铺贴面不平整，分格不均匀，砖缝不平直

1)产生原因：砂浆厚度不均匀，底子灰不平整，阴阳角偏差；施工前没有分格、弹线、试排和绘制大样图，抹底灰时，各部位拉线规矩不够，造成尺寸不准，引起分格缝不均匀；撕纸后，没有及时对砖缝进行检查，拨缝不及时。

2)防治措施：施工前，应对照设计图纸尺寸，核对结构实际偏差情况，根据排砖模数和分格要求，绘制出施工大样图，选好砖裁好规格，编上号，便于粘贴时对号入座；认真抹底层灰，应符合质量要求，在底子灰上弹出水平、垂直分格线，以作为粘贴陶瓷锦砖时控制的标准线；粘贴好后用板放在面层上，用小锤均匀拍板，及时拨缝。

(2)空鼓、脱落

1)产生原因：基层处理不好，灰尘和油污未处理干净；砂浆配合比不当，材料不合要求；撕纸时间晚，拨缝不及时，勾缝不严。

2)防治措施：认真处理基体；严格控制砂浆水灰比；揭纸拨缝时间，应控制在1小时内完成，否则砂浆收水后再纠偏拨缝，易造成空鼓、掉块。

抹平；另一人将陶瓷锦砖铺在木垫板上，底面朝上，缝里灌干砂灰，用软毛刷刷净底面，再用刷子稍刷一点水，抹上薄薄一层水泥素浆。

(3)墙面污染

1)产生原因：墙面成品保护不好，操作中没有清除砂浆，造成污染；未按要求作流水坡和滴水线(槽)。

2)防治措施：陶瓷锦砖在运输和堆放期间应注意保管，不能淋雨受潮；注意成品保护，不得在室内向室外倒污水、垃圾等，拆除脚手架时，要防止碰坏墙面；按要求做好流水坡度和滴水线(槽)。

第二节 饰面板施工

一、石材饰面板施工

1. 小规格饰面板安装

小规格大理石板、花岗石板、青石板，板材尺寸小于300mm×300mm，板厚8～12mm，粘贴高度低于1m的踢脚线板、勒脚、窗台板等，可采用水泥砂浆粘贴的方法安装。

(1)踢脚线粘贴

用1∶3水泥砂浆打底，找规矩，厚约12mm，用刮尺刮平，划毛。待底子灰凝固后，将经过湿润的饰面板背面均匀地抹上厚2～3mm的素水泥浆，随即将其贴于墙面，用木锤轻敲，使其与基层紧密。随之用靠尺找平，使相邻各块饰面板接缝齐平，高差不超过0.5mm，并将边口和挤出拼缝的水泥擦净。

(2)窗台板安装

安装窗台板时，先校正窗台的水平，确定窗台的找平层厚度，在窗口两边按图纸要求的尺寸在墙上剔槽。多窗口的房屋剔槽时要拉通线，并将窗口找平。

清除窗台上的垃圾杂物，洒水润湿。用1∶3干硬性水泥砂浆或细石混凝土抹找平层，用刮尺刮平，均匀地撒上干水泥，待水泥充分吸水呈水泥浆状态，再将湿润后的板材平稳地安上，用木锤轻轻敲击，使其平整并与找平层有良好的黏结。在窗口两侧墙上的剔槽处要先浇水润湿，板材伸入墙面的尺寸(进深与左右)要相等。板材放稳后，应用水泥砂浆或细石混凝土将嵌入墙的部分塞密堵严。窗台板接槎处注意平整，并与窗下槛同一水平。

若有暗炉片槽，且窗台板长向由几块拼成，在横向挑出墙面尺寸较大时，应先在窗台板下预埋角铁，要求角铁埋置的高度、进出尺寸一致，其表面应平整，并用较高强度等级的细石混凝土灌注，过一周后再安装窗台板。

(3)碎拼大理石

大理石厂生产光面和镜面大理石时，裁割的边角废料，经过适当的分类加工，可作为墙面的饰面材料，能取得较好的装饰效果。如矩形块料、冰裂状块料、毛边碎块等各种形体的拼贴组合，都会给人以乱中有序、自然优美的感觉。主要是采用不同的拼法和嵌缝处理，来求得一定的饰面效果。

1)矩形块料：对于锯割整齐而大小不等的正方形大理石边角块料，以大小搭配的形式镶拼在墙面上，缝隙间距1～1.5mm，镶贴后用同色水泥色浆嵌缝，可嵌平缝，也可嵌凸缝，擦净后上蜡打光。

2)冰状块料：将锯割整齐的各种多边形大理石板碎料，搭配成各种图案。缝隙可做成凹凸缝，也可做成平缝，用同色水泥色浆嵌抹，擦净后上蜡打光。平缝的间隙可以稍小，凹凸缝的间隙可在10～12mm，凹凸约2～4mm。

3)毛边碎料：选取不规则的毛边碎块，因不能密切吻合，故镶拼的接缝比以上两种块料为大，应注意大小搭配，乱中有序，生动自然。

2. 湿铺法

湿铺法工艺适用于板材厚度为20～30mm的大理石、花岗岩或预制水磨石板，墙体为砖墙或混凝土墙。

湿铺法工艺是传统的铺贴方法，即在竖向基体上预挂钢筋网，用铜丝或镀锌钢丝绑扎板材并灌水泥砂浆黏牢。这种方法的优点是牢固可靠，缺点是工序繁多，卡箍多样，板材上钻孔易损坏，特别是灌注砂浆易污染板面(故在石材进行碱背涂处理)和使板材移位。

(1)埋设锚固体。砖墙体应在灰缝中预埋 ϕ6 钢筋钩，钢筋钩中距为 500mm 或按板材尺寸，当挂贴高度大于 3m 时，钢筋钩改用 ϕ10 钢筋，钢筋钩埋入墙体内深度应不小于 120mm，伸出墙面 30mm，混凝土墙体可射入 ϕ3.7×62的射钉，中距亦为 500mm 或按材尺寸，射钉打入墙体内 30mm，伸出墙面 32mm。

(2)绑扎钢筋网。将 ϕ6mm 钢筋网焊接或绑扎于锚固件上，形成钢筋网。竖向钢筋的间距可按 500mm(或饰面板宽度)、横向钢筋间距要比饰面板竖向尺寸小 20～30mm 为宜，如图 5-14 所示。

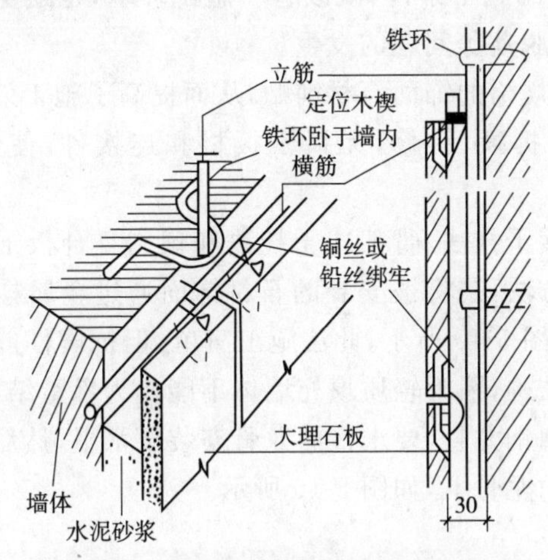

图 5-14　饰面板钢筋网片及安装方法

(3)钻孔、挂丝、安装。在饰面板上、下边各钻不少于两个 ϕ5mm 的孔，孔深 15mm，清理饰面板的背面。用双股 18 号铜丝穿过钻孔，把饰面板绑牢于钢筋网上。饰面板的背面距墙面应不小于 50mm。

(4)校正。板材饰面板的接缝宽度可垫木楔调整，应确保饰面板外表面品种、垂直及板的上沿平顺。

(5)灌浆。每安装好一行横向饰面板，即进行灌浆。灌浆前，应将饰面板背面及墙体表面湿润，在饰面板的竖向接缝内填塞 15～20mm 深的麻丝或泡沫塑料条以及放漏浆。

拌和好 1∶2.5 水泥砂浆，将砂浆分层灌注到饰面板背面与墙面之间的缝隙内，每层灌注高度为 150～200mm，且不得大于板高的 1/3，并插捣密实。施工缝应留在饰面板水平接缝以下50～100mm处。

(6)清理、打蜡。待水泥砂浆硬化后，将填缝材料清除，将饰面板表面清理干净。光面和镜面的饰面经清洗晾干后，方可打蜡擦亮。

3. **干法铺贴**

干法铺贴工艺，通常称为干挂法施工，即在饰面板材上直接打孔或开槽，用各种形式的连接件与结构基体用膨胀螺栓或其他架设金属连接而不需要灌注砂浆或细石混凝土。饰面板与墙体之间留出40～50mm的空腔。这种方法适用于30m以下的钢筋混凝土结构基体上，不适用于砖墙和加气混凝土墙。

干法铺贴工艺的主要优点是：

(1)在风力和地震作用时，允许产生适量的变位，而不致出现裂缝和脱落。

(2)冬季照常施工，不受季节限制。

(3)没有湿作业的施工条件，既改善了施工环境，也避免了浅色板材透底污染的问题以及空鼓、脱落等问题的发生。

(4)可以采用大规格的饰面石材铺贴，从而提高了施工效率。

(5)可自上而下拆换、维修，无损于板材和连接件，使饰面工程拆改翻修方便。

干挂法分为直接干挂法、骨架式干挂法和预制复合板干挂法。直接干挂法是目前常用的施工方法，是将被安装的石材饰面通过金属挂件直接安装固定在主体结构外墙上，如图5-15所示，此法施工简单，但抗震性能差。骨架干挂法主要用于主体为框架结构，因为轻质填充墙体不能作为承重结构，所以先在结构表面安装竖向和横向型钢龙骨，要求横向龙骨安装要水平，然后利用不锈钢连接件将石板材固定在横向龙骨上，如图5-16所示。

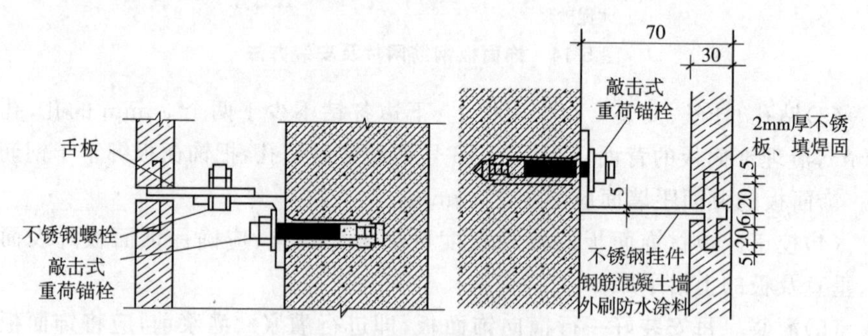

图5-15　石板材直接干挂法

预制复合板干挂法(GPC工艺)是以石材薄板为饰面板，钢筋细石混凝土为衬模，用不锈钢连接件连接，经浇筑预制成饰面复合板，用连接件与结构连成一体的施工方法，如图5-17所示。其安装施工步骤如下。

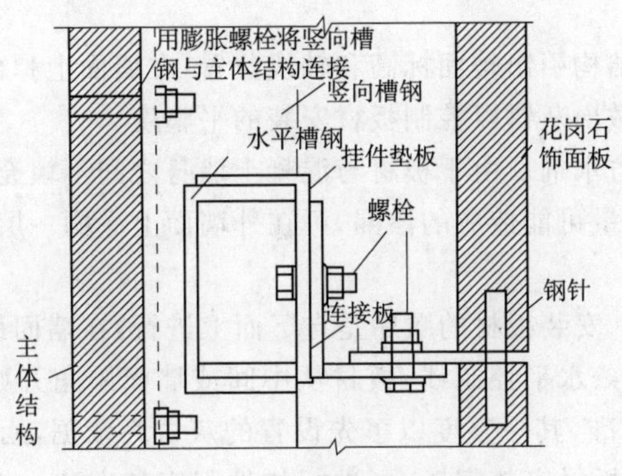

图 5-16 石板材骨架式干挂法

(1)板材切割、磨边。按设计图纸要求在施工现场用石材切割机进行切割,注意保持板块边角的挺直和规矩。板材切割后,为使其边角光滑,可采用手提式磨光机进行打磨。

(2)钻孔、开槽。相邻板块采用不锈钢销钉连接固定,销钉插在板材侧面孔内。孔径为 ϕ5mm,深度为 12mm,用电钻打孔。由于大规格石材的自重大,除了有钢扣件将板块上下托牢外,还需在板块中部开槽设置承托扣件以支承板材的自重,如图 5-18 所示。

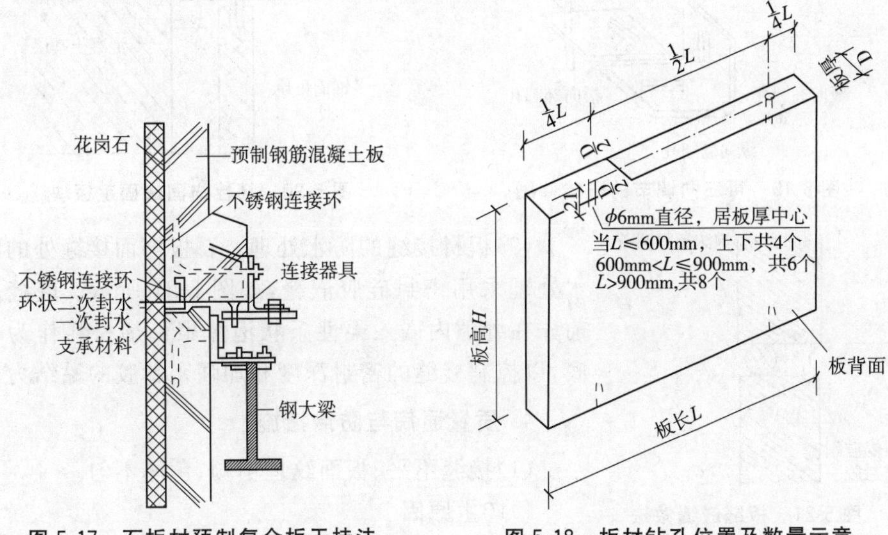

图 5-17 石板材预制复合板干挂法　　图 5-18 板材钻孔位置及数量示意

(3)涂防水剂。在板材背面涂刷一层丙烯酸防水涂料,以增强外饰面的防水性能。

(4)墙面修整。如果混凝土外墙表面有局部凸出处影响扣件安装,则需进行凿平修整。

(5)弹线。从结构引出楼面标高和轴线位置,在墙面上弹出安装板材的水平和垂直控制线,并做出灰饼以控制板材安装的平整度。

(6)墙面涂刷防水剂。由于板材与混凝土墙身之间不填充砂浆,为了防止因材料性能或施工质量可能造成的渗漏,可在外墙面上涂刷一层防水剂,以加强外墙的防水性能。

(7)板材安装。安装板材的顺序是自下而上进行,在墙面最下一排板材安装位置的上下口拉两条水平控制线,板材从中间或墙面阳角开始就位安装。先安装好第一块作为基准,其平整度以事先设置的灰饼为依据,用线锤吊直,经校准后加以固定。一排板材安装完毕,再进行扣件固定和安装。板材安装要求四角平整,纵横对缝。

(8)板材固定。钢扣件和墙身用膨胀螺栓固定,通过扣件上的椭圆形孔洞调节板材的位置,如图 5-19 和图 5-20 所示。

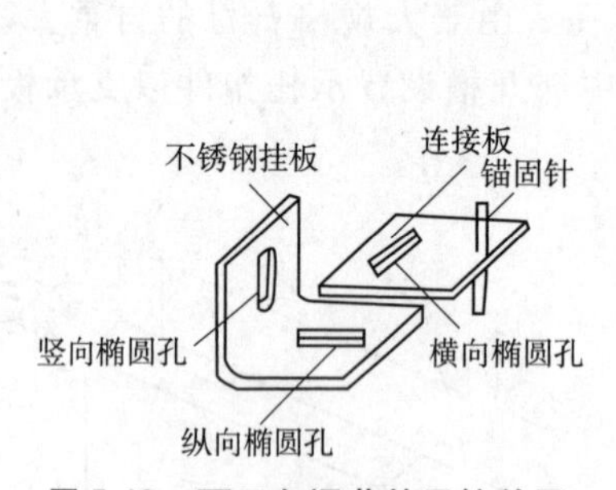

图 5-19 可三向调节的干挂件图

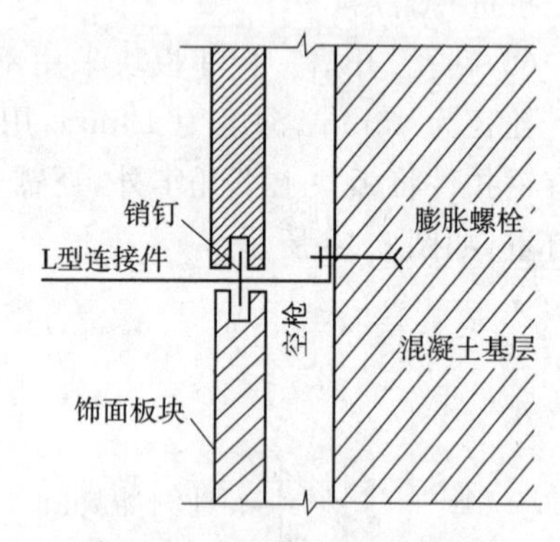

图 5-20 螺栓锚固法固定板块

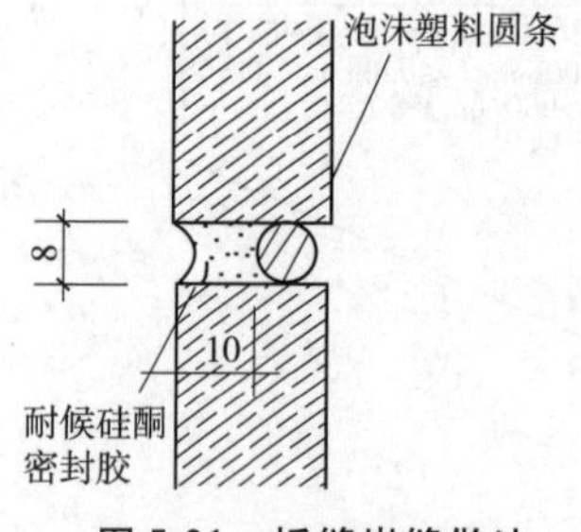

图 5-21 板缝嵌缝做法

(9)板材接缝的防水处理。石板饰面接缝处的防水处理采用密封硅胶嵌缝,如图 5-21 所示。嵌缝之前先在缝隙内嵌入柔性条状泡沫聚乙烯材料作为衬底,以控制接缝的密封深度和加强密封胶的黏结力。

4. 质量通病与防治措施

(1)接缝不平、板面纹理不顺、色泽不匀。

1)产生原因

基层处理不好,施工操作没有按要点进行,材质没有严格挑选,分层灌浆过高。

2)防治措施

①施工前对原材料要进行严格挑选,并进行套方检查,规格尺寸若有偏差,应进行磨边修正。

②施工前一定要检查基层是否符合要求，偏差大的一定要事先剔凿和修补。

③根据墙面弹线找规矩进行大理石试拼，对好颜色，调整花纹，使板之间上下左右纹理通顺，颜色协调。试拼后逐块编号，然后对号安装。

④施工时应按大理石饰面操作要点进行。

(2)开裂

1)产生原因

①大理石挂贴墙面时，水平缝隙较小，墙体受压变形，大理石饰面受到垂直方向的压力。

②大理石安装不严密，侵蚀气体和湿空气透入板缝，使钢筋网和挂钩等连接件遭到诱蚀，产生膨胀，给大理石板一个向外的推力。

2)防治措施

①承重墙上挂贴大理石时，应在结构沉降稳定后进行。在顶部和底部安装大理石板块时，应留一定缝隙，以防墙体被压缩时，使大理石饰面直接承受压力而被压开裂。

②安装大理石接缝处，嵌缝要严密，灌浆要饱满，块材不得有裂缝、缺棱掉角等缺陷，以防止侵蚀气体和湿空气侵入，锈蚀钢筋网片，引起板面开裂。

(3)饰面腐蚀、空鼓脱落

1)产生原因

大理石的主要成分是碳酸钙和氧化钙，如遇空气中的二氧化硫和水，就能生成硫酸，而硫酸与大理石中的碳酸钙发生反应，在大理石表面生成石膏。石膏易溶于水，且硬度低，使磨光的大理石表面逐渐失去光泽，产生麻点，出现开裂和剥落现象。

2)防治措施

①大理石不宜作为室外墙面饰面，特别不宜在工业区附近的建筑物上使用。

②要认真处理室外大理石墙面压顶部位，保证基层不渗水。操作时，横、竖接缝必须严密，灌浆饱满。挂贴时，每块大理石板与基层钢筋网拉结应不少于4点。

③将空鼓脱落大理石拆下，重新安装。

(4)饰面破损、污染

1)产生原因

主要是板材在运输、保管中不妥当；操作中不及时清洗砂浆等脏物造成污染；安装好后，没有认真做好成品保护。

2)防治措施

①在搬运过程中，要避免正面边角先着地或一角先着地，以防正面棱角受损。

②大理石受到污染后不易擦洗。在运输保管中,不宜用草绳、草帘等捆绑;大理石灌缝时,防止接缝处漏浆造成污染。还要防止酸碱类化学药品、有色液体等直接接触大理石表面。

③对大理石缺棱掉角进行修补。缺棱掉角处宜用环氧树脂胶修补。环氧树脂胶的配合比为6101号环氧树脂胶:苯二甲酸二丁酯:乙二胺:白水泥:颜料=100:20:10:100:适量颜料。调成与大理石相同的颜色,修补待环氧树脂胶凝固硬化后,用细油石磨光磨平。掉角撕裂的大理石板,先将黏结面清洗干净,干燥后,在两个黏结面上均匀涂上0.5mm厚环氧树脂胶黏剂后,养护3天。胶黏剂配好后宜在1小时内用完。或采用502胶黏剂,在黏结面上滴上502胶后,稍加压力黏合,在15℃下养护24小时即可。

二、金属饰面板施工

金属板有铝合金板、彩色压型钢板和不锈钢板等,一般用钢或铝型材做骨架,金属板做饰面板进行安装。

1. 铝合金墙板安装

铝合金板装饰是一种较高档次的建筑装饰,也是目前应用最广泛的金属饰面板。它比不锈钢、铜质饰面板的价格便宜,易于成型,表面经阳极氧化处理可以获得不同颜色的氧化膜。这层薄膜不仅可以保护铝材不受侵蚀,增加其耐久性;同时,由于色彩多样,也为装饰提供了更多的选择余地。

铝合金板有方形板和条形板,方形板有正方形板、矩形板及异形板。条形板一般是指宽度在150mm以内的窄条板材,长度6m左右,厚度多为0.5~1.5mm。根据其断面及安装形式的不同,有铝合金板、铝合金蜂窝板等。铝合金板条形板的断面形式如图5-22所示,铝合金蜂窝板外墙板示意图如图5-23所示。

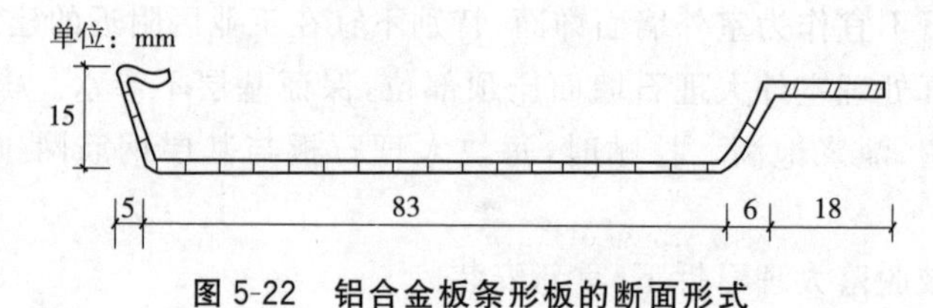

图5-22 铝合金板条形板的断面形式

(1)铝合金板的品种规格

用于装饰工程的铝合金板,其品种和规格很多。按表面处理方法不同,可分为阳极氧化处理及喷涂处理。按几何形状不同,有条形板和方形板,条形板的宽度多为80~100mm,厚度多为0.5~1.5mm,长度为6.0m左右。按装饰效果不同,有铝合金花纹板、铝质浅花纹板、铝及铝合金波纹板、铝及铝合金压纹板等。

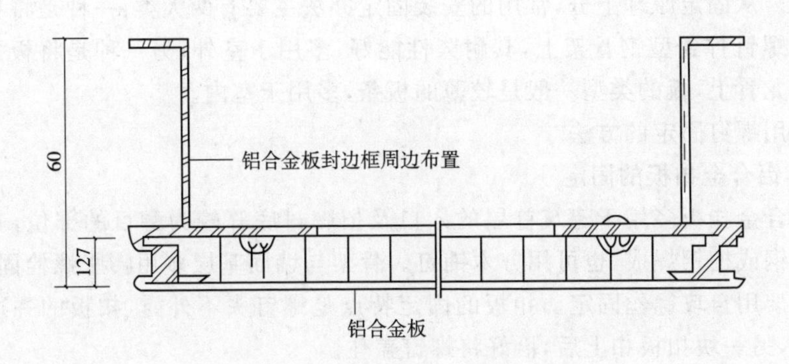

图 5-23　铝合金蜂窝板外墙板示意图

(2)铝合金墙板的施工工艺

铝合金墙板安装工艺为:弹线→固定骨架连接件→固定骨架→安装铝合金板。

安装铝合金饰面板常用的方法主要有两种:一种是将板条或方形板用螺钉或铆钉固定在支撑骨架上,此法多用于外墙,铆钉间距以 100～150mm 为宜;另一种是将板条卡在特制的支撑龙骨上,此法多用于室内。

1)弹线

首先,要将骨架的位置弹到基层上,这是安装铝合金墙板的基础工作。在弹线前先检查结构的质量,如果结构的垂直度与平整度误差较大,势必影响到骨架的垂直与平整,必须进行修补。弹线工作最好一次完成,如果有差错,可随时调整。

2)固定骨架连接件

骨架的横竖杆件是通过连接件与结构进行固定的,而连接件与结构的连接可以与结构的预埋件焊牢,也可以在墙面上打膨胀螺栓固定。因膨胀螺栓固定方法比较灵活,尺寸误差小,准确性高,容易保证质量,所以在工程中采用较多。连接件施工应保证连接牢固,型钢类的连接件,表面应当镀锌,焊缝处应刷防锈漆。

3)固定骨架

骨架应预先进行防腐处理。安装骨架位置要准确,结合要牢固。安装后,检查中心线、表面标高等。对多层或高层建筑外墙,为了保证铝合金板的安装精度,要用经纬仪对横竖杆件进行贯通,变形缝、沉降缝、变截面处等应妥善处理,使之满足使用要求。

4)安装铝合金板

铝合金板的安装固定办法多种多样,不同的断面和部位,安装固定的办法可能不同。从固定原理上分，常用的安装固定办法主要有两大类：一种是将板条或方板用螺钉拧到型钢骨架上，其耐久性能好，多用于室外；另一种是将板条卡在特制的龙骨上，板的类型一般是较薄的板条，多用于室内。

①用螺钉固定的方法

a. 铝合金扣板的固定

铝合金扣板多用于建筑首层的入口及招牌衬底等较为醒目的部位，其骨架可用角钢或槽钢焊成，也可用方木铺钉。骨架与墙面基层多用膨胀螺栓固定，扣板与骨架用自攻螺丝固定。扣板的固定特点是螺钉头不外露，扣板的一边用螺钉固定，另一块扣板扣上后，恰好将螺钉盖住。

b. 铝合金蜂窝板的安装固定

铝合金蜂窝板不仅具有良好的装饰效果，而且还具有保温、隔热、隔声等功能。铝合金蜂窝板与骨架用连接件固定，安装时，两块板之间留有 20mm 的间隙，用一条挤压成形的橡胶带进行密封处理。两板用一块 5mm 的铝合金板压住连接件的两端，然后用螺钉拧紧，螺钉的间距一般为 300mm 左右，其固定节点如图 5-24 所示。

当铝合金蜂窝板用于建筑窗下墙面时，在铝合金板的四周应均用图 5-25 的连接件与骨架进行固定。这种周边固定的方法，可以有效地约束板在不同方向的变形，其安装构造如图 5-26。

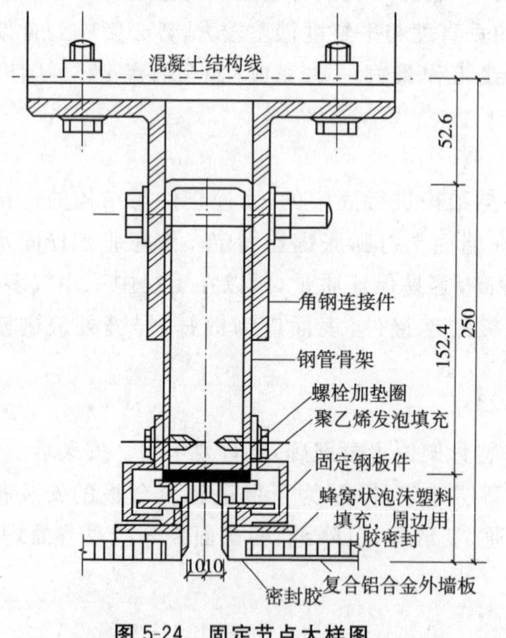

图 5-24 固定节点大样图

图 5-25 连接件断面图

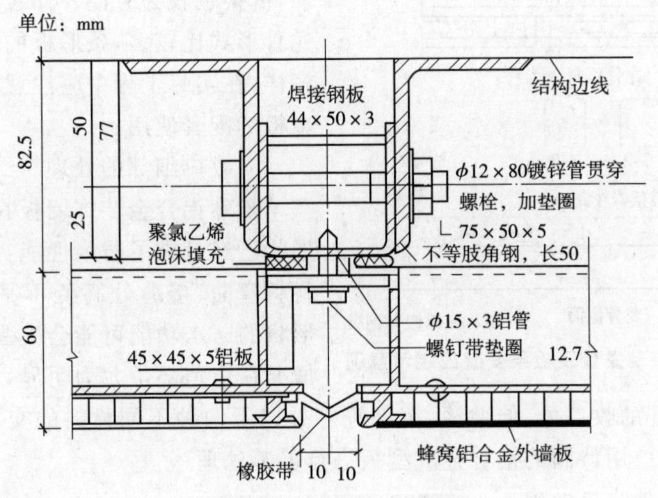

图 5-26 安装节点大样图

c. 柱子外包铝合金板的固定

考虑到室内柱子的高度一般不大，受风荷载的影响很小等客观条件，在固定办法上可进行简化。一般在板的上下各留两个孔，然后在骨架相应位置上焊钢销钉，安装时，将板穿到销钉上，上、下板之间用聚氯乙烯泡沫填充，然后在外面进行注胶，如图 5-27。这种办法简便、牢固，加工、安装都比较省事。

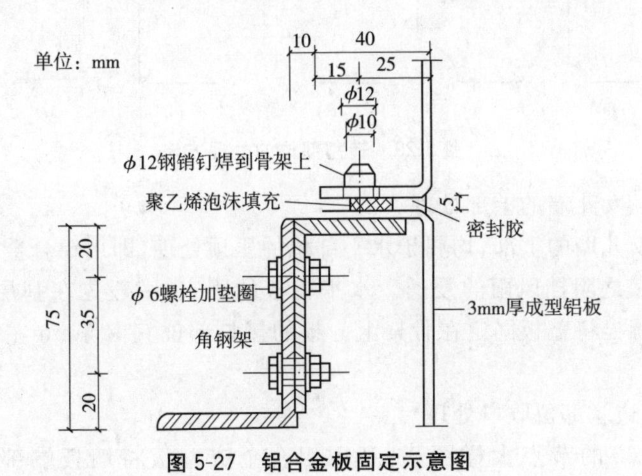

图 5-27 铝合金板固定示意图

②板条卡在特制的龙骨上的安装固定方法

图 5-27 所示的铝合金条板同以上介绍的几种板的固定方法截然不同。该板条卡在特制的龙骨上，龙骨与墙基层固定牢固，如图 5-28 所示。龙骨由镀锌钢板冲压而成。安装条形板时，将板条卡在龙骨的顶面。此种固定方法简便可

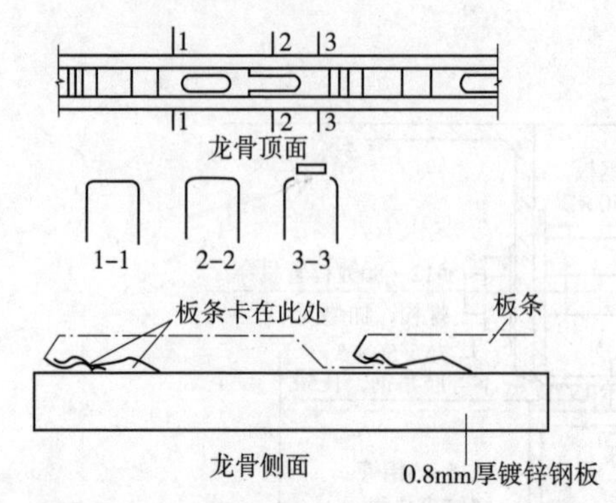

图 5-28　特制龙骨及板条安装固定示意图

靠，拆换也较为方便。安装铝合金板的龙骨形式比较多，条形板的断面也多种多样，在实际工程中应注意龙骨与铝合金板的配套使用。

5)收口细部的处理

虽然铝合金装饰墙板在加工时，其形状已经考虑了防水性能，但如果遇到材料弯曲、接缝处高低不平等情况，其形状的防水功能可能会失去作用，这种情况在边角部位尤为明显，如水平部位的压顶、端部的收口处、伸缩缝、沉降缝等处以及两种不同材料的交接处等。这些部位一般应用特制的铝合金成型板进行妥善处理。

①转角处收口处理

转角部位常用的处理手法如图 5-29。图 5-30 为转角部位详细构造，该种类型的构造处理比较简单，用一条 1.5mm 厚的直角形铝合金板与外墙板用螺栓连接。如果一旦发生破损，更换起来也比较容易。直角形铝合金板的颜色应当与外墙板相同。

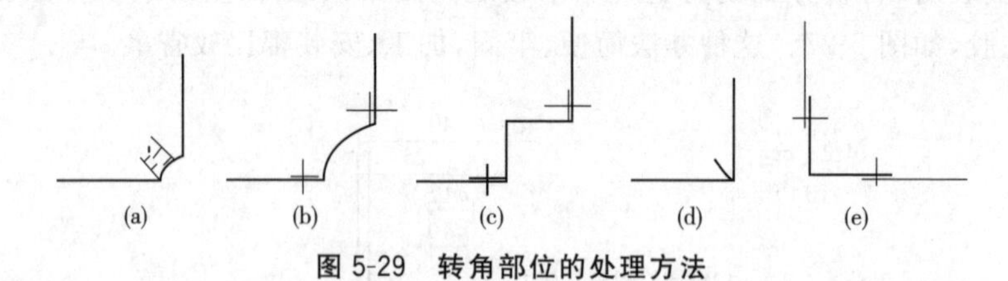

图 5-29　转角部位的处理方法

②窗台、女儿墙的上部处理

窗台、女儿墙的上部，均属于水平部位的压顶处理，即用铝合金板盖住顶部，如图 5-31，使之阻挡风雨的浸透。水平盖板的固定，一般先在基层上焊上钢骨架，然后用螺栓将盖板固定在骨架上。板的接长部位宜留 5mm 左右的间隙，并用胶进行密封。

③墙面边缘部位收口处理

如图 5-32 的节点大样图，是利用铝合金成型板将墙板端部及龙骨部位封住。

④墙面下端收口处理

图 5-33 的节点大样图，是用一条特制的披水板将板的下端封住，同时将板与墙之间的间隙盖住，防止雨水渗入室内。

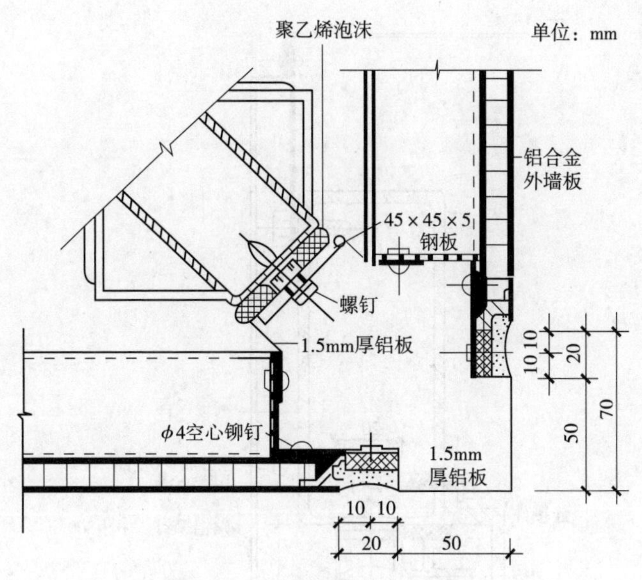

图 5-30 转角部位节点大样图

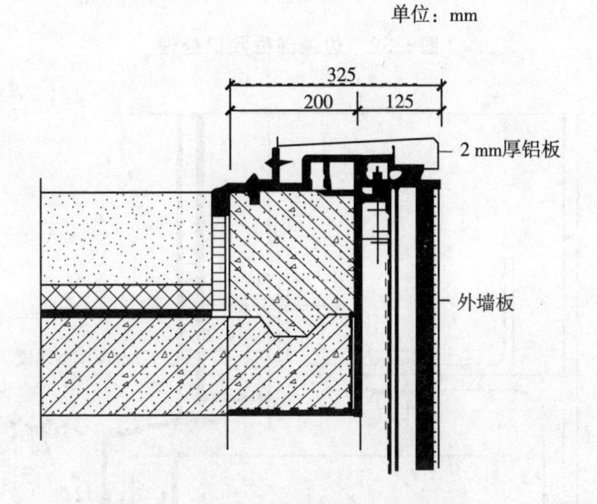

图 5-31 水平部位的盖板构造大样图

⑤伸缩缝与沉降缝的处理

在适应建筑物的伸缩与沉降的需要时，也应考虑其装饰效果，使之更加美观。另外，此部位也是防水的最薄弱环节，其构造节点应周密考虑。在伸缩缝或沉降缝内，氯丁橡胶带起到连接、密封的作用。橡胶这一类制品是伸缩缝与沉降缝的常用密封材料，最关键是如何将橡胶带固定。

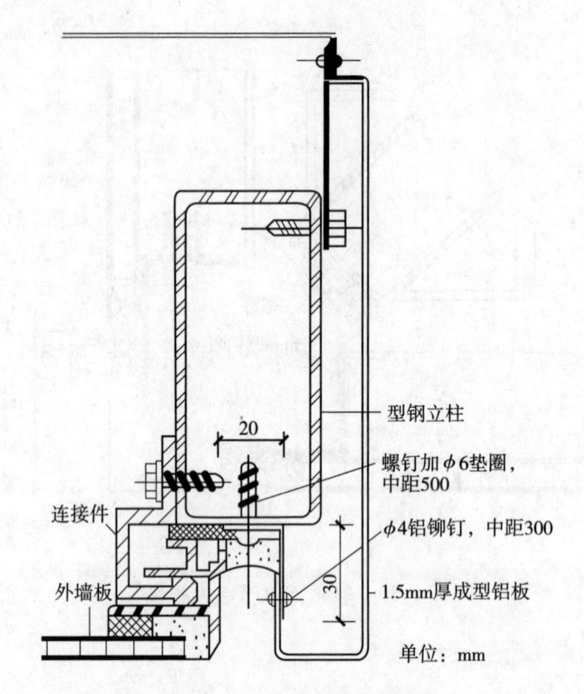

图 5-32　边缘部位收口处理

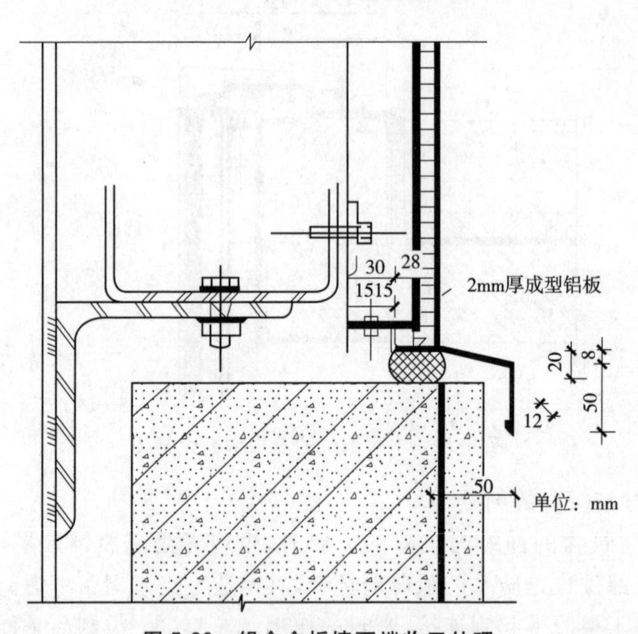

图 5-33　铝合金板墙下端收口处理

2. 彩色压型钢板复合墙板安装

彩色压型钢板复合墙板，系以波形彩色压型钢板为面板，以轻质保温材料为芯层，经复合而成的轻质保温墙板，适用于工业与民用建筑物的外墙挂板。这种复合墙板的夹芯保温材料，可分别选用聚苯乙烯泡沫板、岩棉板、玻璃棉板、聚氨酯泡沫塑料等。其接缝构造基本上分两种：一种是在墙板的垂直方向设置企口边；另一种为不设企口边。如采用轻质保温板材作保温层，在保温层中间要放两条宽 50mm 的带钢钢箍，在保温层的两端各放三块槽形冷弯连接件和两块冷弯角钢吊挂件，然后用自攻螺钉把压型钢板与连接件固定，钉距一般为 100～200mm。若采用聚氨酯泡沫塑料作保温层，可以预先浇筑成型，也可在现场喷雾发泡。

彩色压型钢板复合板的安装，是用吊挂件把板材挂在墙身檩条上，再把吊挂件与檩条焊牢；板与板之间连接，水平缝为搭接缝，竖缝为企口缝。所有接缝处，除用超细玻璃棉塞缝外，还需用自攻螺钉钉牢，钉距为 200mm。门窗洞口、管道穿墙及墙面端头处，墙板均为异型复合墙板，用压型钢板与保温材料按设计规定尺寸进行裁割，然后照标准板的做法进行组装。女儿墙顶部、门窗周围均设防雨泛水板，泛水板与墙板的接缝处，用防水油膏嵌缝。压型板墙转角处，用槽形转角板进行外包角和内包角，转角板用螺栓固定。

3. 彩色涂层钢板安装

为了提高普通钢板的防腐蚀性能，并使其具有鲜艳色彩及光泽，近几年来出现了各种彩色涂层钢板。这种钢板的涂层大致可分为有机涂层、无机涂层和复合涂层三类，其中以有机涂层钢板发展最快。

彩色涂层钢板的安装施工工艺流程为：预埋连接件→立墙筋→安装墙板→板缝处理。

(1)预埋连接件

在砖墙中可埋入带有螺栓的预制混凝土块或木砖；在混凝土墙体中可埋入直径为 8～10mm 的地脚螺栓，也可埋入锚筋的铁板。所有预埋件的间距应按墙筋间距埋入。

(2)立墙筋

在墙筋表面上拉水平线和垂直线，确定预埋件的位置。墙筋材料可选用角钢 30mm×30mm×3mm、槽钢 25mm×12mm×14mm、木条 30mm×50mm。竖向墙筋间距为 900mm，横向墙筋间距为 500mm。竖向布板时可不设置竖向墙筋；横向布板时可不设置横向墙筋，将竖向墙筋间距缩小到 500mm。施工时要保证墙筋与预埋件连接牢固，连接方法为钉、拧、焊接。在墙角、窗口等部位必须设置墙筋，以免端部板悬空。

(3)安装墙板

墙板的安装是非常重要的一道工序,其安装顺序和方法如下:

1)按照设计节点详图,检查墙筋的位置,计算板材及缝隙宽度,进行画线定位,然后进行安装。

2)在窗口和墙转角处应使用异形板,以简化施工,增加防水效果。

3)墙板与墙筋用铁钉、螺钉及木卡条连接。其连接原则是:按节点连接做法沿一个方向顺序安装,安装方向相反则不易施工。如墙筋或墙板过长,可用切割机切割。

(4)板缝处理

尽管彩色涂层钢板在加工时,其形状已考虑了防水性能,但如果遇到材料弯曲、接缝处高低不平,其形状的防水功能可能失去作用,在边角部位这种情况尤为明显。因此,在一些板缝填入防水材料是必要的。

第六章　建筑幕墙工程

幕墙是建筑物的外墙围护，由面板与支承结构体系（支承装置与支承系统）组成，相对主体结构有一定位移能力或自身有一定变形能力，不承受主体结构荷载，像幕布一样挂上去，故又称为悬挂墙，是现代大型和高层建筑常用的带有装饰效果的轻质墙体。由结构框架与镶嵌板材组成，不承担主体结构载荷与作用的建筑围护结构。

建筑幕墙按其面层材料的不同，可分为玻璃幕墙、石材幕墙、金属幕墙等。

第一节　幕墙工程的一般规定

幕墙工程是外墙非常重要的装饰工程，其设计计算、所用材料、结构形式、施工方法等，关系到幕墙的使用功能、装饰效果、结构安全、工程造价、施工难易等各个方面。因此，为确保幕墙工程的装饰性、安全性、易装性和经济性，在幕墙的设计、选材和施工等方面，应严格遵守下列重要规定：

（1）幕墙及其连接件应具有足够的承载力、刚度和相对于主体结构的位移能力。幕墙构架立柱的连接金属角码与其他连接件应采用螺栓连接，并应有防松动措施。

（2）隐框、半隐框幕墙所采用的结构黏结材料，必须是中性聚硅氧烷（硅酮）结构密封胶，其性能必须符合《建筑用硅酮结构密封胶》（GB 16776—2005）中的规定；聚硅氧烷结构密封胶必须在有效期内使用。

（3）立柱和横梁等主要受力构件，其截面受力部分的壁厚应经过计算确定，且铝合金型材的壁厚≥3.0mm，钢型材壁厚≥3.5mm。

（4）隐框、半隐框幕墙构件中，板材与金属之间聚硅氧烷结构密封胶的黏结宽度，应分别计算风荷载标准值和板材自重标准值作用下聚硅氧烷结构密封胶的黏结宽度，并选取其中较大值，且≥7.0mm。

（5）聚硅氧烷结构密封胶应打注饱满，并应在温度15～30℃、相对湿度＞50％、洁净的室内进行，不得在现场的墙上打注。

（6）幕墙的防火除应符合现行国家标准《建筑设计防火规范》（GB 50016—2014）和《高层建筑设计防火规范》（GB 16776—2005）的有关规定外，还应符合下列规定：

①应根据防火材料的耐火极限决定防火层的厚度和宽度，并在楼板处形成防火带。

②防火层应采取隔离措施。防火层的衬板应采用经过防腐处理，且厚度＞1.5mm的钢板，不得采用铝板。

③防火层的密封材料应采用防火密封胶。

④防火层与玻璃不应直接接触，一块玻璃不得跨越两个防火分区。

(7)主体结构与幕墙连接的各种预埋件，其数量、规格、位置和防腐处理必须符合设计要求。

(8)幕墙的金属框架与主体结构预埋件的连接、立柱与横梁的连接及幕墙面板的安装，必须符合设计要求，安装必须牢固。

(9)单元幕墙连接处和吊挂处的铝合金型材的壁厚应通过计算确定，不小于5mm。

(10)幕墙的金属框架与主体结构应通过预埋件连接，预埋件应在主体结构混凝土施工时埋入，预埋件的位置必须准确。当没有条件采用预埋件连接时，应采用其他可靠的连接措施，通过试验确定其承载力。

(11)立柱应采用螺栓与角码连接，螺栓的直径应经过计算确定，且不小于10mm。不同金属材料接触时，应采用绝缘垫片分隔。

(12)幕墙上的抗裂缝、伸缩缝、沉降缝等部位的处理，应保证缝的使用功能和饰面的完整性。

(13)幕墙工程的设计应满足方便维护和清洁的要求。

第二节　玻璃幕墙安装

一、玻璃幕墙的构造与分类

1. 明框玻璃幕墙

其玻璃板镶嵌在铝框内，成为四边有铝框的幕墙构件，幕墙构件镶嵌在横梁上，形成横梁、主框均外露且铝框分格明显的立面。

明框玻璃幕墙构件的玻璃和铝框之间必须留有空隙，以满足温度变化和主体结构位移所必须的活动空间。空隙用弹性材料(如橡胶条)充填，必要时用硅酮密封胶(耐候胶)予以密封。

2. 隐框玻璃幕墙

隐框玻璃幕墙是将玻璃用结构胶黏在铝框上，大多数情况下不再加金属连接件。因此，铝框全部隐蔽在玻璃后面，形成大面积全玻璃镜面。

隐框幕墙的节点大样如图 6-1 所示，玻璃与铝框之间完全靠结构胶结。结构胶要承受玻璃的自重及玻璃所承受的风荷载和地震作用、温度变化的影响，因此，结构胶的质量好坏是隐框幕墙安全性的关键环节。

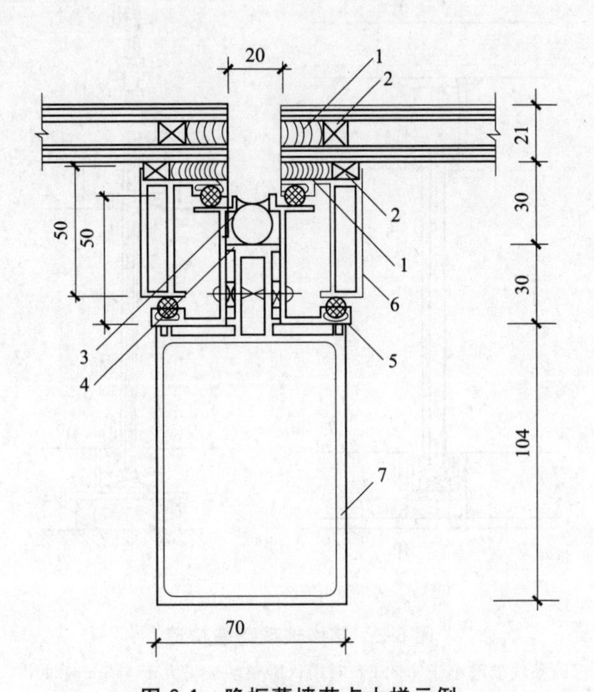

图 6-1　隐框幕墙节点大样示例

1-结构胶；2-垫块；3-耐候胶；4-泡沫棒；5-胶条；6-银框；7-立柱

3. 半隐框玻璃幕墙

半隐框玻璃幕墙是将玻璃两对边嵌在铝框内，另两对边用结构胶粘在铝框上，形成半隐框玻璃幕墙。立柱外露，横梁隐蔽的称竖框横隐幕墙；横梁外露，立柱隐蔽的称为竖隐横框幕墙。

4. 全玻幕墙

为游览观光需要，在建筑物底层，顶层及旋转餐厅的外墙，使用玻璃板，其支承结构采用玻璃肋，称之为全玻幕墙。

高度不超过 4.5m 的全玻璃幕墙，可以用下部直接支承的方式来进行安装，超过 4.5m 的全玻幕墙，宜用上部悬挂方式安装(图 6-2)。

5. 挂架式玻璃幕墙

挂架式玻璃幕墙又称为点式玻璃幕墙。采用四爪式不锈钢挂件与立柱相焊接，每块玻璃四角在厂家加工钻 4 个直径为 10mm 的孔，挂件的每个爪与 1 块玻璃 1 个孔相连接，即 1 个挂件同时与 4 块玻璃相连接，或 1 块玻璃固定于 4 个挂件上，如图 6-3 所示。

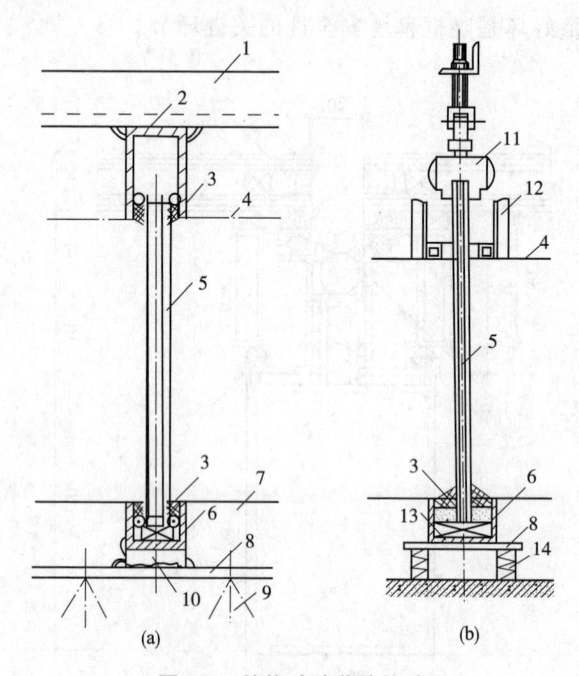

图 6-2　结构玻璃幕墙构造

(a)整块玻璃小于 4.5m 高时用；(b)整块玻璃大于 4.5m 高时用

1-顶部角铁吊架；2-5mm 厚钢顶框；3-硅胶嵌缝；4-吊顶面；5-15mm 厚玻璃；6-钢底框；7-地平面；8-铁板；9-M12 螺栓；10-垫铁；11-夹紧装置；12-角钢；13-定位垫块；14-减震垫块

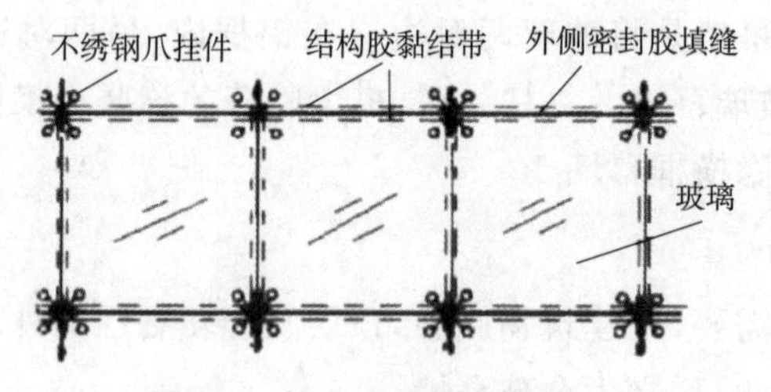

图 6-3　挂架式玻璃幕墙

二、玻璃幕墙的基本技术要求

1. 对玻璃的基本技术要求

用于玻璃幕墙的玻璃种类很多，有中空玻璃、钢化玻璃、半钢化玻璃、夹层玻璃、防火玻璃等。玻璃表面可以镀膜,形成镀膜玻璃(也称热反射玻璃,可将1/3左右的太阳能吸收和反射掉,降低室内的空调费用)。中空玻璃在玻璃幕墙中的应用十分广泛,具有优良的保温、隔热、隔声和节能效果。

玻璃幕墙所用的单层玻璃厚度一般为6mm、8mm、10mm、12mm、15mm、19mm;夹层玻璃的厚度一般为(6+6)mm,(8+8)mm(中间夹聚氯乙烯醇缩丁醛胶片,干法合成);中空玻璃厚度为(6+d+5)mm、(6+d+6)mm、(8+d+8)mm等(d为空气厚度,可取6mm、9mm、12mm)。幕墙宜采用钢化玻璃、半钢化玻璃、夹层玻璃。有保温隔热性能要求的幕墙宜选用中空玻璃。

为减少玻璃幕墙的眩光和辐射热,宜采用低辐射率镀膜玻璃。因镀膜玻璃的金属镀膜层易被氧化,不宜单层使用,只能用于中空玻璃和夹层玻璃的内侧。目前高透型镀银低辐射(LOW-E)玻璃已在幕墙工程中使用,具有良好的透光率、极高的远红外线反射率,节能性能优良,特别适用于地方寒冷地区。它能使较多的太阳辐射进入室内以提高室内的温度,同时又能使寒冷季节或阴雨天来自室内物体热辐射的85%反射回室内,有效地降低能耗,节约能源。

低辐射玻璃因其具有透光率高的特点,可用于任何地域的有高通透性外观要求的建筑,以突出自然采光,这是目前比较先进的绿色环保玻璃。

2. 对骨架的基本技术要求

用于玻璃幕墙的骨架,除了应具有足够的强度和刚度外,还应具有较高的耐久性,以保证幕墙的安全使用寿命。如铝合金骨架的立梃、横梁等,要求表面氧化膜的厚度不应低于AA15级。为了减少能耗,目前提倡应用断桥铝合金骨架。如果在玻璃幕墙中采用钢骨架,除不锈钢外,其他应进行表面热渗镀锌。黏结隐框玻璃的聚硅氧烷密封胶(工程中称结构胶)十分重要,结构胶应有与接触材料的相容性试验报告,并有保险年限的质量证书。点式连接玻璃幕墙的连接件和连系杆件等,应采用高强金属材料或不锈钢精加工制作,有的还要承受很大的预应力,技术要求比较高。

3. 防火构造

为了保证建筑物的防火能力,玻璃幕墙与每层楼板、隔墙处以及窗间墙、窗槛墙的缝隙应采用不燃烧材料(如填充岩棉等)填充严密,形成防火隔层。隔层的隔板必须用经防火处理的厚度不小于1.5mm的钢板制作,不得使用铝板、铝塑料等耐火等级低的材料,否则起不到防火的作用。如图6-4,在横梁位置安装厚度不小于100mm的防护岩棉,并用1.5mm钢板包制。

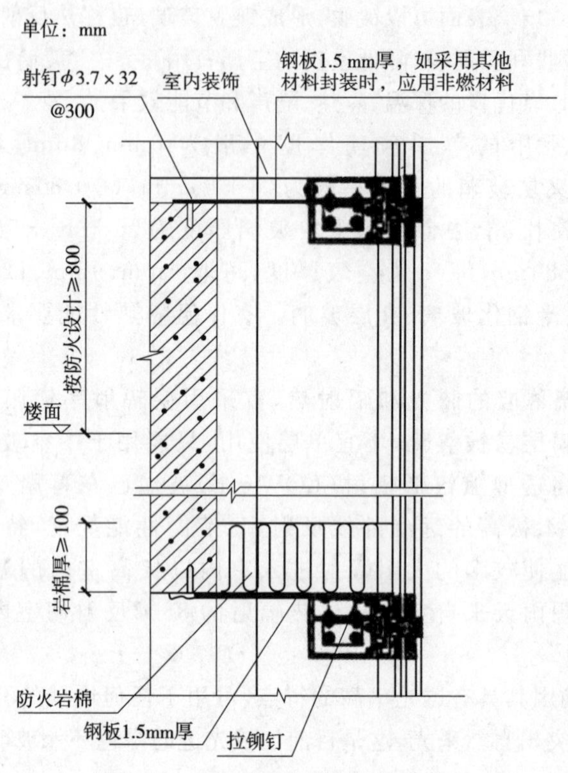

图 6-4　隐框玻璃幕墙防火构造节点

4. 防雷构造

建筑幕墙大多用于多层和高层建筑，防雷是一个必须解决的问题。《建筑物防雷设计规范》(GB 50057—2010)规定，高层建筑应设置防雷用的均压环(沿建筑物外墙周边每隔一定高度的水平防雷网，用于防侧雷)，环间垂直间距不应大于 12m，均压环可利用梁内的纵向钢筋或另行安装。如采用梁内的纵向钢筋做均压环时，幕墙位于均压环处的预埋件的锚筋必须与均压环处梁的纵向钢筋连通；设均压环位置的幕墙立柱必须与均压环连通，该位置处的幕墙横梁必须与幕墙立柱连通；未设均压环处的立柱必须与固定在设均压环楼层的立柱连通，如图 6-5。以上接地电阻应小于 4Ω。幕墙防顶雷可用避雷带或避雷针，由建筑防雷系统考虑。

三、有框玻璃幕墙安装

有框玻璃幕墙的施工工艺流程为：测量、放线→调整和后置预埋件→立柱安装→横梁安装→幕墙组件安装→幕墙上开启窗扇的安装→防火保温构造→密封→清洁。

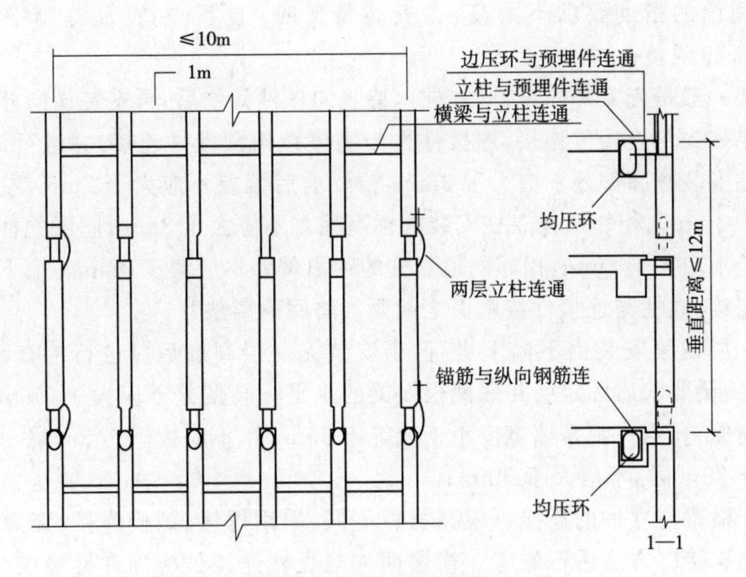

图 6-5　隐框玻璃幕墙防雷构造简图

1. 施工要点

(1)定位放线

将骨架的位置弹到主体结构上，目的是确定幕墙安装的准确位置。放线工作应根据主体结构施工方的基准轴线和标高控制点进行。对于由横梁、立柱组成的幕墙骨架，一般先弹出立柱的位置，然后再确定立柱的锚固点。待立柱布置完毕，将横梁装到立柱上。放线是玻璃幕墙施工中技术难度较大的一项工作，要求先吃透幕墙设计施工图纸，充分掌握设计意图，并需具备丰富的实践经验。

(2)骨架安装

骨架安装在放线后进行。骨架的固定是用连接件将骨架与主体结构相连。固定方式一般有两种：一种是在主体结构上预埋铁件，将连接件与预埋铁件焊牢；另一种是主体结构上钻孔，然后用膨胀螺栓将连接件与主体结构相连。

连接件一般用型钢加工而成，其形状可因不同的结构类型，不同的骨架形式，不同的安装部位而有所不同，但无论何种形状的连接件，均应固定在牢固可靠的位置上，然后安装骨架。钢连接件的预埋钢板应尽量采用原主体结构预埋钢板，无条件时可采用后置钢锚板加膨胀螺栓的方法，但要经过试验决定其承载力。目前应用化学浆锚螺栓代替普通膨胀螺栓效果较好。玻璃幕墙与主体结构连接的钢构件，一般采用三维可调连接件，其特点是对预埋件埋设的精度要求不太高，在安装骨架时，上下、左右及幕墙平面垂直度等可自如调整。

骨架一般是先安竖向杆件（立柱），待竖向杆件就位后，再安装横向杆件。

将立柱先与连接件连接，连接件再与主体结构预埋件连接，并进行调整、固定。立柱安装标高偏差不应大于3mm，轴线前后偏差不应大于2mm，左右偏差不应大于3mm。相邻两根立柱安装的标高偏差不应大于3mm，同层立柱的最大标高偏差不应大于5mm，相邻两根立柱的距离偏差不应大于2mm。上下立柱通过芯柱连接，立柱与连接件接触面之间要加防腐隔离垫片。

同一层横梁安装由下向上进行，当安装完一层高度后应进行检查，调整校正，符合质量要求后固定。相邻两根横梁的水平标高偏差不应大于1mm。同层横梁标高偏差：当一幅幕墙宽度小于或等于35m时，不应大于5mm；当一幅幕墙宽度大于35m时，不应大于7mm。

对于横梁与立柱的连接可根据材料不同，采用焊接、螺栓连接、穿插件连接或用角铝连接等方法进行施工。横梁两端与立柱连接处应加弹性橡胶垫；同时横梁与立柱接缝处应打与立柱、横梁颜色相近的密封胶。

(3)玻璃安装

玻璃安装前应将表面尘土和污物擦拭干净。玻璃四周与构件凹槽底应保持一定空隙，每块玻璃下应设不少于两块的弹性定位垫块，垫块宽度与槽口宽度应相同，长度不小于100mm，并用胶条或密封胶将玻璃与槽口两侧之间进行密封。

隐框玻璃幕墙在铝合金立柱上，用不锈钢螺钉固定玻璃组合件（玻璃与铝合金副框之间通过结构胶黏结），然后在玻璃拼缝处用发泡聚乙烯垫条填充空隙，最后用硅酮耐候密封胶封缝。

(4)缝隙处理

这里所讲的缝隙处理，主要是指幕墙与主体结构之间的缝隙处理。窗间墙、窗槛墙之间采用防火材料堵塞，隔离档板采用厚度为1.5mm的钢板，并涂防火涂料2遍。接缝处用防火密封胶封闭，保证接缝处的严密，参见图6-4。

(5)避雷设施安装

在安装立柱时应按设计要求进行防雷体系的可靠连接。均压环应与主体结构避雷系统相连，预埋件与均压环通过截面积不小于48mm^{2}的圆钢或扁钢连接。圆钢或扁钢与预埋件均压环进行搭接焊接，焊缝长度不小于75mm。位于均压环所在层的每个立柱与支座之间应用宽度不小于24mm、厚度不小于2mm的铝条连接，保证其电阻小于10Ω。

2. 有框玻璃幕墙安装允许偏差和检验方式

玻璃幕墙安装的允许偏差和检验方法应符合表6-1、表6-2的规定。

表 6-1　有框玻璃幕墙安装的允许偏差和检验方法

项次	项目		允许偏差	检验方法
1	幕墙垂直度	幕墙高度≤30mm	10	用经纬仪检查
		30m<幕墙高度≤60mm	15	
		60m<幕墙高度≤90mm	20	
		幕墙高度>90m	25	
2	幕墙水平度	幕墙高度≤35mm	5	用水平尺检查
		幕墙高度>35m	7	
3	构件直线度		2	用 2m 靠尺和塞尺检查
4	构件水平度	构件长度≤2mm	2	用水平仪检查
		构件长度>35m	3	
5	相邻构件错位		1	用钢直尺检查
6	分格框对角线长度差	对角线长度≤2mm	3	用钢尺检查
		对角线长度>2m	4	

注:1. 前 5 项按抽样根数检查,最后一项按抽样分格数检查。

2. 垂直于地面的幕墙,竖向构件垂直度包括幕墙平面内及平面外的检查。

3. 竖向垂直度包括幕墙平面内和平面外的检查。

4. 在风力小于 4 级时测量检查。

表 6-2　隐框、半隐框玻璃幕墙安装的允许偏差和检验方法

项次	项目		允许偏差	检验方法
1	幕墙垂直度	幕墙高度≤30mm	10	用经纬仪检查
		30m<幕墙高度≤60mm	15	
		60m<幕墙高度≤90mm	20	
		幕墙高度>90m	25	
2	幕墙水平度	幕墙高度≤35mm	3	用水平尺检查
		幕墙高度>35m	5	
3	幕墙表面平整度		2	用 2m 靠尺和塞尺检查
4	板材立面垂直度		2	用垂直检测尺检查
5	板材上沿水平度		2	用 1m 水平尺和钢直尺检查

（续）

项次	项目	允许偏差	检验方法
6	相邻板材板角错位	1	用钢直尺检查
7	阳角方正	2	用直角检测尺检查
8	拉缝直线度	3	拉5m线，不足5m位通线，用钢尺检查
9	接缝高低差	1	用钢直尺和塞尺检查
10	接缝宽度	1	用钢直尺检查

四、全玻璃幕墙安装

1. 全玻璃幕墙的分类

全玻璃幕墙根据其构造方式的不同，可分为吊挂式全玻璃幕墙和坐落式全玻璃幕墙两种。

(1)吊挂式全玻璃幕墙

当建筑物层高很大，采用通高玻璃的坐落式幕墙时，因玻璃变得比较细长，其平面的外刚度和稳定性相对很差，在自重作用下就很容易压曲破坏，不可能再抵抗其他各种水平力的作用。为了提高玻璃的刚度、安全性和稳定性，避免产生压曲破坏，在超过一定高度的通高玻璃上部设置专用的金属夹具，将玻璃和玻璃肋吊挂起来形成玻璃墙面，这种玻璃幕墙称为吊挂式全玻璃幕墙。这种幕墙的下部需镶嵌在槽口内，利于玻璃板的伸缩变形。吊挂式全玻璃幕墙的玻璃尺寸和厚度，要比坐落式全玻璃幕墙的大，而且构造复杂，工序较多，因此造价也较高。

(2)坐落式全玻璃幕墙

当全玻璃幕墙的高度较低时，可以采用坐落式安装。这种幕墙的通高玻璃板和玻璃肋上下均镶嵌在槽内，玻璃直接支撑在下部槽内的支座上，上部镶嵌玻璃的槽与玻璃之间留有空隙，使玻璃有伸缩的余地。这种做法构造简单、工序较少、造价较低，但只适用于建筑物层高较低的情况下。

根据工程实践证明，下列情况可采用坐落式全玻璃幕墙：玻璃厚度为10mm，幕墙高度在4～5m时；玻璃厚度为12mm，幕墙高度在5～6m时；玻璃厚度为15mm，幕墙高度在6～8m时；玻璃厚度为19mm，幕墙高度在8～10m时。

全玻璃幕墙所使用的玻璃，多为钢化玻璃和夹层钢化玻璃。无论采用何种玻璃，其边缘都应进行磨边处理。

2. 全玻璃幕墙的安装施工

全玻璃幕墙的施工工艺流程为：定位放线→上部钢架安装→下部和侧面嵌槽安装→玻璃肋、玻璃板安装就位→嵌固及注入密封胶→表面清洗和验收。

(1)定位放线

定位放线方法与有框玻璃幕墙的方法相同。使用经纬仪、水准仪等测量设备，配合标准钢卷尺、重锤、水平尺等复核主体结构轴线、标高及尺寸，对原预埋件进行位置检查、复核。

(2)上部钢架安装

1)注意检查预埋件或锚固钢板的牢固，选用的锚栓质量要可靠，锚栓位置不宜靠近钢筋混凝土构件的边缘，钻孔孔径和深度要符合锚栓厂家的技术规定，孔内灰渣要清吹干净。

2)每个构件安装位置和高度都应严格按照放线定位和设计图纸要求进行。最主要的是承重钢横梁的中心线必须与幕墙中心线相一致，并且椭圆螺孔中心要与设计的吊杆螺栓位置一致。

3)内金属扣夹安装必须通顺平直。要用分段拉通线校核，对焊接造成的偏位要进行调直。外金属扣夹要按编号对号入座试拼装，同样要求平直。内外金属扣夹的间距应均匀一致，尺寸符合设计要求。

4)所有钢结构焊接完毕后，应进行隐蔽工程质量验收，请监理工程师验收签字，验收合格后再涂刷防锈漆。

(3)下部和侧面嵌槽安装

要严格按照放线定位和设计标高施工，所有钢结构表面和焊缝刷防锈漆。将下部边框内的灰土清理干净。在每块玻璃的下部都要放置不少于2块氯丁橡胶垫块，垫块宽度同槽口宽度，长度不应小于100mm。

(4)玻璃安装就位

1)玻璃吊装

大型玻璃的安装是一项十分细致、精确的整体组织施工。施工前要检查每个工位的人员到位，各种机具工具是否齐全正常，安全措施是否可靠。高空作业的工具和零件要有工具包和可靠放置，防止物件坠落伤人或击破玻璃。待一切检查完毕后方可吊装玻璃。

①再一次检查玻璃的质量，尤其要注意玻璃有无裂纹和崩边，吊夹铜片位置是否正确。用干布将玻璃的表面浮灰抹净，用记号笔标注玻璃的中心位置。

②安装电动吸盘机。电动吸盘机必须定位，左右对称，且略偏玻璃中心上方，使起吊后的玻璃不会左右偏斜，也不会发生转动。

③试起吊。电动吸盘机必须定位，然后应先将玻璃试起吊，将玻璃吊起2～

3cm，以检查各个吸盘是否都牢固吸附玻璃。

④在玻璃适当位置安装手动吸盘、拉缆绳索和侧边保护胶套。玻璃上的手动吸盘可使在玻璃就位时，在不同高度工作的工人都能用手协助玻璃就位。拉缆绳索是为了玻璃在起吊、旋转、就位时，工人能控制玻璃的摆动，防止玻璃受风力和吊车转动发生失控。

⑤在要安装玻璃处上下边框的内侧粘贴低发泡间隔方胶条，胶条的宽度与设计的胶缝宽度相同。粘贴胶条时要留出足够的注胶厚度。

2)玻璃就位

①吊车将玻璃移近就位位置后，司机要听从指挥长的命令操纵液压微动操作杆，使玻璃对准位置徐徐靠近。

②上层工人要把握好玻璃，防止玻璃在升降移位时碰撞钢架。待下层各工位工人都能把握住手动吸盘后，可将拼缝一侧的保护胶套摘去。利用吊挂电动吸盘的手动倒链将玻璃徐徐吊高，使玻璃下端超出下部边框少许。此时，下部工人要及时将玻璃轻轻拉入槽口，并用木板隔挡，防止与相邻玻璃碰撞。另外，有工人用木板依靠玻璃下端，保证在倒链慢慢下放玻璃时，玻璃能被放入到底框槽口内，要避免玻璃下端与金属槽口磕碰。

③玻璃定位。安装好玻璃吊夹具，吊杆螺栓应放置在标注在钢横梁上的定位位置。反复调节杆螺栓，使玻璃提升和正确就位。第一块玻璃就位后要检查玻璃侧边的垂直度，以后就位的玻璃只需检查与已就位好的玻璃上下缝隙是否相等，且符合设计要求。

④安装上部外金属夹扣后，填塞上下边框外部槽口内的泡沫塑料圆条，使安装好的玻璃能临时固定。

(5)注密封胶

1)所有注胶部位的玻璃和金属表面都要用丙酮或专用清洁剂擦拭干净，不能用湿布和清水擦洗，注胶部位表面必须干燥。

2)沿胶缝位置粘贴胶带纸带，防止硅胶污染玻璃。

3)要安排受过训练的专业注胶工施工，注胶时应内外双方同时进行，注胶要匀速、匀厚，不夹气泡。

4)注胶后用专用工具刮胶，使胶缝呈微凹曲面。

5)注胶工作不能在风雨天进行，防止雨水和风沙侵入胶缝。另外，注胶也不宜在低于5℃的低温条件下进行，温度太低胶液会发生流淌、延缓固化时间，甚至会影响拉伸强度。严格遵照产品说明书要求施工。

6)耐候硅酮嵌缝胶的施工厚度应介于35～45mm之间，太薄的胶缝对保证密封质量和防止雨水不利。

7)胶缝的宽度通过设计计算确定,最小宽度为6mm,常用宽度为8mm,对受风荷载较大或地震设防要求较高时,可采用10mm或12mm。

8)结构硅酮密封胶必须在产品有效期内使用,施工验收报告要有产品证明文件和记录。

(6)表面清洁和验收

1)将玻璃内外表面清洗干净。

2)再一次检查胶缝并进行必要的修补。

3)整理施工记录和验收文件,积累经验和资料。

3. 全玻璃幕墙安装施工质量要求

(1)全玻璃幕墙施工质量应符合表6-3的要求。

表6-3 全玻璃幕墙施工质量要求

序号	项目		允许偏差	测量方法
1	幕墙平面的垂直度	幕墙高度 H(m) $H \leqslant 30$ $30 < H \leqslant 60$ $60 < H \leqslant 90$ $H > 90$	 10mm 15mm 20mm 25mm	激光仪或经纬仪
2	幕墙的平面度		2.5mm	2m靠尺,金属直尺
3	竖缝的直线度		2.5mm	2m靠尺,金属直尺
4	横缝的直线度		2.5mm	2m靠尺,金属直尺
5	线缝宽度(与设计值比较)		±2.0mm	卡尺
6	两相邻面板之间的高低差		1.0mm	深度尺
7	玻璃面板与肋板夹角与设计值偏差		≤1°	量角器

(2)吊挂玻璃底部构造应符合下列规定:

1)全玻璃幕墙的周边收口槽壁与玻璃面板或玻璃肋的空隙均应不小于8mm;

2)玻璃与下槽底应采用不少于两块的弹性垫块,垫块长度应不小于100mm,厚度应不小于10mm;

3)吊挂玻璃下端与下槽底垫块之间的空隙应满足玻璃伸长变形的要求,且不得小于10mm,玻璃入槽深度不小于15mm,槽壁与玻璃间应采用硅酮密封胶密封。

第三节　石材幕墙安装

一、石材幕墙的构造与分类

石材幕墙主要是由石材面板、不锈钢挂件、钢骨架(立柱和横撑)及预埋件、连接件和石材拼缝嵌胶等组成。直接式干挂幕墙将不锈钢挂件安装于主体结构上,不需要设置钢骨架,这种做法要求主体结构的墙体强度较高,最好为钢筋混凝土墙,并且要求墙面平整度、垂直度要好,否则应采用骨架式做法。石材幕墙的横梁、立柱等骨架,是承担主要荷载的框架,可以选用型钢或铝合金型材,并由设计计算确定其规格、型号,同时也要符合有关规范的要求。

按照施工方法的不同,石材幕墙主要分为短槽式石材幕墙、通槽式石材幕墙、钢销式石材幕墙和背栓式石材幕墙等。

1. 短槽式石材幕墙

短槽式石材幕墙是在幕墙石材侧边中间开短槽,用不锈钢挂件挂接、支撑石板的做法。短槽式做法的构造简单,技术成熟,目前应用较多,其构造见图6-6。

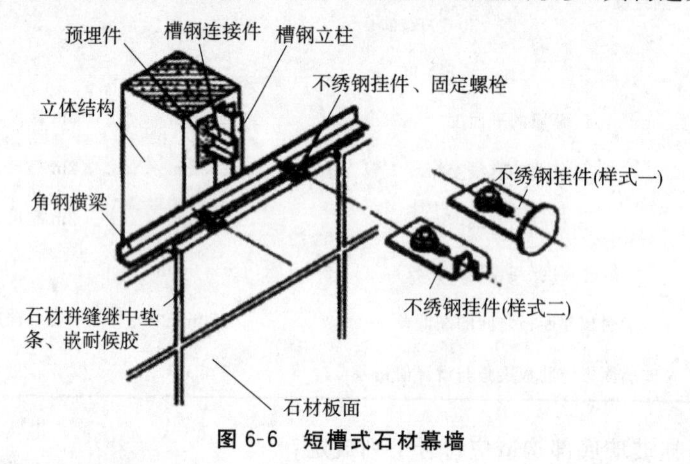

图6-6　短槽式石材幕墙

2. 通槽式石材幕墙

通槽式石材幕墙是在幕墙石材侧边中间开通槽,嵌入和安装通长金属卡条,将石板固定在金属卡条上的做法。此种做法施工复杂,开槽比较困难,目前应用较少。

3. 钢销式石材幕墙

钢销式石材幕墙是在幕墙石材侧面打孔,穿入不锈钢钢销,将两块石板连接,钢销与挂件连接,将石材挂接起来的做法。这种做法目前应用也较少,其构造见图6-7。

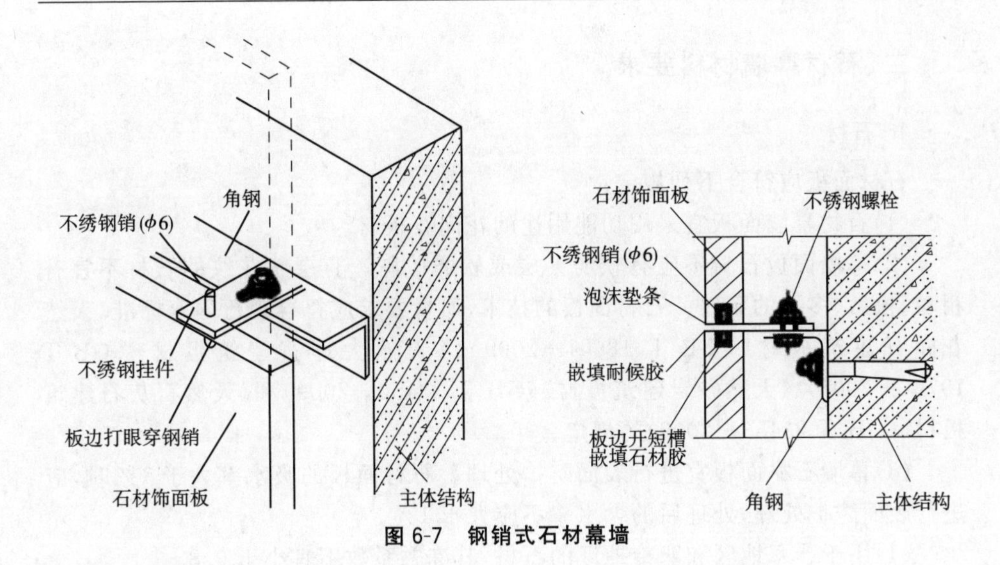

图 6-7　钢销式石材幕墙

4. 背栓式石材幕墙

背栓式石材幕墙是在幕墙石材背面钻四个扩底孔，孔中安装柱锥式锚栓，然后再把锚栓通过连接件与幕墙的横梁相接的幕墙做法，如图 6-8 所示。背栓式是石材幕墙的新型做法，它受力合理、维修方便、更换简单，是一项引进的新技术，目前正在推广应用。

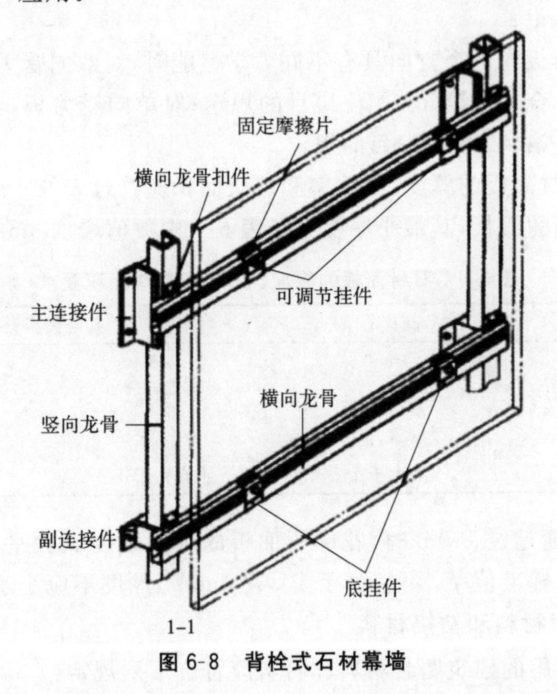

图 6-8　背栓式石材幕墙

二、石材幕墙材料要求

1. 石材

石材面板应符合下列规定：

(1)石材幕墙面板宜采用功能用途的花岗石板材。

(2)幕墙面板石材不应有软弱夹层或软弱矿脉。有层状花纹的石材不宜有粗粒、松散、多孔的条纹。石材面板的技术、质量要求应符合现行国家标准《天然花岗石建筑板材》(GB/T 18601—2009)、《天然大理石建筑板材》(GB/T 19766—2005)、《天然砂岩建筑板材》(GB/T 23452—2009)和《天然石灰石建筑板材》(GB/T 23453—2009)的规定。

(3)幕墙石材面板宜进行表面防护处理。石材面板的吸水率大于1%时，应进行表面防护处理，处理后的含水率不应大于1%。

(4)用于严寒地区和寒冷地区的石材，其冻融系数不宜小于0.8。

(5)石材的放射性核素应符合《建筑材料放射性核素限量》(GB 6566—2010)的要求。

(6)在干燥状态下，石材面板的弯曲强度应符合下列要求：

1)花岗石的试验平均值 f_{rm} 不应小于 10.0N/mm²，标准值 f_{rk} 不应小于 8.0N/mm²；其他类型石材的试验平均值 f_{rm} 不应小于 5.0N/mm²，标准值 f_{rk} 不应小于 4.0N/mm²；

2)当石材面板的两个方向具有不同力学性能时，对双向受力板，每个方向的强度指标均应符合本条第(6)项第1)目的规定；对单向受力板，其主受力方向的强度应符合本条第(6)项第1)目的规定。

(7)幕墙石材面板的厚度、吸水率和单块面积应符合表6-4的规定。烧毛板和天然粗糙表面的石板，其最小厚度应按表6-4中数值增加3mm采用。

表6-4 石材面板的厚度、吸水率、单块面积要求

石材种类	花岗石	其他类型石材	
f_{rk}(N/mm²)	≥8.0	≥8.0	8.0>f_{rk}≥4.0
厚度 t(mm)	≥25	≥35	≥40
吸水率(%)	≤0.6	≤5	≤5
单块面积(m²)	不宜大于1.5	不宜大于1.5	不宜大于1.5

(8)幕墙高度超过100m时，花岗石面板的弯曲强度试验平均值 f_m 不应小于12.0N/mm²，标准值 f_{rk} 不应小于10.0N/mm²，厚度不应小于30mm。

2. 建筑密封材料和粘接材料

石材幕墙采用的建筑密封材料和材料应符合下列规定：

(1)石材幕墙的建筑密封胶性能应符合现行国家标准《石材用建筑密封胶》(GB/T 23261—2009)的规定。

(2)石材挂件可采用环氧树脂胶黏剂黏接,环氧树脂胶黏剂的性能应符合现行行业标准《干挂石材幕墙用环氧胶黏剂》(JC 887—2001)的规定;不得采用不饱和聚酯树脂胶。

(3)用于石材定位、修补等非结构承载粘接用途的云石胶,应符合现行行业标准《非结构承载用石材胶黏剂》(JC/T 989—2006)的有关规定。

3. 其他

(1)五金附件、转接件、连接件

1)幕墙所采用的五金附件、转接件、连接件应符合下列要求:

①五金配件

幕墙专用五金配件应符合相关标准的要求,主要五金配件的使用寿命应满足设计要求。

②转接件与连接件

紧固件规格和尺寸应根据设计计算确定,应有足够的承载力和可靠性。

转接件应符合如下规定:

a. 幕墙采用的转接件及其材料应满足设计要求,应具有足够的承载力和可靠性。

b. 宜具有三维位置可调能力。

③金属挂装件

a. 石材连接用挂件执行标准应符合(JC 830.2—2005)的规定。

b. 背栓、蝶形背卡应符合相关标准的要求,材料型号、尺寸、机械性能应满足设计要求。背栓材料的耐火性、耐腐蚀性、耐久性应不低于后部支承结构所用材料的相应标准,应采用不低于 316 的不锈钢制作。

2)板材挂装系统宜设置防脱落装置。

3)支承构件与板材的挂组合单元的挂装强度,以及板材挂装系统结构强度,应满足设计要求。

(2)金属材料和五金配件执行标准应符合 JGJ 102—2003、JGJ 133—2013 和 JGJ 113—2015 的规定,具有抗腐蚀能力,符合国家节约资源和环境保护要求。性能应满足设计要求。

(3)石材表面防护剂应符合《建筑装饰用天然石材防护剂》(JC/T 973—2005)的有关规定。

三、石材幕墙安装

干挂石材幕墙的安装施工工艺流程为:测量放线→预埋位置尺寸检查→金

属骨架安装→钢结构防锈漆涂刷→防火保温棉安装→石材干挂→嵌填密封胶→石材幕墙表面清理→工程验收。

施工要点如下：

1. **预埋件的检查、安装**

预埋件应在进行土建工程施工时埋设，幕墙施工前要根据该工程基准轴线和中线以及基准水平点对预埋件进行检查、校核，当设计无明确要求时，一般位置尺寸的允许偏差为±20mm，预埋件的标高允许偏差为±10mm。如有预埋件标高及位置偏差造成无法使用或漏放时，应当根据实际情况提出选用膨胀螺栓或化学锚栓加钢锚板（形成候补预埋件）的方案，并应在现场做拉拔试验，并做好记录。

2. **测量放线**

(1)根据石材幕墙施工图，结合土建施工图复核轴线尺寸、标高和水准点，并予以校正。

(2)按设计要求，在底层确定幕墙定位线和分格线位置。

(3)用经纬仪将幕墙的阳角和阴角引上，并用固定在屋顶钢支架上的钢丝线做标志控制线。

(4)使用水平仪和标准钢卷尺等引出各层标高线。

(5)确定好每个立面的中线。

(6)测量时应控制分配测量误差，不能使误差积累。

(7)测量放线应在风力不大于4级情况下进行，并要采取避风措施。

(8)放线定位后要对控制线定时校核，以确保幕墙垂直度和金属立柱位置的正确。

3. **连接件的安装**

将连接件与主体结构上的预埋件焊接固定，先将同水平位置两侧的连接件点焊，再将中间的各个连接件点焊上检查合格后进行满焊，连接件与结构预埋铁或后置埋件三面围焊，焊接完成，按规定除去药皮并进行焊缝隐检，合格后刷防锈漆两遍。

4. **防雷接地**

安装防雷装置：随着单元体从下往上的安装，相应的防雷设施逐步开始安装，并应与主体结构的防雷装置可靠连接，接点应紧密，注意防腐处理，连接点水平间距不大于防雷引下线间距，垂直间距不大于均压环间距。

5. **金属骨架的安装**

将同立面两端的立柱进行安装，然后拉通线顺序安装中间立柱，使其在同一水平面上。将各层施工水平控制线引至立柱上，并用水准仪校核，按照设计尺寸安装金属横梁，横梁一定要与立柱垂直。骨架中的立柱和横梁采用螺栓连接时，应将横梁从上至下逐层挂上，将每根立柱的水平标高位置调整好，稍紧螺栓，经检查合格后，拧紧螺帽。进行整体检查，合格后，将垫片、螺帽与铁件焊接上，如采用焊接时应对称焊，减少因焊接产生的变形，焊缝合格后，除去焊渣做防锈处理。对面积较大、层高较高的外墙石材幕墙骨架立杆，必须用测量仪器和线坠测量，校正其位置，以保证骨架立杆铅直和平整，从而保证横龙骨的平正。

6. 防火、保温材料的安装

(1)必须采用合格的材料，即要求有出厂合格证。

(2)在每层楼板与石材幕墙之间不能有空隙，应用1.5mm厚镀锌钢板和防火岩棉形成防火隔离带，用防火胶密封。

(3)幕墙保温层施工后，保温层最好有防水、防潮保护层，以便在金属骨架内填塞固定后严密可靠。

7. 安装石材板

安装前将铁件或钢架、立柱、避雷、保温、防锈全部检查一遍，然后再将相应规格、编号的板材搬入就位，搬运时，要有安全防护，石材下要垫木方。自下而上进行安装。安装时，应按幕墙墙面基准线仔细安装好第一层石材，注意每层金属挂件安放的标高，金属挂件应紧托上层饰面板（背栓式除外）而与下层饰面板之间留有间隙。宜先完成窗洞口四周的石材镶边，安装到每一楼层标高时，要注意调整垂直误差，使之不累计。上下通槽式或上下短槽式的石材幕墙应有安全措施。

8. 嵌胶封缝

(1)要按设计要求选用合格且未过期的耐候嵌缝胶。最好选用含硅油少的石材专用嵌缝胶，以免硅油渗透污染石材表面。

(2)用带有凸头的刮板填装聚乙烯泡沫圆形垫条，保证胶缝的最小宽度和均匀性。选用的圆形垫条直径应稍大于缝宽。

(3)在胶缝两侧粘贴胶带纸保护，以免嵌缝胶迹污染石材表面。

(4)用专用清洁剂或草酸擦洗缝隙处的石材表面。

(5)安排受过专业训练的注胶工注胶。注胶应均匀无流淌，边打胶边用专用工具勾缝，使嵌缝胶成型后呈微弧形凹面。

(6)施工中要注意不能有漏胶污染墙面，如墙面上粘有胶液应立即擦去，并用清洁剂及时擦净余胶。

(7)在刮风和下雨时不能注胶，因为刮起的尘土及水渍若进入胶缝，会严重影响密封质量。

9. 伸缩缝处理

石材幕墙的伸缩缝必须满足设计要求，伸缩缝的处理一般使用弹性较好的氯丁橡胶成型带压入缝边锚固件上,起连接密封作用。

10. 板面清理

清除板面护胶渍,用浸泡过中性溶剂(5%水溶液)的湿纱布将污物等擦去,然后再用干纱布擦干净。清扫灰浆、胶带残留物时,可使用铁铲、合成树脂铲等仔细刮去。

四、石材幕墙安装质量要求

(1)石材幕墙的立柱和横梁的安装应符合下列规定:

1)立柱安装标高偏差不应大于3mm,轴线前后偏差不应大于2mm,轴线左右偏差不应大于3mm。

2)相邻两立柱安装标高偏差不应大于3mm,同层立柱的最大标高偏差不应大于5mm,相邻两根立柱的距离偏差不应大于2mm。

3)相邻两根横梁的水平标高偏差不应大于1mm。同层标高偏差:当一幅幕墙宽度小于等于35m时,不应大于5mm;当一幅幕墙宽度大于35m时,不应大于7mm。

(2)石板安装时,左右、上下的偏差不应大于1.5mm。石板空缝安装时必须有防水措施,并有符合设计的排水出口。石板缝中填充聚硅氧烷密封胶时,应先垫比缝略宽的圆形泡沫垫条,然后填充聚硅氧烷密封胶。

(3)幕墙钢构件施焊后,其表面应进行防腐处理,如涂刷防锈漆等。

(4)幕墙安装施工应对下列项目进行验收:

1)主体结构与立柱、立柱与横梁连接节点的安装及防腐处理。

2)墙面防火层、保温层的安装。

3)幕墙伸缩缝、沉降缝、防震缝及阴阳角的安装。

4)幕墙防雷节点的安装。

5)幕墙封口的安装。

第四节 金属幕墙安装

一、金属幕墙的构造与分类

1. 金属幕墙的构造

金属幕墙的构造与石材幕墙的构造基本相同。按照安装方法不同,也分为直接安装和骨架式安装两种。与石材幕墙构造不同的是,金属面板采用折边加副框的方法形成组合件,然后再进行安装。图6-9为铝塑复合板面板的骨架式幕墙构造示例，它是用镀锌钢方管作为横梁立柱，用铝塑复合板做成带副框的组合件，用直径为 4.5mm 自攻螺钉固定，板缝垫杆嵌填聚硅氧烷密封胶。

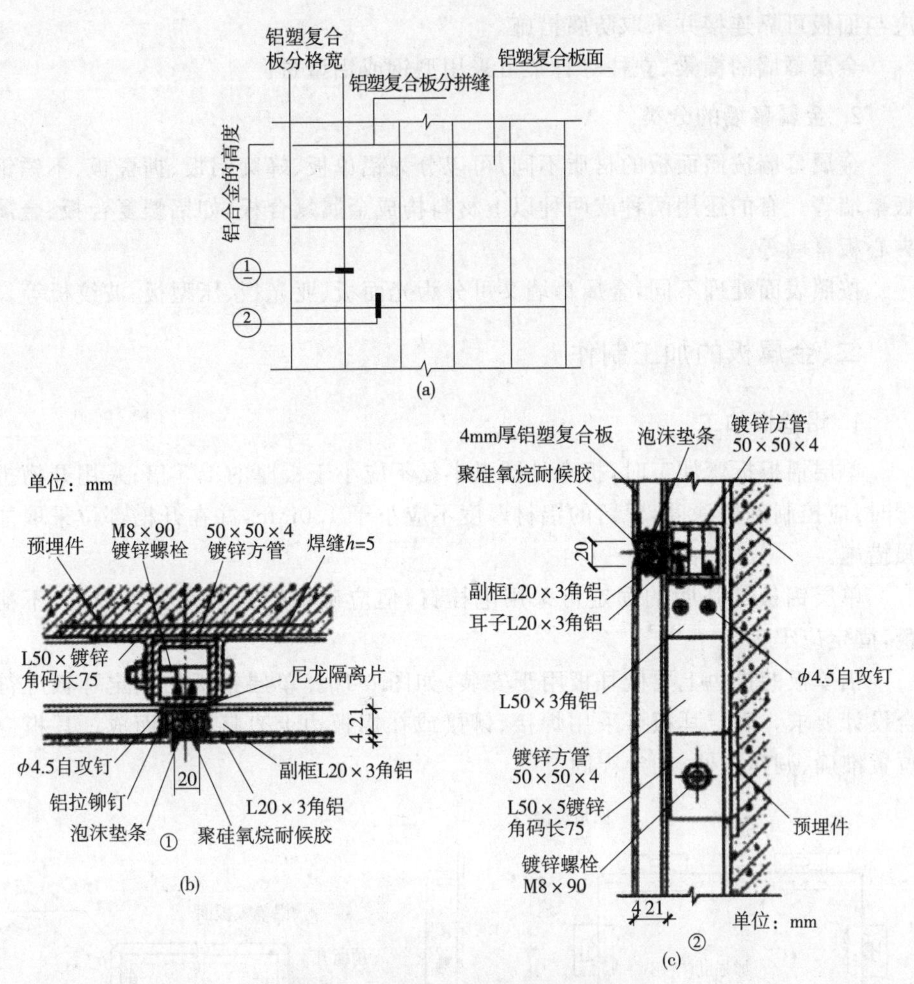

图 6-9　铝塑复合板面板幕墙构造

在实际应用中对金属幕墙使用的铝塑复合板的要求是：用于外墙时，板的厚度不得小于 4mm；用于内墙时，板的厚度不小于 3mm；铝塑复合板的铝材应为防锈铝（内墙板可使用纯铝）。外墙铝塑复合板所用铝板的厚度不小于 0.5mm，内墙板所用铝板的厚度不小于 0.2mm，外墙板氟碳树脂涂层的含量不应低于 75%。

在金属幕墙中，不同的金属材料接触处除不锈钢外，均应设置耐热的环氧树脂玻璃纤维布和尼龙 12 垫片。有保温要求时，金属饰面板可与保温材料结合在一起，但应与主体结构外表面有 50mm 以上的空气层。金属板拼缝处嵌填泡沫垫杆和聚硅氧烷耐候密封胶进行密封处理，也可采用密封橡胶条。

金属饰面板组合件的大小根据设计确定，当尺寸较大时，组合件内侧应增设加劲肋，铝塑复合板折边处应设边肋。加劲肋可用金属方管、槽形或角形型材，应与面板可靠连接并采取防腐措施。

金属幕墙的横梁、立柱等骨架可采用型钢或铝型材。

2. 金属幕墙的分类

金属幕墙按照面板的材质不同，可以分为铝单板、蜂窝铝板、搪瓷板、不锈钢板幕墙等。有的还用两种或两种以上材料构成金属复合板，如铝塑复合板、金属夹心板幕墙等。

按照表面处理不同，金属幕墙又可分为光面板、亚光板、压型板、波纹板等。

二、金属板的加工制作

1. 铝单板加工

单层铝板折弯加工时，折弯外圆弧半径不应小于板厚的 1.5 倍；采用开槽折弯时，应控制刻槽深度，保留的铝材厚度不应小于 1.0mm，并在开槽部位采取加强措施。

单层铝板加强肋的固定可采用电栓钉，但应确保铝板外表面不变形、不褪色，固定应牢固。

铝单板的折边上要做耳板用于安装，如图 6-10。单层铝板的固定耳板应符合设计要求。固定耳板可采用焊接、铆接或在铝板边上直接冲压而成。耳板应位置准确、调整方便、固定牢固。

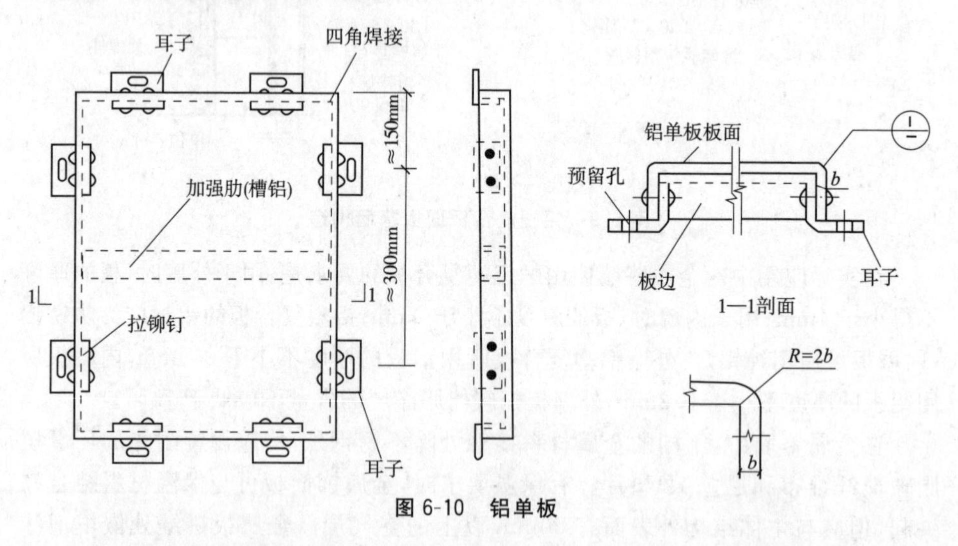

图 6-10 铝单板

单层铝板构件四周边可采用铆接、螺栓、粘胶和机械连接相结合的形式固定，并应固定牢固。单层铝板折边的角部宜相互连接；作为面板支承的加强肋，其端部与面板折边相交处应连接牢固。厚度不大于 2mm 的金属板，其内置加强边框、加强肋与面板的连接，不应采用焊钉连接。

金属板材加工允许偏差应符合表 6-5 的规定。

表 6-5　金属板材加工允许偏差

项目		允许偏差(mm)
边长(mm)	≤2000	±2.0
	>2000	±2.5
对边长度差	边长≤2000mm	2.5
	边长>2000mm	3.0
对角线长度差	长度≤2000mm	2.5
	长度>2000mm	3.0
折弯高度		+1.0,0
平面度		2/1000
孔的中心距		±1.5

2. 铝塑复合板加工

铝塑复合板面有内外两层铝板，中间复合聚乙烯塑料。在切割内层铝板和聚乙烯塑料时，应保留不小于 0.3mm 厚的聚乙烯塑料，并不得划伤外层铝板的内表面，如图 6-11。

打孔、切口后外露的聚乙烯塑料及角缝应采用中性聚硅氧烷密封胶密封，防止水渗漏到聚乙烯塑料内。加工过程中，铝塑复合板严禁与水接触，以确保质量。加工后的铝塑复合板，不得堆放在潮湿环境中。

铝塑复合板应冷弯，不能加热弯曲。应在专用弯曲设备上加工。铝塑复合板的最小卷曲半径应符合表 6-6 的要求。

表 6-6　铝塑复合板的最小卷曲半径(mm)

普通铝塑复合板的最小弯弧半径，R		
板材厚度	4	6
垂直方向半径	100	150
平行方向半径	150	200
防火铝塑复合板的最小卷曲半径，R		
板材厚度	4	6
垂直方向半径	250	400
平行方向半径	350	600

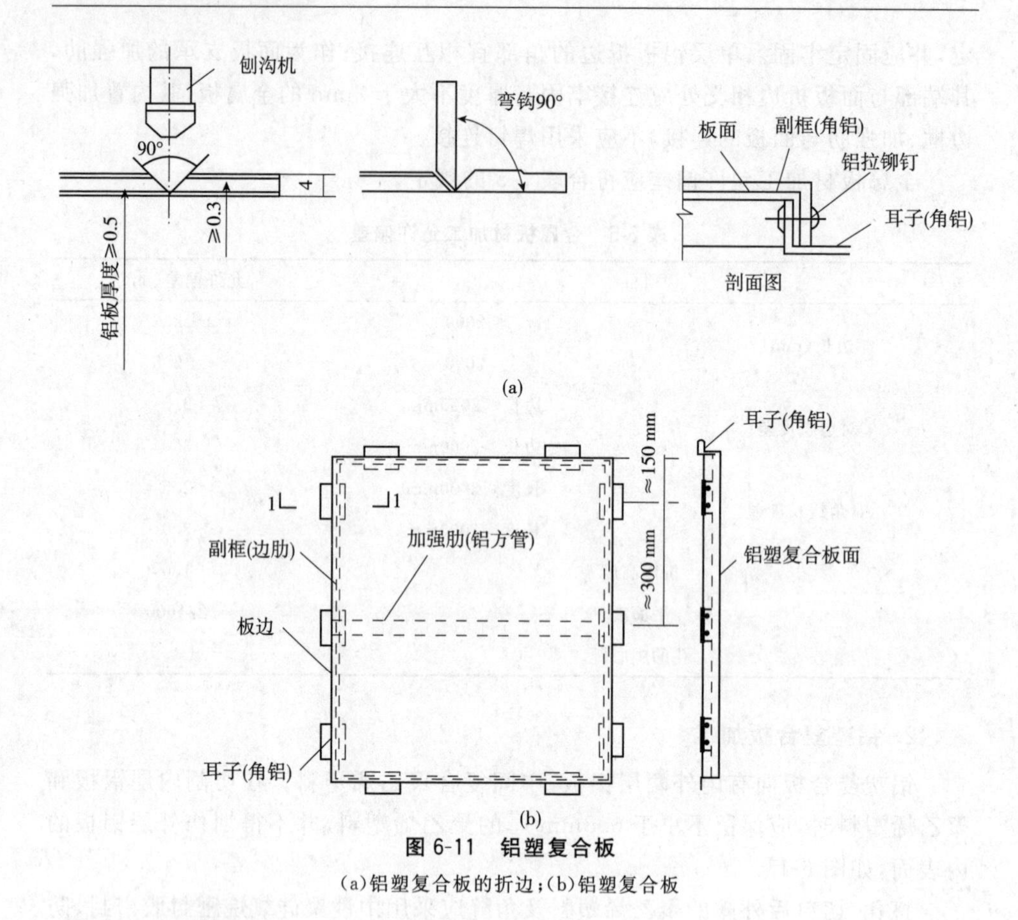

图 6-11　铝塑复合板

(a)铝塑复合板的折边;(b)铝塑复合板

3. 蜂窝铝板

应根据组装要求决定切口的尺寸和形状。在去除铝芯时不得划伤外层铝板的内表面,各部位外层铝板上应保留 0.3～0.5mm 的铝芯。直角部位的加工,折角内弯成圆弧,角缝应采用聚硅氧烷密封胶密封。边缘的加工应将外层铝板折合 180°,并将铝芯包封。

4. 金属幕墙的吊挂件、安装件

金属幕墙的吊挂件、安装件应采用铝合金件或不锈钢件,并应有可调整范围。采用铝合金立柱时,立柱连接部位的局部壁厚不得小于 5mm。

三、金属幕墙安装

金属幕墙安装施工的工艺流程为:测量放线→预埋件位置尺寸检查→金属骨架安装→钢结构刷防锈漆→防火保温棉安装→金属板安装→注密封胶→幕墙表面清理→工程验收。

1. 施工要点

(1)测量放线

根据金属幕墙设计的分格轴线和平面轴线用线锤或经纬仪在主体结构上定出竖向分格轴线和幕墙平面控制线，用水平仪在主体结构上分层定出水平标高控制线，并对误差进行控制、分配、消化，不使其积累，若主体结构尺寸偏差过大，应调整幕墙的分格尺寸。幕墙的定位放线应整幅幕墙一起考虑，从上到下贯通。测量时，应在风力不大于 4 级的情况下进行，以确保幕墙轴线垂直和位置的准确。

(2)做法同石材幕墙。注意，应在两种金属材料接触处垫好隔离片，防止接触腐蚀，不锈钢材料除外。

(3)金属幕墙的吊挂件、安装件的安装

金属面板的安装与有框玻璃幕墙中的玻璃组合件的安装相同。金属面板是经过折边加工、装有耳子(有的还有加劲肋)的组合件，通过铆钉、螺栓等与横竖骨架连接。

(4)金属骨架安装

1)立杆安装

立杆安装应由上而下安装，同层立杆安装先从两边往中间施工，根据总体设计方案，定出每一片幕墙最边上二根立杆位置，然后拉通线顺序安装中间立柱。

立杆应通过螺栓与连接件连接，并采用可伸缩结构。同层立杆安装结束后，经检查符合质量要求后再安装下一层立杆。

立柱安装标高偏差不应大于 3mm，轴线前后偏差不应大于 2mm，左右偏差不应大于 3mm；相邻两根立柱安装标高偏差不应大于 3mm，同层两根立柱的最大标高偏差不应大于 5mm，相邻两根立柱的距离偏差不应大于 2mm。

2)横杆安装

按设计图纸在立柱预定位置上安装连接横梁的角码，要求安装牢固。

横梁通过角码、螺栓或螺钉与立柱连接，螺栓应不少于 2 个，螺钉直径不得小于 4mm，每处连接螺钉数量不应少于 3 个，横梁与立柱之间应有一定的相对位移能力。同一层的横杆安装应由下向上进行。当安装完一层高度时，应进行检查、调整、校正、固定，并将横杆的安装偏差控制在允许范围内。

相邻两根横梁的水平标高偏差不应大于 1mm，同层标高偏差：当一幅幕墙宽度小于或等于 35m 时，不应大于 5mm；当一幅幕墙宽度大于 35m 时，不应大于 7mm。

(5)金属幕墙的吊挂件、安装件的安装

金属面板的安装与有框玻璃幕墙中的玻璃组合件的安装相同。金属面板是经过折边加工、装有耳子(有的还有加劲肋)的组合件,通过铆钉、螺栓等与横竖骨架连接。

(6)嵌胶封缝与清洁

板的拼缝的密封处理与有框玻璃幕墙的做法相同,以保证幕墙整体有足够的、符合设计的防渗漏能力。施工时,注意成品保护和防止构件污染,待密封胶完全固化后再撕去金属板面的保护膜。

2. 施工注意事项

(1)金属面板通常由专业工厂加工成型。但因实际工程的需要,部分面板由现场加工是不可避免的。现场加工时应使用专业设备和工具,由专业操作人员操作,确保板件的加工质量和操作安全。

(2)各种电动工具使用前必须进行性能和绝缘检查,吊篮必须做荷载、各种保护装置和运转试验。

(3)金属面板不要重压,以免发生变形。

(4)由于金属板表面上均有防腐及保护涂层,应注意聚硅氧烷密封胶与涂层黏结的相容性问题,事先做好相容性试验,并为业主和监理工程师提供合格成品的试验报告,保证胶缝的施工质量和耐久性。

(5)在金属面板加工和安装时,应当特别注意金属板面的压延纹理方向,通常成品保护膜上印有安装方向的标记,否则会出现纹理不顺、色差较大等现象,影响装饰效果和安装质量。

(6)固定金属面板的压板、螺钉,其规格、间距一定要符合规范和设计要求,并要拧紧不松动。

(7)金属板件的四角如果未经焊接处理,应当用聚硅氧烷密封胶来嵌填,保证密封、防渗漏效果。

(8)其他注意事项与隐框玻璃幕墙和石材幕墙的注意事项相同。

第七章　涂饰工程

第一节　涂饰工程

一、涂饰工程概述

涂料工程是指将涂料敷于建筑物或构件表面，并能与建筑物或构件表面材料很好的，干结后形成完整涂膜(涂层)的装饰饰面工程。建筑涂料(或称建筑装饰涂料)是继传统刷浆材料之后产生的一种新型饰面材料，它具有施工方便、装饰效果好、经久耐用等优点，涂料涂饰是当今建筑饰面采用最为广泛的一种方式。涂饰于物体表面能与基体材料很好黏结并形成完整而坚韧保护膜的物料，称为涂料。涂料与油漆是同一概念。现在的新型人造漆，已趋向于少用油或完全不用油，或以水代油，而改用有机合成的各种树脂，统称为“涂料”。

涂饰工程按采用的建筑涂料主要成膜物质的化学成分不同，分为水性涂料涂饰、溶剂型涂料涂饰、美术涂饰工程。水性涂料涂饰工程包括乳液型涂料、无机涂料、水溶性涂料等涂饰工程；溶剂型涂料涂饰工程包括丙烯酸酯涂料、聚氨酯丙烯酸涂料、有机硅丙烯酸涂料等涂饰工程；美术涂饰工程包括室内外套色涂饰、滚花涂饰、仿花纹涂饰等涂饰工程。

建筑装饰常用的涂料有：乳胶漆、美术漆、氟碳漆等。

1. 涂料的组成与分类

(1)涂料的组成

涂料由成膜物质、次要成膜物质和辅助成膜物质三种基本物质组成。

成膜物质：它是构成涂料的主体，决定着漆膜的性能。如果没有成膜物质，单纯颜料和辅助材料不能形成漆膜。成膜物质大部分为有机高分子化合物如天然树脂(松香、大漆)、涂料(桐油、亚麻油、豆油、鱼油等)、合成树脂等混合配料，经过高温反应而成，也有无机物组合的涂料(如：无机富锌漆)。

次要成膜物质：包括各种颜料、体质颜料、防锈颜料。颜料为漆膜提供色彩和遮盖力，提高涂料的保护性能和装饰效果，耐候性好的颜料可提高涂料的使用寿命。体质颜料可以增加漆膜的厚度，利用其本身“片状，针状”结构的性能，通过颜料的堆积叠复，形成鱼鳞状的漆膜，提高漆膜的使用寿命，提高防水性和防锈效果。防锈颜料通过其本身物理和化学防锈作用，防止物体表面被大气、化学物质腐蚀，金属表面被锈蚀。

辅助成膜物质：包括各种助剂、溶剂。各种助剂在涂料的生产过程、贮存过程、使用过程、以及漆膜的形成过程起到非常重要的作用。虽然使用的量都很少，但对漆膜的性能影响极大。甚至形不成漆膜，如：不干、沉底结块、结皮。水性漆更需要助剂才能满足生产、施工、贮存和形成漆膜。

(2)涂料的分类

1)按构成涂膜主要成膜物质的化学成分，可分为有机涂料、无机涂料、无机和有机复合涂料三类。

2)按构成涂膜的主要成膜物质，可分为聚乙烯醇系列建筑涂料、丙烯酸系列建筑涂料、氯化橡胶外墙涂料、聚氨酯建筑涂料和水玻璃及硅溶胶建筑涂料。

3)按建筑物使用部位，可分为外墙建筑涂料、内墙建筑涂料、地面建筑涂料、顶棚涂料和屋面防水涂料等。

4)按使用功能，可分为装饰性涂料、防火涂料、保温涂料、防腐涂料、防水涂料、抗静电涂料、防结露涂料、闪光涂料、幻彩涂料等。

5)按涂料分散介质(稀释剂)的不同，可分为溶剂性涂料、水乳性涂料、水溶性涂料。

2. 涂饰工程施工的一般要求

(1)技术要求

1)涂料干燥前，应防止雨淋、尘土沾污和热空气的侵袭。

2)涂料的工作黏度或稠度，必须加以控制，使其在涂料施涂时不流坠、不显刷纹。施涂过程中不得任意稀释。

3)双组分或多组分涂料在施涂前，应按照产品说明规定的配合比，根据使用情况分批混合，并在规定的时间内用完。所有涂料在施涂前和施涂过程中，均应充分搅拌。

4)施涂溶剂性涂料时，后一遍涂料必须在前一遍涂料干燥后进行；施涂水性涂料时，后一遍涂料必须在前一遍涂料表干后进行。每一遍涂料应施涂均匀，各层必须结合牢固。

5)建筑物中的细木制品、金属构件和制品，如为工厂制作组装，其涂料宜在生产制作阶段施涂；最后一遍涂料宜在安装后施涂；如为现场制作组装，组装前应先施涂一遍底子油(干性油、防锈涂料)，安装后再施涂涂料。

6)采用机械喷涂涂料时，应将不喷涂的部位遮盖，以防沾污。

7)施涂工具使用完毕后，应及时清洗或浸泡在相应的溶剂中。

8)涂饰工程的基层处理应符合下列要求：

①新建筑物的混凝土或抹灰基层在涂饰涂料前应涂刷抗碱封闭底漆。

②旧墙面在涂饰涂料前应清除疏松的旧装修层,并涂刷界面剂。

③混凝土或抹灰基层涂刷溶剂型涂料时,含水率不得大于8%;涂刷乳液型涂料时,含水率不得大于10%。木材基层的含水率不得大于12%。

④基层腻子应平整、坚实、牢固,无粉化、起皮和裂缝;内墙腻子的黏结强度应符合《建筑室内用腻子》(JG/T 298—2010)的规定。

⑤厨房、卫生间墙面必须使用耐水腻子。

9)涂饰工程应在涂层养护期满后进行质量验收。

(2)材料要求

涂饰工程应优先采用通过绿色环保认证产品的建筑涂料。

民用建筑工程室内装修所用的水性涂料必须有同批次产品的挥发性有机化合物(VOC)和游离甲醛含量检测报告、溶剂型涂料必须有同批次产品的挥发性有机化合物(VOC)苯、甲苯+二甲苯、游离甲苯二异氰酸酯(TDI)含量检测报告,并应符合设计及规范要求。

(3)施工环境要求

1)水性涂料涂饰工程施工的环境温度应在5～35℃之间,并注意通风换气和防尘。

2)涂饰工程应在抹灰、吊顶、细部、地面湿作业及电气工程等已完成并验收合格后进行。其中新抹的砂浆常温要求7d以后,现浇混凝土常温要求28d以后,方可涂饰建筑涂料,否则会出现粉化或色泽不均匀等现象。

3)基层应干燥,混凝土及抹灰面层的含水率应在10%以下,基层的pH值不得大于10。

4)门窗、灯具、电器插座及地面等应进行遮挡,以免施工时被涂料污染。

5)冬期施工室内温度不宜低于5℃,相对湿度为85%,并在采暖条件下进行,室温保持均衡,不得突然变化。同时应设专人负责测试和开关门窗,以利通风和排除湿气。

二、水性涂料施工

水性涂料是一种以水为溶剂(或介质),其主要成膜物质能溶于水(或分散于水中)的一种涂料。水性涂料所采用的原料是无毒、不助燃、不污染空气,且取用较方便。水性涂料不仅具有干燥速度快、有一定的透气性、成膜后不还原的特点,还具有不同程度的耐水、耐火、耐擦洗等性能,操作简便,适用于室内外的墙面的涂饰。

1. 施工准备

(1)材料要求

1)材料名称

水性涂料涂饰工程的材料包括:水性涂料(乳液型涂料、无机涂料、水溶性涂料)、成品腻子、石膏、界面剂、水泥等。

2)水性涂料

所选涂料应适合于混凝土及抹灰面基层情况、施工环境和季节,其品种、颜色应符合设计要求,并应具有产品合格证、质量保证书、性能检测报告、使用说明书,内墙涂料中有害物质含量检测报告。

3)其他配套材料

①辅料:成品腻子、石膏、界面剂应具有产品合格证;水泥应具有产品合格证、出厂检验报告。

②腻子:所使用的腻子必须与相应的涂料配套,满足耐水性要求,并应适合于水泥砂浆、混合砂浆抹灰表面。腻子的强度应符合国家现行标准的有关规定。

(2)作业条件

1)各种孔洞修补及抹灰作业全部完成,验收合格。

2)基层应干燥,含水率不大于10%。

3)檐口、窗台底部必须按技术标准完成滴水线等构造措施;女儿墙及阳台的压顶粉刷面应有指向内侧的泛水坡度。

4)门、窗玻璃安装、管道设备试压及防水工程完毕并验收合格。

5)大面积施工前应事先做好样板,经有关质检部门检查鉴定合格后,方可组织施工人员进行大面积施工。

6)施工环境清洁、通风、无尘埃,作业面环境温度应在5~35℃之间。

2. 混凝土及抹灰面层薄质涂料施工要点

(1)基层处理

将墙面基层上起皮、松动及鼓包等清除凿平,并将残留在基层表面上的灰尘、污垢和砂浆流痕等杂物清扫干净。基体或基层的缺棱掉角处用1:3水泥砂浆(或聚合物水泥砂浆)修补;表面麻面及缝隙应用腻子填补平。干燥后用100号砂纸打磨平整,并将浮尘等扫净。对于泛碱、析盐的基层应先用3%的草酸溶液清洗,然后用清水冲刷干净或在基层上满刷一遍耐碱底漆。

(2)刮腻子、磨平

刮腻子遍数可由墙面平整度决定,一般情况为三遍。第一遍用橡胶刮板横向满刮,一刮板接一刮板,接头不得留槎,每一刮板最后收头要干净利索。干燥后用100号砂纸打磨,将浮腻子及斑迹磨光,再将墙面清扫干净。第二遍仍用橡胶刮板纵向满刮,方法同第一遍。第三遍用橡胶刮板找补腻子或用钢片刮板满刮腻子,腻子应刮得尽量薄,将墙面刮平、刮光。干燥后用细砂纸磨平、磨光,不得遗漏或将腻子磨穿。处理后,应平整光滑、角线顺直。

(3)涂刷涂料

涂料一般涂刷两遍,涂刷工具可用羊毛排笔或滚筒。用排笔涂刷墙面时,要求两人或多人同时上下配合,一人在上刷,另一人在下接刷,涂刷要均匀,搭接处无明显的接槎和刷纹。

1)排笔涂刷法(一般三遍成活)

墙面涂刷涂料应从右上角开始,从右到左涂刷。排笔以用16管为宜。蘸涂料后,排笔要在桶边轻敲两下,一方面可以使多余涂料滴落在桶内,另一方面可把涂料集中在排笔的头部,以免涂料顺排笔滴落在操作者身上和地上造成污染。涂刷时,先在上部墙面顶端横刷一排笔的宽度,然后自右向左从墙阴角开始向左直刷,一排刷完,再接刷一排,依次涂刷。当刷完一个片段,移动合梯,再刷第二片断。这时涂刷下部墙的操作者可随后接着涂刷第二片段的下排,如此交叉踏步形地进行,直至完成。涂刷时排笔蘸涂料要均匀,刷时要紧松一致、长度一致、宽度一致。一般情况下,涂刷每排笔的长度是400mm左右,上下排笔相互之间的搭接是40～80mm左右,并要求接头上下通顺,无明显的接槎和刷纹。刷完第一遍涂料待干燥后,检查墙面是否有毛面、沙眼、流坠、接槎,并用旧砂纸轻磨后再涂刷第二遍涂料,完成后按质量标准进行检查。要求涂层涂刷均匀、色泽一致,不得有返碱、咬色、流坠、砂眼,同时要做好落手清。

顶棚涂刷涂料:其操作方法和要求与墙面涂刷涂料方法基本相同。但是,由于刷涂顶棚时,操作者要仰着头手握排笔涂刷,其劳动强度和操作难度都大于墙面。为了减少涂刷中涂料的滴落,要求把排笔两端用火烤或用剪刀修整为小圆角。同时,涂刷中还要注意排笔要少蘸、勤蘸涂料,不要蘸到笔杆上,蘸后要在桶边轻轻拍两下。

2)辊筒滚涂(一般三遍成活)

适用于表面毛糙的墙面。操作时,将辊筒在盛装涂料的桶内蘸上涂料后,先在搓衣板上(或在桶边挂一块钢丝网)来回轻轻滚动,使涂料均匀饱满地吸在辊筒毛绒层内,然后进行滚涂。墙面的滚涂顺序是从上到下,从左到右,滚涂时要先松后紧,将涂料慢慢挤出辊筒,以减少涂料的流滴,使涂料均匀地滚涂到墙面上。

用辊筒滚涂的特点是工效高、涂层均匀、流坠少等优点,且能适用高黏度涂料。其缺点是滚涂适用于较大面积的工作面,不适用边角面。边角、门窗等工作面,还得靠排笔来刷涂。另外,滚涂的质感较毛糙,对于施工要求光洁程度较高的物面必须边滚涂边用排笔来理顺。

3)喷涂法

喷枪压力宜控制在0.4～0.8MPa范围内。喷涂时,喷枪与墙面应保持垂直,距离宜在500mm左右,匀速平行移动(400～600mm/min),重叠宽度宜控制在喷涂宽度的1/3。

3. 复层涂料施工作业技术要点

复层涂料涂层分底层、中层、面层三层,其涂饰有刷涂、喷涂、滚涂三种方法。

(1)基层处理

将混凝土和抹灰基层表面上的灰尘、污垢、溅沫和砂浆留痕等清除干净,对基层进行处理,将表面缝隙和不平处用水泥腻子(或耐水腻子)刮平补齐,待腻子干后,用砂纸打磨平整。处理好的基层表面应平整、立面垂直、阴阳角方正、无开裂、酥松、脱皮、起砂、缺棱掉角等现象。基层处理后,需充分干燥。

(2)做分格缝

按设计要求和分格设计,找垂直、套方、弹分格线。一般按楼层做水平分格,缝宽50～80mm。在大角、阳台、门窗边留出35～50mm宽做平涂以加强涂饰效果。分格缝需按标高控制,保证建筑物四周交圈。外墙涂料分段施工时,应以墙面分格、墙的阴阳角、伸缩缝或水落管等处为分界线控制施涂。分格缝需平直光滑,宽窄、深浅一致。

(3)涂刷复层涂料

1)涂刷方法

刷涂法:刷涂方向、距离应一致,接槎应设在分格缝处。刷涂一般不少于两道,应在前一道涂料表干(即表面成膜)后再涂刷第二道,两道涂料的间隔时间一般为2～4h。

喷涂法:喷涂施工应根据所用涂料品种、黏度、稠度、粒径等,确定喷涂机具的种类、喷嘴的口径、喷涂压力、与基层之间的距离等。一般要求喷枪运行时,喷嘴中心线必须与墙面垂直,喷嘴距墙面400～600mm,喷涂压力0.4～0.8MPa或通过试喷确定。喷枪与墙平行移动,运行速度保持均匀一致,连续作业一次成活。接槎处颜色要一致、厚薄均匀,防止漏喷和流淌。每次喷涂时对本次喷涂以外的墙面,用塑料布遮挡好,以免互相污染。

滚涂法:滚涂应根据涂料品种选用辊子的类型。操作时在辊子上蘸少量涂料后,在墙面上做上下垂直往返滚动,避免扭曲变形。滚涂时涂膜不应过厚或过薄,应充分盖底、不透虚影、表面均匀。

2)施涂封底涂料

可采用刷涂、喷涂、滚涂三种操作方法。一般顺序是由上而下,从左到右,按分格线逐层进行。复层涂料的三个涂层可以采用同一种材质的涂料,也可由不同材质组成。

3)喷、滚中间涂层

中间涂层(主涂层)用喷枪喷涂,有图案的辅以辊筒压花。喷涂厚度一般为1～4mm,喷涂花点和压花图案的大小、疏密根据样板确定。需要压花时,应在喷涂层表干后,适时用带图案的辊筒,在喷涂表面单方向滚动,压出花纹。需压平部位,则用无图案胶辊将隆起部分表面压平。

水泥系主涂层涂料喷、滚后,应先干燥 12h,然后洒水养护 24h,再干燥 12h后,才能施涂罩面层涂料。

4)涂饰面层涂料

中间涂层(主涂层)干燥后,即可进行面层涂料施工,刷、滚、喷方法均可,以喷为宜。面层涂料一般涂两道,两道间隔时间为 2～4h。涂饰时要注意与前一刷、滚、喷的搭接,做到不透底和不流坠。面层涂料可根据光泽的不同要求,分别选用水性涂料或溶剂型涂料,也可根据需要加一道有光涂料。

(4)涂料修整

涂料施工时,应随涂饰随修整,发现有漏涂、透底、流坠等立即处理。

4. 施工注意事项

(1)在石膏板(石膏板是以半水石膏和面纸为主要原料,掺入适量纤维、胶黏剂、促凝剂、缓凝剂,经料浆配制、成型、切割、烘干而成的轻质薄板)、TK 板(TK 板又称纤维增强水泥平板,是以低碱水泥、中碱玻璃纤维和短石棉为原料制成的薄型建筑平板)等轻质板面上施涂涂料,首先要在固定的面板螺钉眼上点刷防锈漆和白色铅油,以防螺钉锈蚀,表面出现锈斑污染涂层。另外在面板之间的接缝处理上,应先用石膏油腻子将接缝嵌平,再将涂有乳胶的穿孔纸带或棉白布斜向撕条(50～60mm 宽)贴在接缝处,如图 7-1,然后满批胶粉腻子,待干燥后打磨、清扫,再涂刷涂料。涂刷涂料方法同前。在石膏板材面刷涂各种水性涂料时,如果该地区的室内相对湿度大于 70%时,在施工前对石膏板要进行防湿处理。可先在石膏板纸面上刷一遍光油或氯偏乳液,要求正反两面都刷。光油是由熟桐油加松香水配成,其配合比是熟桐油∶松香水=1∶3。

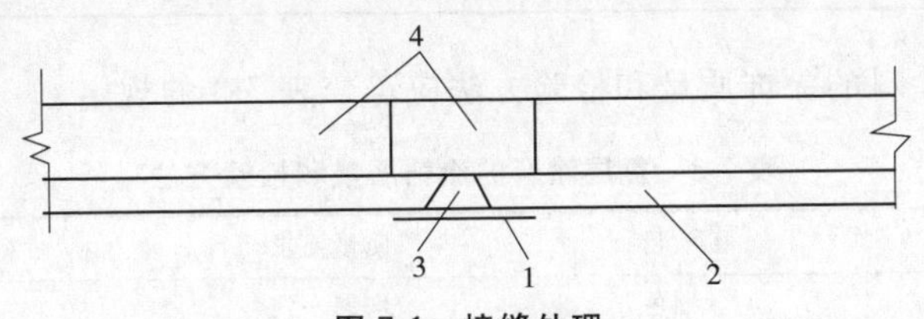

图 7-1 接缝处理

1-穿孔胶带纸或布条;2-纸面石膏板;3-拼缝处用石膏油腻子嵌平;4-主龙骨

(2)室内涂料施工,要求抹灰面干燥,墙面含水率要求不超过 8%,pH 值不超过 9 的条件下才能涂刷。

(3)803 涂料若稠厚刷不开,可适量加温水稀释,但不可过量,否则影响涂层的牢度。如刷带色浆,从批腻子时就要加色,加色应比色浆颜色浅,最后一遍尽量达到与要求的颜色相同。

另外,如被烟熏黑的旧墙面在清理后,可用料血或石灰浆,在旧墙面上刷 1～2遍。如果是因为渗水造成的泛黄水迹,必须在堵渗后,于泛黄处刷 1～2 遍白色铅油。

5. 施工质量要求

(1)薄涂料的涂饰质量和检验方法应符合表 7-1 的规定。

表 7-1 薄涂料的涂饰质量和检验方法

项次	项目	普通涂饰	高级涂饰	检验方法
1	颜色	均匀一致	均匀一致	观察
2	泛碱、咬色	允许少量轻微	不允许	
3	流坠、疙瘩	允许少量轻微	不允许	
4	砂眼、刷纹	允许少量轻微砂眼、刷纹通顺	无砂眼、无刷纹	
5	装饰线、分色线直线度允许偏差(mm)	2	1	拉 5m 线,不足 5m 拉通线,用钢直尺检查

(2)厚涂料的涂饰质量和检验方法应符合表 7-2 的规定。

表 7-2 厚涂料的涂饰质量和检验方法

项次	项目	普通涂饰	高级涂饰	检验方法
1	颜色	均匀一致	均匀一致	观察
2	泛碱、咬色	允许少量轻微	不允许	
3	点状分布	—	疏密均匀	

(3)复层涂料的涂饰质量和检验方法应符合表 7-3 的规定。

表 7-3 复层涂料的涂饰质量和检验方法

项次	项目	质量要求	检验方法
1	颜色	均匀一致	观察
2	泛碱、咬色	不允许	
3	喷点疏密程度	均匀,不允许连片	

三、溶剂型涂料施工

1. 施工准备

(1)材料要求

1)材料名称。溶剂型涂料涂饰工程的材料包括:溶剂型涂料(丙烯酸酯涂料、聚氨酯丙烯酸涂料、有机硅丙烯酸涂料等)、调和漆、混色油漆、清漆(硝基清漆、醇酸清漆、聚酯清漆)、金属漆、辅料等。

2)溶剂型涂料(丙烯酸酯涂料、聚氨酯丙烯酸涂料、有机硅丙烯酸涂料等),应符合设计和国家现行标准的要求,并应具有产品合格证、质量保证书、性能检测报告、使用说明书,内墙涂料中有害物质含量检测报告。

3)混色油漆按设计要求选用,产品应有出厂合格证、性能检测报告、有害物质含量检测报告。

4)封闭底漆、面漆、清漆(硝基清漆、醇酸清漆、聚酯清漆)等应符合设计和国家现行标准的要求,并应有出厂合格证、性能检测报告、有害物质含量检测报告和进场验收记录。

5)辅料:大白粉、滑石粉、石膏粉、光油、清油、聚醋酸乙烯乳液或成品腻子粉、涂料配套使用的稀释剂(汽油、煤油、醇酸稀料、松香水、酒精、漆片等),应符合相关标准要求,与涂料材性相符,并应有出厂合格证、性能检测报告。

6)油漆、稀释剂、填充料、催干剂等材料选用必须符合现行国家标准《民用建筑工程室内环境污染控制规范》(GB 50325—2010)的规定,并具备国家环境检测机构有关有害物质限量等级检测报告。

(2)作业条件

1)抹灰、地面、木作工程已完,水暖、电气设备已安装、调试完成,并验收合格。

2)施工时环境温度一般不低于10℃,相对湿度不大于60%。

3)需要涂饰的木材基层含水率不大于12%。

4)施工环境清洁、通风、无尘埃;安装玻璃前,应有防风措施,遇大风天气不得施工。

2. 混凝土及抹灰面溶剂型涂料施工要点

溶剂型涂料涂饰工程分普通涂饰和高级涂饰,其饰面效果有细粒状、砂粒状和云母状。

(1)基层处理

清理松散物质、粉末、泥土等。旧漆膜用碱溶液或脱漆剂清除。灰尘污物用湿布擦除，油污等用溶剂或清洁剂去除。霉菌等用抗霉溶液清除，再用清水冲洗，然后晾干。基层裂缝用油性或不溶的水性腻子充填修补。基层磕碰、麻面、缝隙等处用石膏腻子修补。对改造工程的基层用20%家用漂白粉溶液擦洗，留存48h后用清水洗净并晾干。

(2)磨砂纸打平

处理后的基层干燥后，用砂纸将残渣、斑迹、灰渣等杂物磨平、磨光。

(3)刷底漆

使用与面层匹配的底漆，采用滚涂、刷涂、喷涂等方法施工。油性底漆能有效地防止水泥强碱性引起的涂层破坏，配制底漆时应以油漆：溶剂＝1：3的稀释油漆进行涂刷。深入渗透基层，形成牢固基面。

(4)满刮第一遍腻子、磨光

腻子配比为滑石粉（大白粉）：乳液：22%羧甲基纤维素溶液＝5：1：3.5（质量比）。有防水要求的腻子配比为聚酯酸乙烯溶液：水泥：水＝1：5：1或用防水腻子。操作时用胶皮刮板横向满刮，一刮板紧接一刮板，接头不得留搓，每刮一刮板最后收头时，要注意收得干净利落。干燥后用100号砂纸打磨，将浮腻子、斑迹、刷纹磨平、磨光。

(5)满刮第二遍腻子

第二遍腻子用胶皮刮板竖向满刮，所用材料和方法同第一遍腻子。干燥后用100号砂纸磨平并清扫干净。

(6)弹分色线

如墙面有分色，应在涂刷前弹分色线，涂刷时先浅色后深色。

(7)涂刷第一遍涂料

涂刷顺序应从上到下、从左到右。不应乱刷，以免涂刷过厚或漏刷，当为喷涂时，喷嘴距墙面一般为400～600mm左右。喷涂时，喷嘴垂直于墙面与被涂墙面平行稳步移动。开关枪门不可用力过猛，喷涂路线要直，喷涂先横后竖，当为细粒状时：喷嘴直径用2～3mm；砂粒状时：喷嘴直径用4～4.5mm；云母状时：喷嘴直径用5～6mm。

(8)复补腻子、修补磨光擦净

第一遍涂料干燥后，个别缺陷或漏抹腻子处要复补腻子，干燥后磨砂纸，把小疙瘩、腻子斑迹磨平、磨光，然后清扫干净。

(9)涂刷第二遍涂料

涂刷及喷涂做法同第一遍涂料。

(10)磨光

第二遍涂料干燥后，个别缺陷或漏抹腻子处要复补腻子，干燥后打磨砂纸，把小疙瘩、腻子斑迹磨平、磨光，然后清扫干净。

(11)涂刷第三遍涂料

此道工序为最后一遍罩面涂料，涂料稠度可稍大。但在涂刷时应多理多顺，使涂膜饱满，厚薄均匀一致，不流不坠。大面积施工时，应几人同时配合一次完成。

3. 木材面施涂溶剂型混色油漆施工要点

木质面层常用的溶剂型涂料有丙烯酸酯涂料、聚氨酯丙烯酸涂料、有机硅丙烯酸涂料等，涂饰方法可采用刷涂和滚涂。

(1)基层处理

先用开刀将木料表面的污渍、胶迹、灰浆等清理干净，然后用120号木砂纸打磨，磨掉木毛槎，做到磨光、磨平，阴、阳角打磨到位，上下一致。

(2)第一遍底漆

用无色、白色油性漆作为底漆或用与面漆配套的底漆。底漆涂刷要薄而匀，不得漏刷。

(3)刮腻子补平打磨

节疤、小孔及接缝处抹石膏腻子或原子灰，将其抹实抹平，腻子可加入适量磁漆，干燥后用砂纸打磨，并用湿布擦净晾干。再用开刀满刮油腻子，要刮平、刮光，干后用120号木砂纸打磨。如有收缩凹陷处，用腻子嵌补填平，干后用120号木砂纸打磨。油腻子按石膏粉：熟桐油：松香水：水＝16：25：1：4的配合比调制。调配时，先按比例将熟桐油、松香水倒入铁桶内充分搅拌，再按比例加入石膏粉(从中取出20％的石膏粉待用)放在拌板上用铲刀搅拌均匀，在其上挖一凹坑，然后把存余的20％石膏粉和需用量的50％水倒入凹坑中充分搅拌，一面搅拌一面逐渐加入剩余的水，反复搅拌均匀，粘稠度以挑丝不倒为宜。腻子应随调随用，当日用完。

(4)第二遍底漆

涂刷时要注意横平竖直涂刷，不得漏刷和流坠。两道漆间隔时间，应根据当时气温而定，以漆膜干透为准。

(5)补腻子打磨

第二遍底漆有不平之处，要及时复补腻子，干燥后用320号水砂纸打磨，然后用湿布擦净晾干。

(6)刷第一道面漆

使用不同的面层油漆，可依据产品使用说明书按比例稀释。常用配比为：PU磁漆：固化剂：稀释剂＝2：1：2；硝基磁漆：天那水＝1：1～1.5；醇酸磁漆：醇酸稀料＝1：0.05～0.1。涂刷面漆时注意不得漏刷、流坠和裹棱，顺木纹和长度方向应收理均匀。

(7)水砂纸打磨

第一道面漆干透后,用600～800号水砂纸打磨。局部不平、不光处,及时复补腻子,待腻子干透后,用砂纸打磨,并用湿布擦净晾干。

(8)刷第二道面漆

刷第二道面漆之前,应完成玻璃、五金等的安装,并将室内地面、台面浮尘清扫干净。涂刷可采用刷涂或喷涂两种方法。

1)刷涂:做法同第一道面漆。面漆应做到刷纹通顺平展、均匀一致、不流坠,无漏刷、刷痕、裹棱等现象。

2)对于质量要求较高的装饰工程,第二道底漆完成后,面漆可采用喷涂法,一次成活。喷涂多采用压枪法作业,其操作方法如下:

先沿喷涂面两侧边沿纵向喷一遍,然后从喷涂面的左上角向右水平横向喷涂,喷至右端后,再从右向左水平横向喷涂。后一枪涂层应压住前一枪涂层的一半,确保涂层厚度均匀。喷涂各面的边缘时,应使喷嘴中心垂直对准各边缘线。喷时应均匀缓慢移动喷枪,接近侧缘前扣动扳机,到末端时,在喷枪移出边缘后,再放松扳机停止喷漆。喷嘴要与涂面垂直,喷枪移动时走直线,移动速度要均匀,一般控制在10～12m/min,每次喷涂长度以1.5m为宜,喷涂接头处要轻飘,保证颜色深浅一致。

4. 木材面施涂聚酯着色清漆施工要点

施涂聚酯着色清漆涂料工程分为普通涂饰和高级涂饰。

(1)基层处理

首先应仔细检查基层表面,对缺棱掉角等基材缺陷应及时修整好;对基层表面上的灰尘、油污、斑点、胶渍等应用铲刀刮除干净,将钉眼内粉尘杂物剔除(不要刮出毛刺)。然后采用打磨器或用木擦板垫砂纸120号)顺木纹方向来回打磨,先磨线角裁口,后磨四边平面,磨至平整光滑(不得将基层表面打透底),用弹灰刷将磨下的粉尘清除后,再用湿布将粉尘擦净并晾干。

(2)刷封闭底漆

1)器具清洁及刷具的选用

器具清洁:涂刷前应将所用器具清洗干净,油刷需在稀释剂内浸泡清洗。新油刷使用前应将未粘牢的刷毛去除,并在120号砂纸上来回磨刷几下,以使端毛柔软适度。刷具的选用:施工时应根据涂料品种及涂刷部位选用适当的刷具。刷涂黏度较大的涂料时,宜选用刷毛弹性较大的硬毛扁刷;刷涂油性清漆应选用刷毛较薄、弹性较好的猪鬃刷。

2)底漆选用及调配:选用配套的封闭底漆,并按产品说明书和配比要求进行配兑，混合拌匀后用120目滤网过滤，静置5min方可施涂。底漆的稠度应根据油漆涂料性能、涂饰工艺（手工刷或机械喷）、环境气候温度、基层状况等进行调配。环境温度低于15℃时应选用冬用稀释剂；25℃以上应选用夏用稀释剂；30℃以上时可适当添加“慢干水”等。

3）刷漆：油漆涂刷一般先刷边框线角，后刷大面，按从上至下，从左至右，从复杂到简单的顺序，顺木纹方向进行，且需横平竖直、薄厚均匀、刷纹通顺、不流坠、无漏刷。线角及边框部分应多刷1～2遍，每个涂刷面应一次完成。

（3）打磨第一遍

1）手工打磨方法：用包砂纸的木擦板进行手工打磨，磨后用除尘布擦拭干净，使基层面达到磨去多余、表面平整、手感光滑、线条分明的效果。

2）机械打磨方法：遇面积较大时，宜使用打磨器进行打磨作业。施工前，首先检查砂纸是否夹牢，机具各部位是否灵活，运行是否平稳正常。打磨器工作的风压在0.5～0.7MPa为宜。

3）打磨时的注意事项：打磨必须在基层或涂膜干透后进行，以免磨料钻进基层或涂膜内，达不到打磨的效果。涂膜坚硬不平或软硬相差较大时，必须选用磨料锋利并且坚硬的磨具打磨，避免越磨越不平。

4）砂纸型号的选用：打磨所用的砂纸应根据不同工序阶段、涂膜的软硬等具体情况正确选用砂纸的型号，见表7-4。

表7-4　不同打磨阶段砂纸型号选用表

打磨阶段	增补腻子层和白胚基层	满刮腻子封闭底漆	底漆	面漆
砂纸型号	120～240号	240～400号	240～400号	600～800号

（4）擦色

1）器具清洁：调色前应将调色用各种器具用清洗剂清洗干净。

2）调色分厂商调色和现场调色两类，宜优先采用前者。厂商调色为事先按设计样板颜色要求，委托厂商调制成专门配套的着色剂和着色透明漆（或面漆）。对于厂商供应的成品着色剂或着色透明漆，应与样板进行比较，校对无误后方可使用。现场调配一般采用稀释剂与色精调配或透明底漆与色精配制调色，稀释剂应采用与聚酯漆配套的无苯稀释剂。

3）擦色工艺：基层打磨清理后及时进行擦色，以免基层被污染。

擦色时，先用蘸满着色剂的洁净细棉布对基层表面来回进行涂擦，面积范围约0.5m^2左右为一段，将所有的棕眼填平擦匀，各段要在4～5s内完成，以免时间过长着色剂干后出现接槎痕迹。然后用拧干的湿细棉布(或麻丝)顺木纹用力来回擦,将多余的着色剂擦净,最后用净干布擦拭一遍。擦色后达到颜色均匀一致,无擦纹、无漏擦,并注意保护,防止污染。

(5)喷第一遍底漆

擦色后干燥2~4h即可喷第一遍底漆。

1)喷涂机具清洁及调试:喷涂前,应认真对喷涂机具进行清洗,做到压缩空气中无水分、油污和灰尘,并对机具进行检查调试,确保运行状况良好。喷涂操作手必须经过专业培训,熟练掌握喷涂技能,并经相关部门的考核合格后,方可上岗施喷。

2)喷涂底漆调配:调配宜比刷涂底漆的配合比多加入10%~15%的稀释剂进行稀释,使其黏度适应喷涂工艺特点。

3)喷涂:一般采用压枪法(也叫双重喷涂法)进行喷涂。压枪法是将后一枪喷涂的涂层,压住前一枪喷涂涂层的1/2,以使涂层厚薄一致。并且喷涂一次就可得到两次喷涂的厚度。采用压枪法喷涂的顺序和方法如下:

先将喷涂面两侧边缘纵向喷涂一下,然后再沿喷涂线路喷涂,从喷涂面的上端左角向右水平横向喷涂,喷至右端头;然后从右向左水平横向喷涂,喷至左端头,如此循环反复喷至底部末端。第一喷路的喷束中心,必须对准喷涂面上端的边缘,以后各条路间要相互重叠一半。即后一枪喷涂的涂层,压住前一枪喷涂涂层的1/2,以使涂层厚薄一致。各喷路未喷涂前,应先将喷枪对准喷涂面侧缘的外部,缓慢移动喷枪,在接近侧缘前时扣动扳机(即要在喷枪移动中扣动扳机)。在到达喷路末端后,不要立即放松扳机,要待喷枪移出喷涂面另一侧的边缘后,再放松扳机。

喷枪应走成直线,不能呈弧形移动,喷嘴与被喷面要垂直,否则就会形成中间厚、两边薄或一边厚一边薄的涂层。喷枪移动的速度应均匀平稳,一般控制在10~12m/min,每次喷涂的长度约为1.5m为宜。喷到接头处要轻飘,以达到颜色深浅一致。

(6)打磨第二遍

底漆干燥2~4h后,用240~400号砂纸进行打磨,磨至漆膜表面平整光滑。

(7)刮腻子

1)腻子选用及调配:应按产品说明要求选用专门配套的透明腻子,如“特清透明腻子”或“特清透明色腻子”等(前者多用于大面积满刮腻子,后者多用于修补钉眼或需对基层表面进行擦色等)。透明色腻子有浅、中、深三种,修补钉眼或擦色时可根据基层表面颜色进行掺合调配。

2)基层缺陷嵌补:刮腻子前应先将拼缝处及缺陷大的地方用较硬的腻子嵌

补好，如钉眼、缝孔、节疤等缺陷的部位。嵌补腻子一般宜采用与基层表面相同颜色的色腻子，且需嵌牢嵌密实。腻子需嵌补得比基层表面略高一些，以免干后收缩。

3)批刮腻子

批刮方法选择：腻子嵌批应视基层表面情况而采取不同的批刮工艺。对于基层表面平整光滑的木制品，一般无需满刮腻子，只需在有钉眼、缝孔、节疤等缺陷的部位上嵌补腻子即可。对于硬材类或棕眼较深的及不太平整光滑的木制品基层表面，需大面积满刮腻子。此时，一般常采用透明腻子满刮二遍。即第一遍腻子刮完后干燥 1～2h，用 240～400 号砂纸打磨平整后再刮第二遍腻子。第二遍腻子打磨后应视其基层表面平整、光滑程度确定是否仍需批刮（或复补）第三遍腻子。

批刮腻子操作要点：批刮腻子要从上至下，从左至右，先平面后棱角，顺木纹批刮，从高处开始，一次刮下。手要用力向下按腻板，倾斜角度为 60°～80°，用力要均匀，才可使腻子饱满又结实。不必要的腻子要收刮干净，以免影响纹理清晰。

嵌补腻子操作要点：嵌补时要用力将腻子压进缺陷内，要填满、填实，但不可一次填的太厚，要分层嵌补，一般以 2～3 道为宜。分层嵌补时必须待上道腻子充分干燥，并经打磨后再进行下道腻子的嵌补。要将整个涂饰表面的大小缺陷都填到、填严，不得遗漏，边角不明显处要格外仔细，将棱角补齐。填补范围应尽量控制在缺陷处，并将四周的腻子收刮干净，减少刮痕。填刮腻子时不可往返次数太多，否则容易将腻子中的油分挤出表面，造成不干或慢干的现象，还容易发生腻子裂缝。嵌补时，对木材面上的翘花及松动部分要随即铲除再用腻子填平补齐。

(8)轻磨第一遍

腻子干燥 2～3h 后可用 240～400 号水砂纸进行打磨。

(9)刷第二遍底漆

打磨清擦干净后即可刷第二遍底漆。

(10)轻磨第二遍

底漆干燥 2～4h 后，用 400 号水砂纸进行打磨。

(11)修色

1)色差检查：打磨前应仔细检查表面是否存在明显色差，对腻子疤、钉眼及板材间等色差处进行修色或擦色处理。

2)修色剂调配：修色剂应按样板色样采用专门配套的着色剂或用色精与稀释剂调配等方法进行调配。着色剂一般需多遍调配才可达到要求，调配时应确定着色剂的深浅程度，并将试涂小样颜色效果与样板或涂饰物表面颜色进行对比。直至调配出比样板颜色或涂饰物表面颜色略浅一些的修色剂。

3)修色方法：用毛笔蘸着色剂对腻子疤、钉眼等进行修色，或用干净棉布蘸着色剂对表面色差明显的地方擦色。最后将色深的修浅，色浅的修深；将深浅色差拼成一色，并绘出木纹。修好的颜色必须与原来的颜色一致，且自然、无修色痕迹。

(12)喷(刷)第一遍面漆

修色干燥1～3h并经打磨后即可喷(刷)面漆。喷(刷)面漆前，面漆、固化剂、稀释剂应按产品说明要求的配比混合拌匀，并用200目滤网过滤后，静置5min方可施涂。

(13)打磨第三遍面漆干燥2～4h后，用800号水砂纸进行打磨，但应注意以下几点：

1)漆膜表面应磨得非常平滑。

2)打磨前应仔细检查，若发现局部尚需找补修色的地方，应进行找补修色。

(14)喷(刷)第二遍面漆

操作方法同喷(刷)第一遍面漆。

(15)擦砂蜡、上光蜡

面漆干燥8h后即可擦砂蜡。擦砂蜡时先将砂蜡捻细浸在煤油内，使其成糊状。然后用棉布蘸砂蜡顺木纹方向用力来回擦。擦涂的面积由小到大，当表面出现光泽后，用干净棉布将表面残余砂蜡擦净。最后上光蜡，用清洁的棉纱布擦至漆面亮彻。

5. 金属面油漆施工要点

金属表面施涂混色油漆分普通涂饰和高级涂饰两级。

(1)基层处理

基层处理包括清扫、砂磨、脱脂、除锈。

1)清扫：首先将金属面上浮土、灰浆等清除干净。

2)砂磨：基层表面上的焊疤、铁刺、棱角、颗粒等均要进行细致的砂磨处理。可采用以下两种方式：

手工砂磨：用刮刀、扁塞刮除，凿去金属面上的毛刺、颗粒、焊疤等，随后用铁砂纸打磨，使其平整光滑。

机械砂磨：先用砂轮机进行打磨，然后用铁砂纸打磨，使其平整光滑。

3)脱脂：用有机溶剂、碱液清除基层表面的油脂、污渍等。经脱脂后的基层表面必须擦净晾干，以免影响涂刷质量。

4)除锈：可采用物理、化学两种方式进行。

物理方式：通常采用机械清除、手工清除、火焰清除、喷砂清除等。

化学方式：常在酸洗池里用酸性溶液浸泡或刷洗基层表面，将锈清除干净后，用流动水冲洗基层表面，擦净晾干。

(2)磷化、刷防锈漆

基层表面可用磷酸盐处理，形成保护膜，然后刷防锈漆。当无要求时可不做磷化处理，直接刷防锈漆。已刷防锈漆但出现锈斑的金属面，需用铲刀铲除底层防锈漆，用钢丝刷和砂布彻底打磨干净，或用碱液、有机溶剂清除旧漆膜，补刷1～2道防锈漆。

(3)刮腻子

防锈漆干透后，将金属面的砂眼、凹坑、缺棱、拼缝等处，用腻子刮平整。待腻子干透后，用100号砂纸打磨，磨完砂纸后用湿布将面上的粉末擦净晾干。然后用开刀或橡皮刮板在基层表面上满刮一遍腻子，要求刮得薄，收得干净、均匀、平整、无飞刺。待腻子干透后再用120号砂纸打磨，注意保护棱角，要求达到表面光滑、线角平直、整齐一致。

(4)刷(喷)油漆

涂刷方法有刷涂和喷涂两种。

1)刷涂：油漆的稠度以达到盖底、不流淌、不显刷痕为宜。油漆的颜色应符合样板色泽。刷油漆时应遵循先上后下、先左后右、先外后内、先小面后大面、先四周后中间原则，并注意分色清晰整齐，厚薄均匀一致。

补腻子、磨砂纸：待油漆干透后，对底腻子收缩凹陷或残缺处，再用腻子补刮一次。待腻子干透，用100号砂纸打磨，磨好后用湿布将磨下的粉末擦净晾干。

刷第二道油漆：操作方法同第一道油漆。第二道油漆刷完晾干后，用120号砂纸或旧砂纸轻磨一遍，注意保护棱角，不要把油漆磨穿。磨好后用湿布将磨下的粉末擦净晾干。

刷面漆：最后一道面漆稠度应稍大，涂刷时要多刷多理，刷油饱满、不流不坠、光亮均匀、色泽一致。在玻璃油灰上涂刷时，油灰应达到一定强度后方可进行。

2)喷涂：喷涂遍数同刷涂。采用压枪法喷涂，喷涂前调试好喷枪、气泵等机具，并按不同油漆的配比进行稀释，使其稠度满足喷涂要求，其操作方法如下：

①先沿喷涂面两侧边缘纵向喷涂一遍，然后从喷涂面的左上角向右水平横向喷涂，喷至右端后，再从右向左水平横向喷涂。后一枪喷的涂层，应压住前一枪所喷涂层的一半，以使涂层厚度均匀。

②喷涂各面的边缘时，应使喷嘴中心垂直对准各边缘线。均匀缓慢地移动喷枪，在接近侧缘前扣动扳机，到达末端后，要在喷枪移出边缘后再放松扳机停

止喷漆。

③喷嘴要与喷涂面垂直,喷枪移动时必须走直线,移动速度要均匀,一般控制在10~12m/min,每次喷涂长度在1.5m左右为宜,接头处喷涂要轻飘,以使颜色深浅一致。

6. 木地板油漆涂饰施工要点

木地板涂饰包括刷调和漆和刷清漆涂饰施工,分普通涂饰和高级涂饰两级。

(1)木地板刷调和漆

1)地板面的处理:将表面的灰尘、污物清扫干净,并将其缝隙内的灰砂剔扫干净。用60号木砂纸磨光,先磨踢脚板,后磨地板面,均应顺木纹打磨,磨至以手摸不扎手为好,然后用100号砂纸加细磨平、磨光,并及时将磨下的粉尘清理干净,节疤处点漆片修饰。

2)刷清油:清油的配合比以熟桐油:松香水=1:2.5较好,这种油比较稀,可使油渗透到木材内部,以防止木材变潮变形及增强防腐作用,并能使后道腻子、刷漆油等能很好的与底层黏结。涂刷时应先刷踢脚,后刷地面,刷地面时应从远离门口一方退着刷。一般的房间可两人并排退刷,大的房间可组织多人一起退刷,使其涂刷均匀不甩接茬。

3)嵌、批腻子:先配出一部分较硬的腻子,配合比为石膏粉:熟桐油:水=20:7:50,其中水的掺量可根据腻子的软硬而定。用较硬的腻子来填嵌地板的拼缝,局部节疤及较大缺陷处,腻子干后,用1号砂纸磨平、扫净。再用上述配合比拌成较稀的腻子,将地板面及踢脚满刮一道。一室可安排两人操作,先挂踢脚,后刮地板,从里向外退着刮,注意两人接茬的腻子收头不应过厚。腻子干后,经检查如有塌陷之处,再用腻子刮平,等补腻子干后,用100号木砂纸磨平,并将面层清理干净。

4)刷第一遍调和漆:应顺木纹涂刷,阴角处不应涂刷过厚,防止皱折。待油漆干后,用100号木砂纸轻轻地打磨光滑,达到磨光又不将油皮磨穿为度。检查腻子有无缺陷,并复补腻子,此腻子应配色,其颜色应和所刷油漆颜色一致,干后磨平,并补刷油漆。

5)刷第二遍调和漆:待第一遍调和漆干后,满磨砂纸、清净粉尘后,刷第二遍调和漆。

6)刷第三遍交活调和漆:待第二遍调和漆干后,用磨砂纸磨光,清净粉尘,刷第三遍交活调和漆。

(2)木地板刷清漆

1)地板面处理:将地板面上的尘土及缝隙内的灰砂剔扫干净,用80号木砂纸打磨,应先磨踢脚后磨地面,顺木纹反复打磨,磨至光滑,再换100号木砂纸加细磨平磨光，最后将磨下的粉尘清扫干净。

2)刷清油：用熟桐油：松香水=1：2.5的比例调配，此清油较稀，并在清油内根据样板的颜色要求加入适当的颜料。刷油时先刷踢脚，后刷地面。一般房间可采用两人同时操作，从远离门口的一边退着刷，注意两人接茬处油层不可重叠过厚，要刷匀。

3)嵌、批腻子：应先配置一部分较硬的石膏腻子，其配合比为石膏粉：熟桐油=20：7，水的用量根据实际所需腻子的软硬而增减。将配好的腻子嵌填裂缝、拼缝，并修补较大缺陷处，应补好塞实。腻子干后，用100号砂纸磨平，并将粉尘清扫干净，再满刮一道腻子，腻子应根据样板颜色调兑。刮踢脚及地面，涂刷时，亦可安排两人同时操作，先刮踢脚，注意踢脚上、下口的腻子收尽。然后刮地板，从里向外顺木纹刮，采用钢刮板将腻子刮平，并及时将残余的腻子收尽。两人接槎时腻子不能重叠过厚，批腻子应分两次进行。头遍应顺木纹满刮一遍，干后检查有无塌陷不平处，再用腻子补平，干后用100号砂纸磨平，清扫干净后，第二遍再满刮腻子一遍。要刮匀刮平，干后用1号砂纸磨光，并将粉尘打扫干净。

4)刷油色：先刷踢脚，后刷地板。刷油要均匀、接茬要错开，且涂层不应过厚和重叠，要将油色用力刷开，使之颜色均匀。

5)刷清漆三道：油色干后，用100号木砂纸打磨，并将粉尘用布擦净，即可涂刷清漆。先刷踢脚后刷地板，漆膜要涂刷厚些，待其干燥后有较稳定的光亮，干后，用120号砂纸轻轻打磨再涂刷第三遍交活清漆，刷后，要做好成品的保护工作，防止漆膜损坏。

7. 溶剂型涂料涂饰工程质量要求

(1)色漆的涂饰质量和检验方法应符合表7-5的规定。

表7-5 色漆的涂饰质量和检验方法

项次	项目	普通涂饰	高级涂饰	检验方法
1	颜色	均匀一致	均匀一致	观察
2	光泽、光滑	光泽基本均匀光滑无挡手感	光泽均匀一致光滑	观察、手摸检查
3	刷纹	刷纹通顺	无刷纹	观察
4	裹棱、流坠、皱皮	明显处不允许	不允许	观察
5	装饰线、分色线直线度允许偏差(mm)	2	1	拉5m线，不足5m拉通线，用钢直尺检查

(2)清漆的涂饰质量和检验方法应符合表7-6的规定。

表7-6 清漆的涂饰质量和检验方法

项次	项目	普通涂饰	高级涂饰	检验方法
1	颜色	均匀一致	均匀一致	观察
2	木纹	棕眼刮平,木纹清楚	棕眼刮平,木纹清楚	观察
3	光泽、光滑	光泽基本均匀 光滑无挡手感	光泽均匀一致光滑	观察、手摸检查
4	刷纹	无刷纹	无刷纹	观察
5	裹棱、流坠、皱皮	明显处不允许	不允许	观察

四、美术涂饰工程

1. 施工准备

(1)材料

1)材料名称

美术涂饰工程的材料包括:涂料、填充料、稀释剂、各色颜料等。

2)涂料:光油、清油、桐油、各色油性调和漆(酯胶调和漆、酚醛调和剂、醇酸调和漆等),或各色无光调和漆等;各色水溶性涂料。

3)填充料:大白粉、滑石粉、石膏粉、双飞粉、地板黄、红土子、立德粉、羧甲基纤维素、聚酯酸乙烯乳液等。

4)稀释剂:汽油、煤油、松香水、酒精、醇酸稀料等与油漆相应配套的稀料。

5)各色颜料:应耐碱、耐光、耐污染。

6)所用材料应有产品合格证、质量保证书、性能检测报告、使用说明书,内墙涂料中有害物质含量检测报告;其品种、性能、颜色等应符合设计要求。

7)油漆、填充料、催干剂、稀释剂等材料选用必须符合现行国家标准《民用建筑工程室内环境污染控制规范》GB50325的要求,并有相应的环境检测报告。

(2)作业条件

1)墙面必须干燥,基层含水率不得大于6%～8%。

2)墙面的设备管洞应提前处理完毕,为确保墙面干燥,各种穿墙孔洞都应提前抹灰补齐。

3)门窗应提前安装好玻璃。

4)施工前应事先做好样板间,经检查鉴定合格后,方可组织班组进行大面积施工。

5)作业环境应通风良好,湿作业已完成并具备一定的强度,周围环境比较干燥。

6)冬期施工油漆涂料工程,应在采暖条件下进行,室温保持均衡,一般室内温度不宜低于10℃,相对湿度为60%,并不得突然变化。同时应设专人负责测试温度和开关门窗,以利通风、排除湿气。

2. 美术涂饰工程施工作业技术要点

(1)套色、漏花涂饰

1)基层处理:同溶剂型涂料涂饰工程。

2)弹线:按设计要求弹出套色漏花的框线(水平或垂直);墙上部的边漏涂饰,一般距顶棚面为房间净高的1/4左右。确定漏花位置线时,注意内墙四周要交圈。

3)刷底油(清油):涂饰时,先上后下,仔细涂饰,不得漏涂、透底。

4)刮腻子、磨光:根据表面平整度决定遍数(一般2遍)。操作时用胶皮刮板横向满刮,一刮板紧接一刮板,接头不得留槎,每刮一刮板最后收头时,要注意收得干净利落。干燥后用100号砂纸打磨,将浮腻子、斑迹、刷纹磨平、磨光。第二遍腻子用胶皮刮板竖向满刮,所用材料和方法同第一遍腻子。干燥后用100号砂纸磨平并清扫干净。

5)弹分色线:如墙面有分色,应在涂刷前弹分色线,横向要水平、交圈,竖向要垂直。

6)涂饰调和漆:涂刷时,先刷分色线处,然后刷其他处。分色线处应先浅色后深色。涂刷顺序应从上到下、从左到右。不应乱刷,以免涂刷过厚或漏刷,在涂刷时应多理多顺,使涂膜饱满,厚薄均匀一致,不流不坠。第一遍涂料干燥后,个别缺陷或漏抹腻子处要复补腻子,干燥后打磨砂纸,把小疙瘩、腻子斑迹磨平、磨光,然后清扫干净。涂刷第二遍涂料的方法同第一遍。

7)漏花:一般两人为一组,利用特制的漏花板(花纹或动物图像),有规律地将各种颜色的油漆喷(刷)在墙面上。喷(刷)顺序是先中间色、浅色,后为深色。漏花板每操作3～5次,应清理涂料,以免污染。

(2)滚花涂饰

1)基层处理:同溶剂型涂料涂饰工程。

2)刮腻子:同套色、漏花涂饰。

3)涂饰调和漆:同套色、漏花涂饰。

4)弹线:在底层涂料干燥后,按设计要求在墙上弹出水平线或垂直线,确定滚花位置。

5)滚花:按设计要求配好涂料,用刻有花纹的油漆辊蘸涂料,从左到右、从上到下在墙面进行滚涂。

(3)仿木纹涂饰

1)基层处理:同溶剂型涂料涂饰工程。

2)弹线:同套色、漏花涂饰。

3)刷底油(清油):同套色、漏花涂饰。

4)刮腻子、磨光:同套色、漏花涂饰。

5)涂饰调和漆:同套色、漏花涂饰。

6)弹分格线:按设计要求进行分格,一般竖木纹高约为横木纹板宽的4倍左右。

7)刷面层油:涂料颜色要比底层深,稠度可稍大。

8)做木纹:用不规则牙齿形橡胶板、橡皮板画出木纹。

9)划分格线:面层木纹干燥后,划分格线。

10)涂饰清漆:在面层木纹和分格线完全干燥后,表面涂饰清漆一道。

(4)仿石纹涂饰施工

1)基层处理:同溶剂型涂料涂饰。

2)刷底油(清油):同套色、漏花涂饰。

3)刮腻子:同套色、漏花涂饰。

4)涂饰调和漆:同套色、漏花涂饰。

5)喷涂三色:在调和漆干透后,将用温水浸泡的丝棉拧去水分,再甩开,使之松散,以小钉子挂在油漆好的墙面上,用手整理丝棉成斜纹状,如石纹一般,连续喷涂三遍色,喷涂的顺序是浅色、深色而后喷白色。

6)划线:油色喷涂完成后,须停10～20min即可取下丝棉,待喷涂的石纹干后再行划线。

7)涂饰清漆:在面层分格线完全干燥后,表面涂饰清漆一道。

各色大理石:油漆的颜色一般以底色油漆的颜色为基底,再喷涂深、浅2色。喷涂的顺序是浅色—深色—白色,共为3色。常用的颜色为浅黄、深绿2种,也有用黑色、咖啡色和翠绿色等。喷完后即将丝棉揭去,墙面上即显出大理石纹。可做成浅绿色底墨绿色花纹的大理石,亦可做成浅棕色底深棕色花纹和浅灰色底黑色花纹大理石等,待所喷的油漆干燥后,再涂饰一遍清漆。

粗纹大理石:在底层涂好白色油漆的面上,再涂饰一遍浅灰色油漆,不等干燥就在上面刷上黑色的粗条纹,条纹要曲折不能端直。在油漆将干而又未干时,用干净刷子把条纹的边线刷混,刷到隐约可见,使两种颜色充分调和。干后再刷一遍清漆,即成粗纹大理石纹。

(5)涂饰墙面拉毛

1)腻子拉毛施工:在腻子干燥前,用毛刷拍拉腻子,即得到表面有平整感觉的花纹。

①墙面底层要做到表面嵌补平整。

②用血料腻子加石膏粉或滑石粉,亦可用熟桐油菜胶腻子,用钢皮或木刮尺满批。石膏粉或滑石粉的掺量,应根据波纹大小由试验确定。

③要严格控制腻子厚度,一般办公室、卧室等面积较小的房间,腻子的厚度不应超过5mm;公共场所及大型建筑的内墙墙面,腻子厚度要求20～30mm,这样拉出的花纹才大。腻子厚度应根据波纹大小,由试验来确定。

④不等腻子干燥,立即用长方形的猪鬃毛刷拍拉腻子,使其头部有尖形的花纹。再用长刮尺把尖头轻轻刮平,即成表面有平整感觉的花纹。或等平面干燥后,再用砂纸轻轻磨去毛尖。批腻子和拍拉花纹时的接头要留成弯曲状,不得留得齐直,以免影响美观。

⑤根据需要涂饰各种油漆或粉浆。由于拉毛腻子较厚,干燥后吸收力特别强,故在涂饰油漆、粉浆前必须刷清油或胶料水润滑。涂饰时应用新的排笔或油刷,以防流坠。

2)石膏油拉毛施工:石膏油满批后,用毛刷紧跟着进行拍拉,即形成高低均匀的毛面,称为石膏油拉毛。

①基层清扫干净后,应涂一遍底油,以增强其附着力和便于操作。

②底油干后,用较硬的石膏油腻子将墙面洞眼、低凹处及门窗边与墙间的缝隙补嵌平整腻子干后,用铲刀或钢皮刮去残余的腻子。

③批石膏油,面积大可使用钢皮或橡皮刮板,也可以用塑料板或木刮板;面积小,可用铲刀批刮。满批要严格控制厚度,表面要均匀平整。剧院、娱乐场、体育馆等大型建筑的内墙一般要求大拉毛,石膏油应批厚些,其厚度为15～25mm,办公室等较小房间的内墙,一般为小拉毛,石膏油的厚度应控制在5mm以下。

④石膏油批上后,随即用腰圆形长猪鬃刷子捣到、捣匀,使石膏油厚薄一致。紧跟着进行拍拉,即形成高低均匀的毛面。

⑤如石膏油拉毛面要求涂刷各色油漆时,应先涂刷一遍清油,由于拉毛面涂刷困难;最好采用喷涂法,应将油漆适当调稀,以便操作。

⑥石膏必须先过箩。石膏油如过稀,出现流淌时,可加入石膏粉调整。

第二节 刷浆工程

1. 常用刷浆材料及配制

刷浆所用材料主要是指石灰浆、水泥色浆、大白浆和可赛银浆等，石灰浆和水泥浆可用于室内、室外墙面，大白浆和可赛银浆只用于室内墙面。

(1)石灰浆用生石灰块或淋好的石灰膏加水调制而成，可在石灰浆内加0.3%～0.5%的食盐或明矾，或水泥用量20%～30%的108胶，目的在于提高其附着力。如需配色浆，应先将颜料用水化开，再加入石灰浆内拌匀。

(2)水泥色浆由于素水泥浆易粉化、脱落，一般用聚合物水泥浆，其组成材料有白水泥、高分子材料、颜料、分散剂和憎水剂。高分子材料采用108胶时，108胶掺量一般为水泥用量的20%。分散剂一般采用六偏磷酸钠，掺量约为水泥用量的1%，或木质素磺酸钙，掺量约为水泥用量的0.3%，憎水剂常用三甲基硅醇钠。

(3)大白浆由大白粉加水及适量胶结材料制成，加入颜料，可制成各种色浆。胶结材料常用108胶(掺入量为大白粉的15%～20%)或聚乙酸乙烯液(掺入量为大白粉的8%～10%)，大白粉适于喷涂和刷涂。

(4)可赛银浆是由可赛银粉加水调制而成的。可赛银粉由碳酸钙、滑石粉和颜料研磨，再加入干酪素胶粉等混合配制而成。

2. 刷浆施工

(1)基层处理和刮腻子

刷浆前应清理基层表面的灰尘、污垢、油渍和砂浆留痕等。基层表面的孔眼、缝隙、凸凹不平处应用腻子找补并打磨齐平。

对于室内高级刷浆工程，局部找补腻子后，应满刮1～2遍腻子，干后用砂纸打磨表面。大白浆和可赛银粉要求墙面干燥，为增加大白浆的附着力，在抹灰面未干前应先刷一遍石灰浆。

(2)刷浆

刷浆一般采用刷涂法、滚涂法和喷涂法施工。其施工要点同涂料工程的涂饰施工。

聚合物水泥浆刷浆前，应先用乳胶水溶液或聚乙烯醇缩甲醛胶水溶液湿润基层。

室外刷浆在分段进行时，应以分格缝、墙角或水落口等处为分界线。同一墙面应用相同的材料和配合比，浆料必须搅拌均匀。

刷浆工程的质量要求和检验方法应符合薄涂料的涂饰质量和检验方法的规定。

室内、外刷(喷)浆工程质量和验收方法如表7-7所示。

表7-7　室内、外刷(喷)浆工程质量和验收方法

项次	项目	中级涂饰	高级涂饰	检查方法
1	颜色	均匀一致	均匀一致	观察
2	泛碱、咬色	允许少量轻微	不允许	
3	流坠、疙瘩	允许少量轻微	不允许	
4	砂眼、刷痕	允许少量轻微砂眼,刷纹通顺	无砂眼,无刷痕	
5	装饰线、分色直线度允许偏差/mm	2	1	拉5m线,不足5m拉通线,用钢直尺检查

第八章　裱糊与软包施工

第一节　裱 糊 工 程

裱糊工程是在建筑物内墙和顶棚表面粘贴纸张、塑料壁纸、玻璃纤维墙布、锦锻等制品的施工。能美化居住环境，满足使用的要求，并对墙体、顶棚起一定的保护作用。

裱糊施工必须在墙面基本干燥、抹灰面返白、顶棚喷浆和门窗油漆已完成、电气和其他设备安装完毕后进行。裱糊前先进行墙面基层处理。裱糊时预先把纸裁好，然后在纸背面刷水，使纸充分吸湿、伸胀，再刷胶。墙面也需先刷胶。纸贴到墙上后，要求花纹对贴完整，不空鼓，无气泡，在距墙 1.5m 处看不出接缝，斜视无胶迹，墙面清洁。玻璃纤维墙布无吸水膨胀问题，而且在背面刷胶易渗透至正面，所以只在墙面刷胶即可裱糊。

一、施工准备

1. 材料

裱糊工程常用的材料有塑料壁纸、墙布、金属壁纸、草席壁纸和胶黏剂等。

(1)塑料壁纸

塑料壁纸是目前应用较为广泛的壁纸。塑料壁纸主要以聚氯乙烯(PVC)为原料生产。在国际市场上，塑料壁纸大致可分为三类，即普通壁纸、发泡壁纸和特种壁纸。

(2)墙布

墙布没有底纸，为便于粘贴施工，要有一定的厚度，才能挺括上墙。墙布的基材有玻璃纤维织物、合成纤维无纺布等，表面以树脂乳液涂覆后再印刷。由于这类织物表面粗糙，印刷的图案也比较粗糙，装饰效果较差。

(3)金属壁纸

金属壁纸面层为铝箔，由胶黏剂与底层贴合。金属壁纸有金属光泽，金属感强，表面可以压花或印花。其特点是强度高、不易破损、不会老化、耐擦洗、耐沾污，是一种高档壁纸。

(4)草席壁纸

草席壁纸以天然的草席编织物作为面料。草席料预先染成不同的颜色和色调,用不同的密度和排列编织,再与底纸贴合,可得到各种不同外观的草席面壁纸。这种壁纸形成的图案使人更贴近大自然,顺应了人们返朴归真的趋势,并有温暖感。缺点是较易受机械损伤,不能擦洗,保养要求高。

(5)胶黏剂

胶黏剂应具有防腐、防霉,并具有耐久性。使用不同的墙纸或墙布可根据表8-1选择不同的胶黏剂品种。

表 8-1　墙纸胶黏剂选择

胶黏剂用途	配合比
裱糊普通壁纸	面粉∶明矾(或甲醛)=100∶10(0.2) 面粉∶酚(或硼酸)=100∶0.02(0.2)
裱糊塑料壁纸	聚乙烯醇缩甲醛胶∶羧甲基纤维素∶水=100∶30∶50 聚乙烯醇缩甲醛胶∶水=1∶1
裱糊玻璃纤维墙布	聚醋酸乙烯酯乳胶∶羧甲基纤维素=60∶40

2. 施工性试验

用聚醋酸乙烯乳液与淀粉混合(7∶3),在特制的硬木板上作粘贴性试验,如图8-1,经2、4、24小时观察不应有剥落现象。

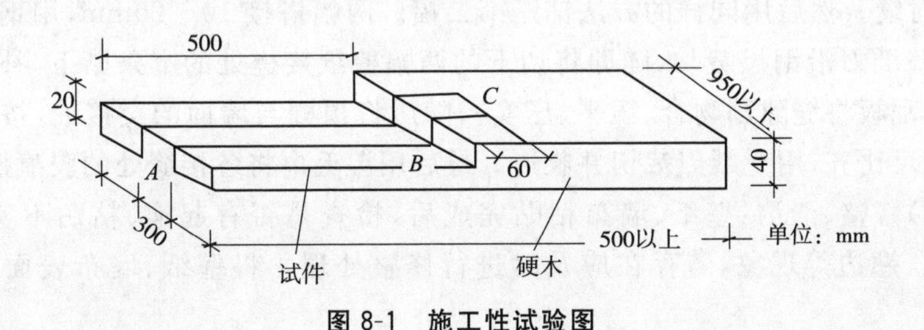

图 8-1　施工性试验图

二、裱糊施工要点

裱糊施工原则上是先裱糊顶棚后裱糊墙面。其施工工艺流程为:清扫基层→接缝处糊条→找补腻子、磨砂纸→满刮腻子、磨平→涂刷铅油一遍,涂刷底胶一遍→墙面划准线→壁纸浸水润湿→壁纸涂刷胶黏剂→基层涂刷胶黏剂→墙上纸裱糊→拼缝、搭接、对花→赶压胶黏剂、气泡→裁边→擦净挤出的胶液→清理修整。

1. 顶棚裱糊

(1)基层处理、涂刷抗碱封闭底漆:首先将顶棚基层表面的灰浆、粉尘、油污等清理干净,如有凹凸不平、缺棱掉角必须提前修补平整并干燥。涂刷一道抗碱封闭底漆,抗碱封闭底漆应按设计要求选用。设计无要求时,一般采用清漆。涂刷时必须满刷,不得漏刷,防止基层泛碱,导致壁纸变色。

(2)刮腻子找平:抗碱封闭底漆干燥后,满刮腻子一道。待腻子干透后,用砂纸打平,再满刮第二道腻子。待第二道腻子干透后,再用砂纸打平、磨光;裱糊前涂刷封闭底胶。

(3)弹线:弹出顶棚对称中心线,以便控制壁纸、墙布两边对称排列。在墙顶交接处,弹出挂镜线的位置线,没有挂镜线的按设计要求弹出壁纸、墙布的收边线。

(4)下料:根据设计要求决定壁纸、壁布的粘贴方向。然后根据计算用料的长度进行下料。下料剪裁时,应按现场所量实际尺寸进行,并且每边还需增加20~30mm 的余量。

(5)刷胶、粘贴:采用塑料壁纸、墙布时,一般应先用水浸泡 2~3min(是否浸泡应按产品说明书的要求),然后取出抖去多余水分,将纸面用净毛巾沾干,再进行刷胶、糊纸。普通壁纸、墙布可直接刷胶,不用水浸泡。刷胶时应先在壁纸、墙布的整个背面和顶棚的粘贴部位刷胶,顶棚的粘贴部位刷胶宽度不宜过宽,略宽于壁纸即可。铺贴时应从中间开始向两边铺粘。第一幅按已弹好的中心线找正粘牢,并注意两边各留出 10~20mm 不粘贴,以便于与第二幅铺粘时进行拼花、压槎、对缝。然后用同样的方法铺贴第二幅。两幅搭接 10~20mm,用钢直尺比齐,用壁纸刀沿钢尺裁切,随即将切下的两幅壁纸接槎处的窄条撕下,补刷胶黏剂并用刮板将缝隙刮吻合、压平、压实。随后将顶棚与墙面的交接处,按收边线用钢板尺比齐,用壁纸刀裁切并收边。最后用湿毛巾将各接缝处的胶痕擦净。

(6)修整、清洁:壁纸、墙布粘贴完成后,检查是否有起泡、粘贴不实、接槎不平顺、翘边等现象,若存在应及时进行修整处理。将壁纸、墙布表面的胶痕擦净。

2. 墙面裱糊

(1)基层处理、涂刷封闭底胶

1)基层处理

根据基层不同材质,采用不同的处理方法。

①混凝土及抹灰基层处理

裱糊壁纸的基层是混凝土面、抹灰面(如水泥砂浆、水泥混合砂浆、石灰砂浆等),要满刮腻子打磨砂纸。

②木质基层处理

木基层要求接缝不显接槎，接缝、钉眼应用腻子补平并满刮油性腻子一遍（第一遍），用砂纸磨平。第二遍可用石膏腻子找平，腻子的厚度应减薄，可在该腻子五六成干时，用塑料刮板有规律地压光，最后用干净的抹布轻轻将表面灰粒擦净。

③石膏板基层处理

纸面石膏板比较平整，批抹腻子主要是在对缝处和螺钉孔位处。对缝批抹腻子后，还需用棉纸带贴缝，以防止对缝处的开裂。在纸面石膏板上，应用腻子满刮一遍，找平大面，在上第二遍腻子时进行修整。

④不同基层对接处的处理

不同基层材料的相接处，如石膏板与木夹板、水泥或抹灰面与木夹板、水泥或抹灰面与石膏板之间的对缝，应用棉纸带或穿孔纸带粘贴封口，以防止裱糊后的壁纸面层被拉裂撕开。

2)涂刷封闭底胶

裱糊前涂刷封闭底胶。底胶能防止腻子粉化，并防止基层吸水并可在对花、校正时易于滑动。

(2)弹线：首先在房间四个阴角进行吊垂直、套方、找规矩，确定粘贴顺序，一般从进门的左阴角开始进行粘贴。按照壁纸的尺寸进行分块、弹控制线。上口有挂镜线的弹出挂镜线，没有挂镜线的按设计要求弹出收口控制线。

(3)下料：下料长度应比实际高度长20～30mm。裁好的壁纸、墙布用湿毛巾擦一遍，折好待用。

(4)刷胶、粘贴：一般情况下应在壁纸、墙布的背面和墙上进行刷胶。墙上刷胶时一次不应过宽，其刷胶宽度应与壁纸、墙布的幅宽相吻合。粘贴时应从预定的阴角开始铺贴第一幅，将上边与收口线对齐，侧边与已画好的垂直线对正，从上往下用手铺平，用刮板刮实，并用小辊将上、下阴角处压实。第一幅粘贴时两边各留出10～20mm不粘贴（在阴角处应拐过阴角20mm），然后按同样方法粘贴第二幅，与第一幅搭接10～20mm，并自上而下进行对缝、拼花，用刮板刮平，再用钢直尺将第一、第二幅搭接缝比直切齐，撕去窄边条，补刷胶并压实。最后将挤出的胶液用湿毛巾及时擦净。采用同样方法，将与顶棚、踢脚或墙裙的边切裁整齐，补胶压实。

墙面上遇有开关、插座盒时，应在其位置上沿盒子的对角划十字线开洞，注意十字线不得划出盒子范围。

裱糊施工时，阳角应包角压实，不允许有接缝。阴角应采用顺光搭接缝，不允许整张裹角铺贴，避免产生空鼓与皱褶。

花纸拼接：花纸的拼接缝处花形应对齐。在下料时要将第二幅与第一幅反复比对，并适当加大上、下边的预留量，以防对花时造成亏料。花形、图案拼接出现困难时，拼接错位应尽量放在阴角或其他不明显的地方，大面上不得出现拼接错位或花形、图案混乱的现象。

(5)修整、清洁：壁纸、墙布粘贴完成后，检查是否有起泡、粘贴不实、接槎不平顺、翘边等现象，若存在应及时进行修整处理。将壁纸、墙布表面的胶痕擦净。

第二节 软包工程

一、材料要求

软包工程的材料包括：基层材料、面层材料、内衬材料、其他材料等。

(1)基层材料：基层龙骨、底板及其他辅材的材质、厚度、规格尺寸、型号应符合设计要求和国家现行有关规范及技术标准。设计无要求时，龙骨一般用白松烘干料，含水率不大于12%，厚度应根据设计要求，不得有腐朽、节疤、劈裂、扭曲等疵病，并预先经防腐处理；底板宜采用玻纤板、石膏板、环保细木工板或环保多层板等。各种木制品含水率不大于12%。

玻纤板、石膏板、环保细木工板、环保多层板应具有产品合格证、性能检测报告，装饰装修用人造木板进场后必须抽样复验，具有甲醛含量复验报告。

(2)面层材料：织物、皮革、人造革等材料的材质、纹理、颜色、图案、幅宽应符合设计要求。织物应具有产品合格证、阻燃性能检测报告，皮革、人造革应具有产品合格证、性能检测报告。织物表面不得有明显的跳线、断丝和疵点。对本身不具有阻燃或防火性能的织物，必须对织物进行阻燃或防火处理，达到防火规范要求。

(3)内衬材料：材质、厚度及燃烧性能等级应符合设计要求，一般采用环保、阻燃型泡沫塑料做内衬。应有产品合格证和性能检测报告。

(4)其他材料：胶黏剂、防腐剂、防潮剂等材料按设计要求采用，均应满足环保要求，并具有产品合格证、性能检测报告、胶黏剂中有害物质含量检测报告。

二、软包施工要点

软包工程主要指室内墙、柱面和门扇的软包饰面，分为有吸声层的软包面和无吸声层的软包面。

1. 基层处理

(1)要求：基层牢固，构造合理。

(2)在需做软包的墙面或柱面上,按设计要求的纵横龙骨间距进行弹线,固定防腐木楔。设计无要求时,龙骨间距控制在400～600mm之间,防腐木楔间距一般为200～300mm。

(3)墙、柱面为抹灰基层或临近房间较潮湿时,为防止墙体的潮气使其基面板底翘曲变形影响装饰质量,做完木楔后应对墙面进行防潮处理。具体做法为:先做基层抹灰20mm厚,然后刷涂冷底子油一道并作一毡二油防潮层。

(4)软包门扇的基层表面涂刷不少于两道底漆。门锁和其他五金件的安装孔应全部开好,并进行试安装。明插销、拉手及门锁等先拆下。门扇表面不得有毛刺、钉子或其他尖锐突出物。

2. 龙骨、底板施工

(1)在已经设置好的防腐木楔上安装木龙骨,一般固定螺钉长度大于龙骨高度40mm,木龙骨断面一般为(20～50)mm×(40～50)mm,木龙骨贴墙面应先做防腐处理,其他几个面做防火处理。安装龙骨时,一边安装一边用不小于2m的靠尺进行调平,龙骨与墙面的间隙,用经过防腐处理的方型木楔塞实,木楔间隔应不大于200mm,龙骨表面平整。

(2)在木龙骨上铺钉底板,底板宜采用细木工板。钉的长度大于底板厚20mm。墙体为轻钢龙骨时,可直接将底板用自攻螺钉固定到墙体的轻钢龙骨上,自攻螺钉长度大于等于底板厚＋墙体面层板＋10mm。

(3)门扇软包不需做底板,直接进行下道工序。

3. 定位、弹线

根据设计要求的装饰分格、造型、图案等尺寸,在墙、柱面的底板或门扇上弹出定位线。

4. 内衬及预制镶嵌块施工

(1)预制镶嵌软包时,要根据弹好的定位线,进行衬板制作和内衬材料粘贴。衬板按设计要求选材,设计无要求时,应采用不小于5mm厚的多层板,按弹好的分格线尺寸进行下料制作。

(2)制作硬边拼缝预制镶嵌衬板时,在裁好的衬板一面四周钉上木条,木条的规格、倒角按设计要求确定,设计无要求时,木条一般不小于10mm×10mm,倒角不小于5mm×5mm圆角。硬边拼缝的内衬材料要按照衬板上所钉木条内侧的实际净尺寸下料,四周与木条之间应吻合,无缝隙,厚度宜高出木条1～2mm,用环保型胶黏剂平整地粘贴在衬板上。

(3)制作软边拼缝的镶嵌衬板时,衬板按尺寸裁好即可。软边拼缝的内衬材料按衬板尺寸剪裁下料,四周必须剪裁整齐,与衬板边平齐,最后用环保型胶黏剂平整地粘贴在衬板上。

(4)衬板做好后应先上墙试装,以确定其尺寸是否准确,分缝是否通直、不错位,木条高度是否一致、平顺,然后取下来在衬板背面编号,并标注安装方向,在正面粘贴内衬材料。内衬材料的材质、厚度按设计要求选用。

(5)直接铺贴和做门扇软包时,应待墙面木装修、边框和油漆作业完成,才能进行下道工序施工。施工时按弹好的线对内衬材料进行剪裁下料,直接将内衬材料粘贴在底板或门扇上。铺贴好的内衬材料应表面平整,分缝顺直、整齐。

5. 皮革拼接下料

织物和人造革一般不宜进行拼接,采购时应考虑设计分格、造型等对幅宽的要求。如果皮革受幅面影响,需要进行拼接下料,拼接时应考虑整体造型,各小块的几何尺寸不宜小于 200mm×200mm,并使各小块皮革的鬓眼方向保持一致,接缝形式要满足设计要求。

6. 面层施工

(1)面层施工前,应确定面料的正、反面和纹理方向。一般织物面料的经线应垂直于地面、纬线沿水平方向使用。同一场所应使用同一批面料,并保证纹理方向一致,织物面料应拉伸熨烫平整后方可使用。

(2)预制镶嵌衬板面层及安装:面层面料有花纹、图案时,应先做镶嵌衬板基层,再按编号将与之相邻的衬板面料对准花纹后进行裁剪。面料裁剪根据衬板尺寸确定,面料的裁剪尺寸=衬板的尺寸+2×衬板厚+2×内衬材料厚+70～100mm。织物面料剪裁好以后,要先进行拉伸熨烫,再铺贴到内衬材料上,从衬板的反面用马钉和胶黏剂固定。面料固定时要先固定上、下两边(即织物面料的经线方向),四角叠整规矩后,固定另外两边。衬板面料应绷紧、无皱折,纹理拉平、拉直,各块衬板的面料绷紧度要一致。最后将包好面料的衬板逐块检查,确认合格后,按衬板的编号进行对号试安装,经试安装确认无误后,用钉、黏结合的方法,固定到墙面底板上。

(3)直接铺贴和门扇软包面层施工:按已弹好的分格线、图案和设计造型,确定出面料分缝定位点,把面料按定位尺寸进行剪裁并使相邻两块面料的花纹和图案吻合。将剪裁好的面料铺贴到已贴好内衬材料的门扇或墙面上,调整面料下部和两侧的位置,然后用压条(压条分为木压条、铜压条、铝合金压条和不锈钢压条等几种,按设计要求进行选用,采用木压条应先打磨、油漆方可使用)将上部固定,再将下部和两侧固定;四周固定好之后,若中间有压条或装饰钉,应按设计要求钉接牢固。

7. 理边、修整

清理接缝、边缘露出的面料纤维,接缝不顺直处应进行调整、修理。开设、修整设备安装孔，安装镶边条，安装表面贴脸及装饰物，修补各压条上的钉眼，擦拭、清扫浮灰，最后涂刷压条、镶边条的油漆。

8. 完成其他涂饰

软包面层施工完成后，应对木质边框、墙面及门的其他表面做最后一道涂饰。

三、软包施工质量要求

软包工程安装的允许偏差和检验方法应符合表 8-2 的规定。

表 8-2 软包工程安装的允许偏差和检验方法

项次	项目	允许偏差(mm)	检验方法
1	垂直度	3	用 1m 垂直检测测尺检查
2	边框宽度、高度	0;−2	用钢尺检查
3	对角线长度差	3	用钢尺检查
4	裁口、线条接缝高低差	1	用钢直尺和塞尺检查

第九章　细 部 工 程

第一节　橱柜制作与安装

一、材料要求

橱柜制作与安装工程的材料包括：木方材、人造木板（细木工板、胶合夹板等）、花岗石板材、玻璃、有机玻璃、胶黏剂、防腐剂等。

1. 木方材

制作骨架的木方材，应选用木质较好、无腐朽、不潮湿、无扭曲变形的合格材料，含水率不大于12%。木方材应具有等级质量证明和外观质量、含水率、强度等试验资料。

2. 人造木板（细木工板、胶合夹板等）

人造木板（细木工板、胶合夹板等）的品种、规格尺寸、外观质量、含水率、胶层剪切强度、胶合强度、游离甲醛含量或游离甲醛释放量等应符合设计图纸和国家现行标准、规范的要求，使用达到绿色环保标准的材料。应具有产品合格证书、环保、燃烧性能等级检测报告，装饰装修用人造木板进场应复验，具有甲醛含量复验报告。

3. 花岗石板材

天然花岗石板材的品种、规格、各项指标等应符合国家现行标准、规范的要求。应具有出厂合格证、性能检测报告、花岗石板材放射性限量检测报告，装饰装修用花岗石进场应复验，具有复验报告。

4. 玻璃

玻璃、有机玻璃应具有产品合格证、性能检测报告；胶黏剂、防腐剂应具有产品合格证、环保检测报告、胶黏剂试验报告。

5. 五金配件

五金配件（锁具、执手、铰链、柜门磁吸等），应选择正规厂家有质量保证的产品，具有产品合格证。

二、施工要点

橱柜施工主要分为生产厂家制作安装和现场制作安装。

1. 配料

配料应根据家具结构与木料的使用方法进行安排，主要分为木方料的选配和胶合板下料布置两个方面。应先配长料和宽料，后配小料；先配长板材，后配短板材，顺序搭配安排。对于木方料的选配，应先测量木方料的长度，然后再按家具的竖框、横档和腿料的长度尺寸要求放长 30～50mm 截取。木方料的截面尺寸在开料时应按实际尺寸的宽、厚各放大 3～5mm，以便刨削加工。

对于木方料进行刨削加工时，应首先识别木纹。不论是机械刨削还是手工刨削，均应按顺木纹方向。先刨大面，再刨小面，两个相临的面刨成 90°角。

2. 划线

划线前应看懂图纸，理解工艺结构、规格尺寸和数量等技术要求。划线基本操作步骤如下：

(1)首先检查加工件的规格、数量，并根据各工件的表面颜色、纹理、节疤等因素确定其正面，并作好临时标记。

(2)在需要对接的端头留出加工余量，用直角尺和木工铅笔画一条基准线。若端头平直，又属作开榫一端，即不画此线。

(3)根据基准线，用量尺量画出所需的总长尺寸线或榫肩线。再以总长线和榫肩线为基准，完成其他所需的榫眼线。

(4)可将两根或两块相对应位置的木料拼合在一起进行画线，画好一面后，用直角尺把线引向侧面。

(5)所画线条必须准确、清楚。画线之后，应将空格相等的两根或两块木料颠倒并列进行校对，检查画线和空格是否准确相符，如有差别，即说明其中有错，应及时查对校正。

3. 榫槽及拼板施工

(1)榫的种类主要分为木方连接榫和木板连接榫两大类，但其具体形式较多，分别适用于木方和木质板材的不同构件连接。如：木方中榫、木方边榫、燕尾榫、扣合榫、大小榫、双头棒等。

(2)常采用的拼缝结合形式有以下几种：高低缝、平缝、拉拼缝、马牙槎。

(3)板式家具的连接方法较多，主要分为固定式结构连接与拆装式结构连接两种。

4. 组装

木家具组装分部件组装和整体组装。组装前，应将所有的结构件用细刨刨光，然后按顺序逐渐进行装配，装配时，注意构件的部位和正反面。衔接部位需涂胶时,应涂刷均匀并及时擦净挤出的胶液。锤击装拼时,应将锤击部位垫上木板,不可猛击;如有拼合不严处,应查找原因并采取修整或补救措施,不可硬敲硬装就位。各种五金配件的安装位置应定位准确,安装严密、方正牢靠,结合处不得崩槎、歪扭、松动,不得缺件、漏钉和漏装。

5. 面板的安装

如果家具的表面做油漆涂饰,其框架的外封板一般是面板;如果家具的表面是使用装饰细木夹板饰面;或是用塑料板做贴面,家具框架外封板就是饰面的基层板。饰面板与基层板之间多是采用胶粘贴合。饰面板与基层黏合后,需在其侧边使用封边木条、木线、塑料条等材料进行封边收口。其原则是:凡直观的边部,都应封堵严密和美观。

6. 线脚收口

常采用木质、塑料或是金属线脚(线条)。

(1)实木封边收口:采用钉胶结合的方法,胶黏剂可用立时得、白乳胶、木胶粉。

(2)塑料条封边收口:是采用嵌槽加胶的方法进行固定。

(3)铝合金条封边收口:铝合金封口条有 L 型和槽型两种,可用钉或木螺丝直接固定。

(4)薄木单片和塑料带封边收口:先用砂纸磨除封边处的木渣、胶迹等并清理干净,在封口边刷一道稀甲醛作填缝封闭层,然后在封边薄木片或塑料带上涂万能胶,对齐边口贴放。用干净抹布擦净胶迹后再用熨斗烫压,固化后切除毛边和多余处即可。对于微薄木封边条,也有的直接用白乳胶粘贴;对于硬质封边木片也可采用镶装或加胶、加钉安装的方法。

三、施工质量要求

橱柜安装的允许偏差和检验方法应符合表 9-1 的规定。

表 9-1 橱柜安装的允许偏差和检验方法

项次	项目	允许偏差(mm)	检验方法
1	外型尺寸	3	用钢尺检查
2	立面垂直度	2	用 1m 垂直检测尺检查
3	门与框架的平行度	2	用钢尺检查

第二节 窗帘盒、窗台板和散热器罩制作与安装

一、材料要求

窗帘盒、窗台板和散热器罩制作与安装工程的材料包括:窗帘盒的材料、窗

台板的材料、散热器罩的材料及其他材料等。

(1)窗帘盒的材料有木板、金属板、PVC塑料板等。材料品种、材质、颜色应符合设计要求和国家现行标准的有关规定

(2)窗台板的材料有木材、水磨石、天然石材、金属板等。材料品种、材质、颜色应符合设计要求和国家现行标准的有关规定

(3)散热器罩(主要分为木质和金属两类)

1)散热器罩制作与安装所使用的材料及其规格、木材的燃烧性能等级和含水率及人造板的甲醛含量应符合设计要求和国家标准的规定。

2)木龙骨料及饰面材料应符合细木工板装修的标准,材料无缺陷,含水率不大于12%,胶合板不大于8%。

(4)其他材料:窗帘轨、木龙骨、角钢、扁铁、圆钉、螺钉、胶黏剂、防腐剂、防火涂料、膨胀螺栓等。

二、窗帘盒、窗台板制作与安装施工要点

1. 预制窗帘盒安装

(1)定位放线:安装窗帘盒、窗帘杆前,应按设计图纸要求进行定位,并弹好中心、水平、边缘和位置控制线,确定好各部件的安装构造关系。

(2)预埋件检查和处理:弹好各控制线后,检查固定窗帘盒的预埋件的位置、规格、预埋方式、出墙距离及牢固度是否满足要求,不满足要求的应采取措施进行处理,如用射钉或膨胀螺栓等。

(3)安装窗帘盒:按弹好的水平控制线确定安装标高,在窗帘盒上划出中线,安装时将窗帘盒中线对准窗口的中线,高度对准水平控制线,安装时窗帘盒的靠墙面不应有缝隙。安装木窗帘盒时,用木螺钉将连接件固定在窗帘盒上,再用膨胀螺栓将连接件固定在墙上;或用木螺钉固定在预埋的木楔上。塑料窗帘盒、铝合金窗帘盒自身具有固定件,可通过固定件将窗帘盒用膨胀螺栓或木螺钉固定于墙上。

(4)安装窗帘轨:窗帘轨分为单轨道、双轨道和三轨道三种。当采用单轨道窗宽大于1200mm时,窗帘轨中间应进行加固。明窗帘盒一般先安装轨道,后安装窗帘盒。窗帘较厚重时,轨道应使用平头机螺钉固定。暗装窗帘盒一般后安装轨道,采用厚重窗帘时,轨道的固定点间距应加密,固定用的木螺钉规格不小于4mm×30mm。各条轨道的中心线应保持在一条直线上。采用电动窗帘轨,应严格按产品说明书进行组装调试。

2. 窗帘盒现场制作、安装(采用明窗帘盒时不宜现场制作)

(1)定位放线:根据施工图纸的吊顶标高及窗帘盒位置,弹出窗帘盒的标高、

位置控制线。

(2)制作窗帘盒:根据设计要求,一般用细木工板做底板,按图纸尺寸进行裁板并组装窗帘盒。窗帘盒的饰面板一般为三合板。在同一房间,应挑选材质、纹理、色彩一致的饰面板。作业时,操作人员不得在饰面的表面钉钉子,应该在底板表面与饰面板背面均刷乳胶,在面层上铺垫50mm宽的五厘板条,用蚊钉临时固定,待结合层乳胶干透后取下,临时固定的蚊钉间距一般为100mm。收边条采用7mm厚与饰面板材质相同的实木线条收边。

(3)安装木龙骨、固定件:依据定位控制线在结构墙面用电锤打孔,间距小于等于600mm,打入经过防腐处理的木楔,然后用木螺钉固定木龙骨,再根据窗帘盒进深尺寸在楼板上设固定吊杆,吊杆间距一般小于等于1000mm,吊杆下端焊接扁钢或专用吊挂件。

(4)安装窗帘盒:窗帘盒的安装方法是在靠墙一侧用气钉或木螺钉与木龙骨固定,外侧和两个侧面用木螺钉与吊杆上的扁钢或吊挂件固定。

(5)加固窗帘盒:窗帘盒安装就位水平、位置调整准确后,用木龙骨或型钢做斜支撑进行加固。

3. 窗台板安装

(1)定位放线:根据设计要求的窗下框标高、位置和窗台板的安装方式,对窗台板的安装标高进行放线。为使同一房间的各个窗台板保持标高和纵、横位置一致,安装时应拉通线,使安装成品达到横平竖直、美观一致的效果。

(2)检查预埋件:定位放线完成后,检查固定窗台板的预埋件是否符合设计要求与安装的构造要求,如有误差应先进行调整和加固处理。

(3)支架安装:按设计、窗台板安装构造要求,需要安装支架时,安装前确定窗台板的支架位置,并认真核对、调整支架的高度、位置,根据设计和支架构造要求进行支架的固定安装。

木制窗台板安装:在窗下墙的顶面,横向固定梯形断面的木条,间距500mm左右,用以找平窗台板底线。窗台板宽度大于150mm时,一般采用拼合面板,面板底部应穿横向暗带,安装时暗带和窗台板均应插入窗框下冒头的裁口内。窗台板两端伸入窗口墙的尺寸应一致,并保持水平,调平找正后用砸扁钉帽的钉子与梯形断面的木条固定牢固,钉帽冲入木窗台板面内3mm左右。

块材窗台板安装:预制混凝土窗台板、预制水磨石窗台板、石材窗台板、金属窗台板安装时,先按设计和构造要求确定好位置后进行预安装,将安装标高、位置、出墙尺寸、接缝等均调整到符合要求后,再按要求进行正式安装固定。固定方式及各尺寸必须符合设计及施工规范要求。窗台板与窗框接缝处应打胶。

三、散热器罩制作与安装施工要点

1. 弹线定位

根据设计要求在墙面、地面弹出散热器罩的位置线。散热器罩的长度应比散热片长 100mm，高度应在窗台以下或与窗台接平，厚度应比散热器宽 10mm 以上，散热罩面积应占散热片面积 80％以上。

2. 打孔下木楔

在墙面、地面安装线上打孔下防腐木楔。

3. 制作安装木龙骨架

按安装线的尺寸，将木龙骨骨架用圆钉固定在墙、地面上，木楔距墙面小于 200mm，距离地面小于 150mm，圆钉应钉在木楔上。散热器罩的框架应刨光、平正。

4. 上罩面板

散热器罩侧面板可使用五合板。顶面应加大悬面板底衬，面饰板用三合板。面饰板安装前应在暖气罩框架外侧刷乳胶，面饰板应预留出散热器罩位置，边缘与框架平齐。

5. 收口刷漆

侧面及正面顶部用木线条收口、刷漆。制作散热器罩框，框架应刨光、平正，尺寸应与龙骨上的框架吻合，侧面压线条收口，框内可做造型。

四、施工质量要求

窗帘盒、窗台板和散热器罩安装的允许偏差和检验方法应符合表 9-2 的规定。

表 9-2　窗帘盒、窗台板和散热器罩安装的允许偏差和检验方法

项次	项目	允许偏差(mm)	检验方法
1	水平度	2	用 1m 水平尺和塞尺检查
2	上口、下口直线度	3	拉 5m 线，不足 5m 拉通线，用钢直尺检查
3	两端距窗洞口长度差	2	用钢直尺检查
4	两端出墙厚度差	3	用钢直尺检查

第三节　门窗套制作与安装

一、施工要点

1. 木门窗套

(1)检查门窗洞口尺寸

1)检查门窗洞口尺寸是否方正垂直,预埋木砖或连接铁件是否齐全、位置是否正确,如发现问题,必须修理或校正。

2)采用木门窗套的洞口尺寸应比门窗樘宽 40mm,洞口比门窗樘高出 25mm,以便安装。

(2)制作和安装木龙骨

1)根据门窗洞口的实际尺寸,先用木方制成龙骨架,一般骨架分三片,洞口上部一片,两侧各一片,每片一般为两根纵向龙骨;横向龙骨间距为 300～400mm,可根据材性及其上覆盖的板材厚度确定。

2)安装龙骨架宜先上端后两侧,龙骨架应与墙体连接牢靠。

3)龙骨架表面应刨光,并应做好防腐、防潮处理。

(3)安装基层板

一般采用胶合板或细木工板做基层,采用胶钉连接方法与龙骨架固定。板与板间应留 5mm 缝隙,防止变形。

(4)粘贴面板

1)同一房间应挑选木纹和颜色相近的面板。裁板时要略大于基层的实际尺寸,大面净光,小面刮直,木纹根部向下。

2)长度方向需要对接时,木纹应顺直。一般窗套面板拼缝应在室内地坪 2m 以上;门套面板拼缝一般离地坪 1.2m 以下,同时接头位置必须留在横撑上。

3)当采用厚木板材(厚度大于 10mm)时,板背面应沿门窗套方向剔出卸力槽,以免板面弯曲,卸力槽一般间距为 100mm,槽宽 10mm,深度 5～8mm。

4)固定面板所用钉子的长度为面板厚度的 3 倍,间距一般为 100mm。

(5)钉收口实木压线

根据设计文件要求和样板间的做法,钉收口实木压线。

(6)饰面

1)面板安装前,对龙骨位置、平直度、钉设牢固情况等进行检查,合格后进行安装。

2)板配好后进行试装,面板尺寸、接缝、接头处构造完全合适,木纹方向颜色的观感合格后,方可进行正式安装。

3)板接头处应涂胶与龙骨钉牢,钉固面板的钉子规格应适宜,钉长约为面板厚度的2～2.5倍,钉距一般为100mm,钉帽应砸扁,并用尖冲子将钉帽顺木纹方向冲入面板下1～2mm。

2. 石材门窗套

(1)基层处理、找规矩

先进行基层处理,然后吊垂直、套方、找规矩。门窗口的转角处,应注意留出粘贴的厚度。

(2)基层抹灰

先湿润基层,随后用1∶3水泥砂浆分遍抹灰,压实刮平,并将表面划毛。

(3)试拼

设计有图案时,宜先拼图案,后拼其他部位。采用规格材时,同一墙面上不得有一排以上非规格材。

(4)粘贴

粘贴前,应先分块弹线。粘贴时,在清理湿润过的板背面上抹掺加适量胶的素水泥浆2～3mm。缝宽1～1.5mm,逐块由下向上粘贴。粘贴上墙后,应用木锤或橡皮锤轻敲,用托线板找平靠直。先贴有图案的,后贴其他部位。

(5)擦缝或勾缝

用同色水泥浆擦缝,缝宜凹进板面1～1.5mm。

(6)养护

表面应擦洗干净,洒水养护7d。

二、施工质量要求

门窗套安装的允许偏差和检验方法应符合表9-3的规定。

表9-3 门窗套安装的允许偏差和检验方法

项次	项目	允许偏差(mm)	检验方法
1	正、侧面垂直度	3	用1m垂直检测尺检查
2	门窗套上口水平度	1	用1m水平尺和塞尺检查
3	门窗套上口直线度	3	拉5m线,不足5m拉通线,用钢直尺检查

第四节　护栏和扶手制作与安装

一、材料要求

护栏和扶手制作与安装工程的材料包括：扶手材料、护栏材料、其他材料等。

1. 扶手材料

(1)木扶手

1)一般采用硬杂木加工的半成品，其材质、规格、尺寸、形状应符合设计要求。

2)木材应纹理顺直，颜色一致。不得有腐朽、节疤、黑斑、黑点、扭曲、裂纹等缺陷。

3)含水率不得大于当地平衡含水率(一般为8%～12%)。

4)弯头料一般使用扶手料，以45°斜面相接。断面特殊的木扶手按设计要求备好弯头料。

(2)塑料扶手

塑料扶手断面形式、规格、尺寸及色彩应符合设计要求。

(3)金属扶手

一般选用不锈钢管，其规格、型号、面层质感、亮度应符合设计要求。

(4)应具备的质量证明文件与进场复验报告

木扶手、塑料扶手原材料的产品合格证、环保、燃烧性能等级检测报告，金属扶手原材料产品合格证，人造合成木扶手的甲醛含量复试报告。

2. 护栏材料

一般采用木、不锈钢管、钢管或铁艺栏杆。不锈钢管、钢管的品种、规格、型号、面层颜色、亮度及质感应符合设计要求。铁艺栏杆的规格、型号、颜色、花饰图案、造型形状、颜色应符合设计要求。金属护栏应具有产品合格证。

3. 其他材料

焊条、焊丝应有出厂合格证。胶黏剂应有出厂合格证和环保检测报告。螺钉、帽钉的规格、型号按扶手的规格尺寸确定，颜色按扶手的颜色确定。木砂纸、不锈钢拉丝棉、酒精等。

护栏和扶手制作与安装工程的材料包括：扶手材料、护栏材料、其他材料等。

二、施工要点

1. 弹线、检查预埋件

按设计要求的安装位置、固定点间距和固定方式，弹出护栏、扶手的安装位置中心线和标高控制线，在线上标出固定点位置。然后检查预埋件位置是否合适，固定方式是否满足设计或规范要求。预埋件不符合要求时，应按设计要求重新埋设后置埋件。

2. 焊连接件

根据设计要求的安装方式，将不同材质护栏、扶手的安装连接件与预埋件进行焊接，焊接应牢固，焊渣应及时清除干净，不得有夹渣现象。焊接完成后进行防腐处理，做隐蔽工程验收。

3. 安装护栏和扶手

(1)护栏安装：栏杆连接杆的材料、规格、标高、垂直度、直线度、焊接位置应符合设计要求。

1)不锈钢管护栏安装：按照设计图纸要求和施工规范要求，在已弹好的护栏中心线上，先焊接栏杆连接杆，连接杆的长度根据面层材料的厚度确定，一般应高于面层材料踏步面100mm。待面层踏步饰面材料铺贴完成后，将不锈钢管栏杆插入连接杆。栏杆顶端焊接扶手前，将踏步板法兰盖套入不锈钢管栏杆内。

2)铁艺护栏安装：根据设计图纸和施工规范要求，结合铁艺图案确定连接杆(件)的长度和安装方式，待面层材料铺完后将花饰与连接杆(件)焊接，用磨光机将接槎磨平、磨光。

3)木护栏安装：按照设计图纸、施工规范要求和已弹好的栏杆中心线，在预埋件上焊接连接杆(件)，连接杆(件)一般用 ϕ8mm 钢筋，高度应高于地面面层60mm。待地面面层施工完成后，把木栏杆底部中心钻出直径 ϕ10mm、深 70mm 的孔洞，在孔洞内注入结构胶，然后插到焊好的连接杆上。

(2)扶手安装：扶手安装的高度、坡度应一致，沿墙安装时出墙尺寸应一致。

1)不锈钢扶手安装：根据扶梯、楼梯和护栏的长度，将不锈钢管型材切断，按标高控制线调好标高，端部与墙、柱面连接件焊接固定，焊完之后用法兰盖盖好。不锈钢管中间的底部与栏杆立柱焊接，焊接前要对栏杆立柱进行调整，保证其垂直度、顶端的标高和直线度，并尽量使其间距相等，然后采用氩弧焊逐根进行焊接。焊接完成后，焊口部位进行磨平、磨光。

2)木扶手安装：木扶手一般安装在钢管或钢筋立柱护栏上，安装前应先对钢管或钢筋立柱的顶端进行调直、调平，然后将一根 3mm×25mm 或 4mm×25mm 的扁钢平放焊在立柱顶上，做木扶手的固定件。木扶手安装时，水平的应从一端开始，倾斜的一般自下而上进行。倾斜扶手安装，一般先按扶手的倾斜度选配起步弯头，通常弯头在工厂进行加工制作。弯头断面应按扶手的断面尺寸选配，一般情况下，稍大于扶手的断面尺寸。弯头和扶手的底部开 5mm 深的槽，槽的宽度按扁钢连接件确定。把开好槽的弯头、扶手套入扁钢，用木螺钉进行固定，固定间距控制在 400mm 以内。注意木螺钉不得用锤子直接打入，应打入 1/3 拧入 2/3，木质过硬时，可钻孔后再拧入，但孔径不得大于木螺钉直径的 0.7 倍。木扶手接头下部宜采用暗燕尾榫连接，但榫内均需加胶黏剂，避免将接头拔开或出现裂缝。木扶手埋入面层时应做防腐处理。

3)塑料扶手安装：塑料扶手通常为定型产品，按设计要求进行选择，所用配件应配套。安装时一般先将栏杆立柱的顶端进行调直、调平，把专用固定件安装在栏杆立柱的顶端。楼梯扶手一般从每跑的上端开始，将扶手承插到专用固定件上，从上向下穿入，承插入槽。弯头、转向处用同样的塑料扶手，按起弯、转向角度进行裁切，然后组装成弯头、转角。塑料扶手的接头一般采用热融或黏结法进行连接，然后将接口修平、抛光。

4. 表面处理

安装完成后，不锈钢护栏、扶手的所有焊接处均必须磨平、抛光。木扶手的转弯、接头处必须用刨子刨平、磨光，把弯修平顺，使弯曲自然，断面顺直，最后用砂纸整体磨光，并涂刷底漆。塑料扶手需承插到位，安装牢固，所有接口必须修平、抛光。

三、施工质量要求

护栏和扶手安装的允许偏差和检验方法应符合表 9-4 的规定。

表 9-4　护栏和扶手安装的允许偏差和检验方法

项次	项目	允许偏差(mm)	检验方法
1	护栏垂直度	3	用 1m 垂直检测尺检查
2	栏杆间距	3	用钢尺检查
3	扶手直线度	4	拉通线，用钢直尺检查
4	扶手高度	3	用钢直尺检查

第五节　花饰制作与安装

一、施工要点

1. 混凝土花饰

(1)基层处理

施工部位的基体应平整、干燥，无任何障碍物。

(2)弹线

根据设计文件要求，双向弹出花饰的位置线。

(3)安装、校正、固定

1)把花饰产品在固定基层进行试就位，查看基层、位置线和产品安装就位的符合情况，并做相应调整。

2)重量轻的小型花饰，一般采用砌筑法进行安装。

施工前，将花饰接触基层部位洒水湿润，按照安装墨线，用1∶2水泥砂浆进行砌筑。

花饰的锚固件应与基体连接牢固。拼砌的花饰饰件，相互间应用钢筋或销子固定，四周应用锚固件与墙、柱、梁等基体连接牢固。

3)重量大的大型花饰构件，应采用螺栓或焊接固定。

花饰安装的底部用1∶2水泥砂浆或细石混凝土铺设，按照花饰安装线将花饰就位，用临时支撑固定校正后，再用铁件拧紧或焊接固定。

螺栓与螺帽应电焊焊牢。需灌注砂浆时，用1∶3水泥砂浆分次分层灌注。

(4)整修清理

安装调整完毕后，用湿布擦净溢出的多余水泥砂浆，并整修花饰部分不规则。

2. 木花饰

(1)选料下料

按设计要求选择合适的木材，选料时，毛料应大于净料尺寸3～5mm，按设计尺寸锯割成段存放备用。

(2)刨面、做装饰线

用木工刨将毛料刨平、刨光，使其符合设计净尺寸，用线刨刨刮装饰线。

(3)开榫

用锯、凿子在要求连接部位开榫头、榫眼、榫槽，尺寸应准确，保证组装后无缝隙。

(4)做连接件、花饰

竖向板式木花饰常用连接件与墙、梁固定,连接件应在安装前按设计做好,竖向板间的花饰也应做好。

(5)预埋铁件或留凹槽

在拟安装花饰的墙、梁、柱上预埋铁件或留凹槽。

(6)安装花饰:分小花饰和竖向板式花饰两种情况。

1)小面积木花饰的制作安装要点同木窗,先制作好,再安装到位。

2)竖向板式木花饰应将竖向饰件逐一定位安装,先量出每一构件位置,检查是否与预埋件相对应,并做出标记。将竖板立正吊直,并与连接件拧紧,随立竖板随安装木花饰。

(7)表面装饰处理

施工技术要点参见“第7章涂饰工程”相关内容。

3. 金属饰品

(1)金属饰品制作

1)金属饰品的固定件、螺栓螺丝等,设计无要求时,应采用不锈钢制品;采用焊接安装时,焊条材质应与母材相同。

2)根据金属饰品的材质、尺寸规格等在安装面积较大的饰面时,必须考虑留设由于温度变化发生伸缩的变形缝。为不影响质量、美观和装饰效果,必要时可设能伸缩的接缝,以免翘曲起拱。

(2)安装

1)金属饰品安装应按设计要求排列组合。安装时,按施工墨线,拉水平通线及挂垂直线进行安装。安装一般应按从左到右、从下到上的顺序进行。

2)金属饰品安装必须牢固。采用焊接安装时,必须掌握好电流、电压大小及施焊温度。

3)采用螺丝安装金属饰品平整度有误差时,宜用金属薄垫片进行调整。固定金属饰品的螺丝应拧紧,螺丝拧入基层的长度不得少于5牙。

(3)嵌密封胶

金属饰品安装完成后,将需嵌密封胶的缝隙等部位,在清理干净后实施嵌胶作业。嵌胶时,表面必须干燥,并根据缝隙大小、深浅,调整油膏枪嘴大小后,嵌密封胶。

(4)清洁整修

金属饰品安装结束后,应对饰品进行清洁整修等工作。将金属饰品的焊接部位用金属锉刀、手提砂轮、铁砂布等仔细打磨平整。

不锈钢、铜合金、铝合金等饰品有抛光要求时，应进行抛光；焊接部位应着色处理，使饰品光洁美观，颜色一致。

4. 石膏饰品

(1)基层清理

施工基层应平整、干燥，无障碍物。

(2)弹线

根据设计文件规定，弹出石膏饰品安装双向定位线。

(3)安装固定

1)花饰产品进行试就位。

2)安装轻型、小型花饰，一般可用石膏浆或快粘粉进行粘贴，并用竹片等临时工具固定。

3)重量较重、体型较大的花饰构件用石膏浆均匀涂于花饰背面，并用木螺钉固定法进行安装，花饰面积 0.3～0.5m^2时，用 4～6 个螺钉拧住，木螺钉不宜拧得过紧，以免损坏花饰。

(4)整修清理

花饰安装完成后，应立即对花饰的拼接缝进行整修，清除周边余浆。缝隙及螺钉孔，应用白水泥和植物油拌制的石膏浆堵严孔眼，嵌填密实；表面及螺丝帽用石膏修补整齐，不留痕迹。待石膏浆或水泥浆达到一定强度后，拆除临时固定支撑。

二、施工质量要求

花饰安装的允许偏差和检验方法应符合表 9-5 的规定。

表 9-5　花饰安装的允许偏差和检验方法

项次	项目		允许偏差(mm)		检验方法
			室内	室外	
1	条型花饰的水平度或垂直度	每米	1	2	拉线和用 1m 垂直检测尺检查
		全长	3	6	
2	单独花饰中心位置偏移		10	15	拉线和用钢直尺检查